作者简介

陈　功

1964年生，重庆潼南人。教授级高级工程师，四川省农产品食品加工首席专家，泡菜研究首席专家，天府杰出科学家，四川省学术技术带头人，中国食品科学技术学会理事，享受国务院特殊津贴。就职于四川省食品发酵工业研究设计院和四川东坡中国泡菜产业技术研究院。

近40年来致力于以泡菜为主的传统发酵食品技术研究及应用转化。先后承担国家部省级食品科研项目20余项，获国家部省（行业）各级科技奖20余项，申请及授权专利90余件（发明为主），发表论文170多篇，出版专著13部，起草或参与制定、修订国际、国家和地方标准40余个，编制食品工程建设可行性研究报告及食品规划80余部，参与设计食品工厂近20个，每年服务企业30余家（次）。对泡菜、豆瓣、白酒等发酵食品有较深入的研究，创建了“盐渍菜-泡菜”和“稳态发酵”理论，提出泡菜亚硝酸盐“N_2-NH_4^+”转化学说，带领团队率先研制出泡菜直投式功能菌。致力于泡菜及豆瓣现代化生产技术研究及转化应用。创建了新体制“四川东坡中国泡菜产业技术研究院”并出任首任院长，为推动我国尤其是四川省泡菜及豆瓣调味品现代化、标准化生产和产业升级做出了突出贡献，获得了业界的认同，在国内外享有一定的声誉。曾任四川省食品发酵工业研究设计院食品所所长，四川省食品发酵工业研究设计院副总工程师、副院长、院长职务，曾连续3届出任四川省食品科学技术学会理事长。先后获“国家星火科技先进个人”“四川省杰出创新人才”“四川省有突出贡献优秀专家”“全国优秀科技工作者”等荣誉称号。

泡菜微生物学

陈　功　编著

中国轻工业出版社

图书在版编目（CIP）数据

泡菜微生物学/陈功编著．—北京：中国轻工业出版社，2023．3

ISBN 978-7-5184-4196-9

Ⅰ．①泡…　Ⅱ．①陈…　Ⅲ．①泡菜—食品微生物—微生物学　Ⅳ．①TS201．3

中国版本图书馆 CIP 数据核字（2022）第 221740 号

责任编辑：江　娟　贺　娜
策划编辑：江　娟　　责任终审：劳国强　　封面设计：锋尚设计
版式设计：砚祥志远　　责任校对：朱燕春　　责任监印：张京华

出版发行：中国轻工业出版社（北京东长安街 6 号，邮编：100740）
印　　刷：三河市万龙印装有限公司
经　　销：各地新华书店
版　　次：2023 年 3 月第 1 版第 1 次印刷
开　　本：720×1000　1/16　印张：14　彩插：1
字　　数：280 千字
书　　号：ISBN 978-7-5184-4196-9　定价：98．00 元
邮购电话：010-65241695
发行电话：010-85119835　传真：85113293
网　　址：http://www．chlip．com．cn
Email：club@chlip．com．cn
如发现图书残缺请与我社邮购联系调换
220672K1X101ZBW

序

泡菜在酱腌菜中一枝独秀，历史文化悠久，传承千年，具有“清香、嫩脆、酸爽”的特点，深受消费者青睐。中国泡菜以四川泡菜为代表，享誉世界。

四川泡菜堪称“川菜之骨”，是以有益微生物乳酸菌主导发酵而成的传统食品，富含以乳酸菌为主的优势益生菌群，是名副其实的健康养生食品。在川渝西南地区，几乎家家户户都有泡菜，因其品质优良而延续至今。厚植于中华民族饮食文化生活的这样一个优质食品，非常值得我们去深入地研究开发，进而传承创新，支撑传统产业发展。

为此，有这么一个以作者为首的老中青结合的泡菜科研团队，从最先作者一个人的研究开始，发展到一个组，从一个组到一个所，再到一个（泡菜研究）院。他们勇于担当，采集了全国 30 多个省、自治区、直辖市的泡菜酱腌菜样本及工艺参数，系统地解析了泡菜微生物及群落结构，研究了传统工艺及现代化标准化生产，突破了乳酸菌功能微生物及其直投菌的制备技术、大池规模及连续发酵技术、高盐到低盐的保质技术，改进了传统工艺及其设施设备等。他们传承创新，一边研究一边应用转化，坚守奉献，历经三十八年，推动了泡菜从小作坊到现代化生产加工的转型升级，小泡菜做成了大产业，主要技术成果转化地——眉山市，其 2021 年的泡菜产值超 200 亿元，产品出口到 100 多个国家和地区。眉山泡菜是科技引领传统发酵食品发展的一个典范，该书的出版正当其时。

该书集理论与实践于一体，主要著述了泡菜微生物的研究方法、泡菜微生物群系分布、泡菜微生物功能和安全、泡菜微生物的应用等内容。首次揭示了以四川为主的地区及西北、东北、华北、华东、华南、华中等地区泡菜酱腌菜微生物的分布、多样性、群落结构，确定了乳杆菌属是各地区泡菜酱腌菜的主要优势微生物。《泡菜微生物学》是作者及其团队在科研及生产加工一线并承担国省市各级泡菜科研项目的基础上著述而成，填补空白，科学性好，实用性强。

鉴于作者及其团队的坚守奉献，谨将《泡菜微生物学》一书推荐给业界同仁，并希望泡菜科研团队励精图治，继续和同仁一起，共同推动我国泡菜酱腌菜产业再创佳绩！

中国工程院院士

2022 年 9 月 6 日

前　言

“世界泡菜在中国，中国泡菜在四川”；中国泡菜以四川泡菜为代表，历史文化悠久，传承千年，享誉国内外。作为典型的以乳酸菌为代表的有益微生物发酵的食品，泡菜具有“清香、嫩脆、酸爽”的特点，深受人们喜爱。

在我国，四川泡菜堪称“国粹”，誉为“川菜之骨”，在四川或重庆，家家户户几乎都制作泡菜，品质优良、延续至今。为满足日益增长的市场需求，泡菜科研团队（项目组）勇于担当，一方面，保持传统之精华，传承延续其工艺；另一方面，开拓创新，用现代技术改造提升，从泡菜功能微生物解析到直投式功能菌剂的制备应用，从传统工艺及参数到现代工艺及设施设备的创新，从生产传统单一产品到系列产品的开发转化，从高盐防腐到低盐保质技术的突破，泡菜科研团队（项目组）潜心研究开发，坚持奉献努力，历经三十八载，推动了泡菜从小作坊手工操作到规模化、现代化生产加工的转型升级，小泡菜做成了大产业。2021 年，四川泡菜产值达到 446 亿，其中科研团队技术成果转化地区眉山市的产值达到了 219 亿，产品出口到 100 多个国家和地区。

本书共分为六章二十二节。主要著述了泡菜微生物的研究方法、泡菜微生物群系分布、泡菜微生物功能和安全、泡菜微生物的应用等内容。其中，对泡菜常见微生物和典型优势微生物进行了全面解析；首次揭示了以四川为主的地区及西北、东北、华北、华东、华南、华中等地区泡菜酱腌菜微生物的分布、多样性、群落结构，确定了乳杆菌属是各地区泡菜、酱腌菜的主要优势微生物，其优良的发酵特性是泡菜、酱腌菜生产加工的关键；丰富了泡菜微生物三段发酵及其各阶段主导乳酸菌属及其演变规律，创建了“稳态发酵”理论，发现了“同形异效”现象；提出了泡菜亚硝酸盐“$N_2-NH_4^+$”转化学说，率先构建了泡菜微生物菌种资源库。

本书集理论和实践于一体，在生产加工一线和承担泡菜科研项目的基础上，由四川省食品发酵工业研究设计院和四川东坡中国泡菜产业技术研究院的专业从事泡菜研究的技术人员共同编著完成。语言力求简明、扼要，内容力求科学、实用，可作为高等院校及科研院所从事泡菜研究方向师生的教学用书，以及泡菜生产加工企业的参考用书。

参与本书编著的还有张其圣、唐垚、汪冬冬、黄润秋、李嘉仪、叶美作、李恒、范智义、邓维琴、明建英、夏友书、游敬刚、张伟、伍亚龙、宋萍、冯霞、张蓓蓓、王柱、朱婕、朱士杰等泡菜科研团队（项目组）的专业技术人员。

借此机会，特向参与编著本书的专业技术人员和参考的著作、论文等文献资料的作者表示深深的谢意！

因泡菜种类繁多，加之能力所限，本书还存在诸多不足，敬请批评指正！

编著者

于四川成都温江和眉山东坡区

2022 年 8 月

目　录

第一章 绪论

第一节 泡菜的起源

我国是世界上蔬菜资源最丰富的国家，早在3500多年前就有蔬菜栽培的记载。据不完全统计，我国常见蔬菜达160多种。在漫长的实践过程之中，我们勤劳的祖先已经掌握了食盐、曲霉、瓷器等生产资料的应用，如《尚书·禹贡》中的“青州贡盐”，这为我国泡菜的制作提供了极为有利的物质基础和先决条件。

蔬菜从古至今一直是人类赖以生存的食物资源，许多蔬菜在原始社会时期已被古人所利用（食用）。为了满足人们基本的食物需要，在收获旺季必须把部分蔬菜贮藏起来，以便在淡季时食用。于是人们在实践中，用盐将新鲜蔬菜通过渍或腌的方式贮藏起来，这就是蔬菜的盐渍，是泡菜制作的第一步。经过食盐或食盐水渍过的蔬菜称为盐渍菜，所以盐渍菜是泡菜的雏形，其作为我国传统的生物发酵制品，也是我国珍贵的民族遗产，并延续至今。

一、我国泡菜制作历史

泡菜制作的基本要素一是蔬菜，二是食盐（或盐卤），所以应该是先有蔬菜和食盐，之后才有泡菜。蔬菜和食盐之后多久才有泡菜则很难考究。我国最早的诗集《诗经》中有“中田有庐，疆场有瓜，是剥是菹，献之皇祖”的诗句，意思是大田中间有居住房屋，田埂边长着瓜果菜蔬，削皮切块腌渍成咸菜，去奉献给伟大的先祖。诗句中“瓜”是蔬菜，“剥”和“菹”是腌渍加工的意思（图1-1）。

许慎《说文解字》解释“菹菜者，酸菜也”，“菹”即酸（泡）菜，今天的泡菜。《商书·说明》记载有“欲作和羹，尔惟盐梅”，“盐梅”即用盐来渍梅。这说明最迟在3100多年前的商代武丁时期，我国劳动人民就用盐来腌渍蔬菜和水果了。由此可见，我国（盐渍）泡菜的历史早于《诗经》，应起源于3100多

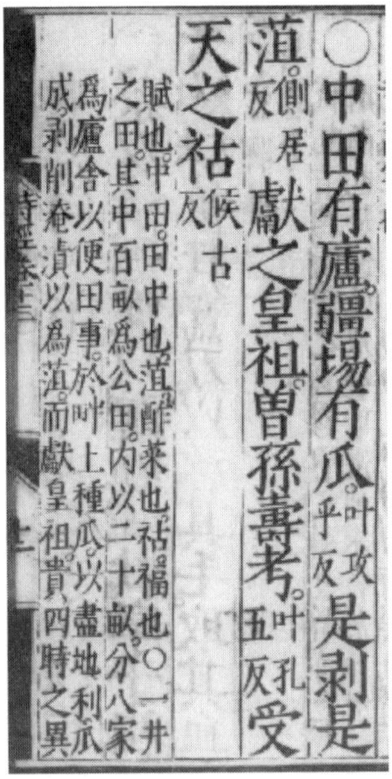

〇中田有廬疆埸有瓜(叶攻乎反)是剥是菹(側居反)獻之皇祖曾孫壽考(叶孔五反)受天之祜(候古反)

賦也中田田中也菹酢菜也祜福也〇一井之田其中百畝爲公田内以二十畝分八家爲廬舍以便田事於畔上種瓜以盡地利瓜成剥削淹漬以爲菹而獻皇祖貴四時之異

图 1-1　朱熹《诗经集注》(第十二卷)

年前的商周时期。

西周（公元前 1046—公元前 771 年），周公旦写成《周礼》一书，其中分天官、地官、寿官、夏官、秘官和冬官六篇。据《周礼 · 天官》记载：“大羹不致五味也，铏羹加盐菜矣”，即放在大锅里煮制的食品不进行调味，从大锅里将食物取出，才佐以盐菜调味。所谓盐菜便是泡菜，由此更进一步证实泡菜的历史。

西汉（公元前 202—公元 8 年）初年，长沙国丞相利仓的妻子辛追去世，葬于长沙马王堆。2000 年后，经发掘，马王堆所出土的殉葬品中就有盐渍品——酱和豉，还有豆豉姜这种盐渍菜。

北魏（386—534 年）时期，著名农业科学家贾思勰在《齐民要术》中，较为系统和全面地介绍了北魏以前的泡渍蔬菜加工方法，这是早期关于制作泡菜较规范的文字记载，例如以下几类。

（1）咸菹法　“收菜时，即摘取嫩高，菅蒲束之……作盐水，令极咸，于盐水中洗菜，即内瓮中”。“内瓮”即入坛之意。这是盐水泡渍蔬菜的方法。

（2）瓜菹法　“瓜，洗净，令燥，盐揩之”。这是盐渍瓜类蔬菜的方法。

（3）藏蕨法　“蕨”即蕨菜，为野生植物。“蕨一行，盐一行”，这是一层菜一层盐的盐渍蔬菜方法，至今仍在沿用。

（4）卒菹法　“以酢浆煮葵菜，擘之，下酢，即成菹矣”。“卒”即快速之意，这是快速制作泡菜的方法。

（5）菹法　“粥清不用大热，其汁才会相淹，不用过多，泥头七日便熟”。

“泥头”即是用泥土密封泡渍坛（容器），可见当时就已经知道厌氧以利于泡菜的发酵和制作了（即利于乳酸发酵）。

唐朝《唐代地理志》记载有“兴元府土贡夏蒜、冬笋、糟瓜”，所谓“糟瓜”就是现在的糟渍蔬菜，如“糟黄瓜条”等泡菜。

到了宋朝、元朝、明朝，泡渍菜已有很大的发展，如酱渍、醋渍、糖渍等蔬菜品种均有。宋朝孟元老《东京梦华录》中记载有“姜辣萝卜、生腌木瓜”等“腌藏菜蔬”。宋朝诗人陆游写有“菘芥可菹，芹可羹”的诗句。元朝韩弈《易牙遗意》中有“三煮瓜法”。明朝刘基《多能鄙事》中有“糟蒜”。明朝邝璠《便民图纂》中记载有萝卜干的腌渍方法，“切作骰子状，盐腌一宿，晒干，用姜丝、橘丝、莳萝、茴香，拌匀煎滚”。

泡渍菜传至清朝，其品种已十分丰富，清朝袁枚《随园食单》和李化楠《醒园录》等都有详尽的记载。诸如四川泡菜、四川宜宾的芽菜、四川南充的冬菜、重庆涪陵和浙江余姚的榨菜、浙江萧山的萝卜干、贵州镇远的陈年道菜、云南曲靖的韭菜花酱等已形成独具风格的泡渍产品。清朝时期，川南、川北民间还将泡菜作为嫁妆之一，直至今日在四川的部分地方还保留有这种习俗，可见自古以来泡菜在人们生活中占有重要的地位。

二、我国泡菜容器的历史

说起泡菜的起源，必须提到制作泡菜的另一基本要素——盛装蔬菜和食盐（水）的容器，即现在的泡菜坛（或缸）。在漫长的实践过程中，人们利用容器以自然发酵的方式制作泡菜，此类容器古称“瓮”或“陶瓮”，今称“缸”（即陶缸）、“罐”（即陶罐）。古人不仅用它来盛装必需物品（如水等），而且还用它来制作渍（腌）菜，即盐渍菜、腌菜、淹（泡）菜。我国历年考古发现表明，泡菜坛的特殊结构（坛沿或坛唇）在汉墓中发现的最多，例如，上海出土的西汉泡菜坛和东汉泡菜坛，所以一般认为泡菜坛的发明时间是汉代（公元前202—公元220年）。泡菜坛出土地点大多在黄河以南，尤以江南为多，可见泡菜在古代南方较常食用。我国安徽出土的唐代（618—907年）泡菜坛与现代的泡菜坛并无多大区别，都是平底大肚、双唇式口沿，只是口沿小些。据《中国陶瓷史》记载，从出土的陶器看，我国三国时期的越窑就有泡菜坛生产了。上海金山亭林镇发掘到的战国时期的双口沿黑陶大坛，特别是四川成都三星堆遗址发掘到的陶瓮，把我国泡菜坛的历史又向前推进了若干年。全国重点文物保护单位三星堆遗址，位于四川省成都平原北部（广汉市城西南兴镇），是古蜀文化遗址，经考古发掘证实，三星堆文化遗址距今2800—4800年，延续时间近2000年，该遗址从新石器时代晚期延续发展至商末周初，曾为古蜀国都邑所在地，其影响之大、价值之高，堪称世界文化遗产，被誉为“世界第九大奇迹”，其发掘出土的陶瓮（图1-2），应是现代四川泡菜坛的雏形。延续生产至今的四川成都彭州的“桂花泡菜坛”（图1-3）和内江隆昌的“下河口泡菜坛”（图1-4），已说明了四川泡菜坛的发展历史。据《彭县志》记载，明嘉靖三年（即公元1523年）桂花土陶生产已有一定规模，现存的桂花古镇瓦子坝龙窑窑地即是例证，由土陶制作的“桂花泡菜坛”距今已有近500年历史。四川内江隆昌的石燕桥镇是名副其实的土坛之乡，其制作历史可追溯到600多年前，获国家地理标志保护，2018年入选四川省非物质文化遗产，已建成百亿级玻陶产业园，生产的泡菜坛、白酒坛等陶瓷闻名中外。荣县土陶制作历史悠久，入选了四川省非物质文化遗产，具有耐酸耐碱、不渗不漏、质地坚硬等独特品质，2017年中国建筑卫生陶瓷协会授予荣县“中国（西部）陶都”称号，荣县为推动土陶产业转型升级，还建成了“土陶创意产业园”，生产的酒坛、泡菜坛也是畅销国内外。原四川荣昌的安富镇土陶制作，始于汉代，兴于唐宋，20世纪70年代达鼎盛时期，其陶器、瓷器繁多，泡菜坛（图1-5）大小规格协调，制作精美，荣昌陶瓷技艺入选国家非物质文化遗产。

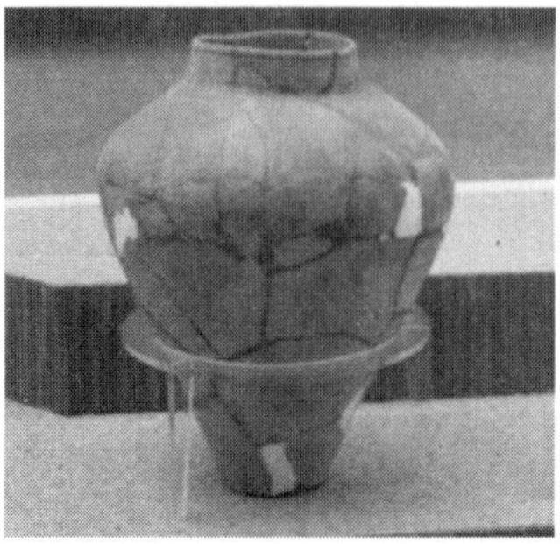

图1-2　三星堆遗址陶瓮（四川泡菜坛雏形）

图1-3　彭州“桂花泡菜坛”

图1-4　隆昌“下河口泡菜坛”

图1-5　荣昌泡菜坛

四川成都川菜博物馆中镇馆之宝——青花四开光山水人物泡菜坛，于清康熙年间（1662—1722 年）制作（图 1-6），坛的整体以天蓝釉打底，开光画青花山水以及人物，胎质洁白，器形规整，青花自然且沉稳，山水人物布局清晰，堪称精美绝伦。

图 1-6　青花四开光山水人物泡菜坛（清・康熙年间）

四川泡菜坛结构特殊，有坛沿，即坛唇，身形呈椭圆形，不仅美观，还可盛装大量食材，坛沿内盛水以密封坛口，而坛内发酵产生的气体又能通过水逸出，开启方便而又清洁卫生，设计创造巧妙，十分神奇。四川泡菜坛不仅可以隔离有害微生物的侵入，而且还能进行厌氧或兼性厌氧发酵，生产出味美脆嫩的泡菜，它是世界上最原始的生物反应器，蕴含着很深的科学理论。

综上所述，四川泡菜坛的历史可追溯到商周时期，距今至少 3000 年，与泡菜历史相近。

第二节　泡菜产业发展现状

一、国内泡菜产业发展概况

时至今日，我国泡菜制作工艺已传承千年之久，但其真正的发展却是在中华人民共和国成立后，尤其是改革开放 40 余年来。由于消费市场的不断扩大，在政府的引导和产学研的努力下，在继承传统工艺的基础之上，通过生产加工实践中的不断改进与创新，促进了我国泡菜产业的快速发展，形成了今天品种繁多的泡菜产品。泡菜龙头企业的增多，泡菜产品质量的提高，知名泡菜品牌的不断涌现，泡菜生产加工的规模化和标准化，泡菜新产品新技术的开发与应用，泡菜原料基地的建立等，都是传统泡菜产业创新发展的具体表现。我国是世界上蔬菜第一生产大国，而且产量逐年上升，其中以四川、山东的泡菜企业为多。2009 年，我国泡菜需求市场规模为 260.28 亿元，到 2015 年产品需求规模增加至 466.36 亿元。国家海关数据显示：2015 年，我国泡菜出口数量为 51.90 万 t，出口同比增长 3.26%，主要为韩式泡菜；进口数量为 0.75 万 t，进口同比增长 33.93%；图 1-7 展示了 2022 年我国各个省、自治区、直辖市的泡菜企业数量（中国香港、澳门、台湾地区除外）。2021 年，我国酱腌菜市场规模约为 600 亿元，四川泡菜产量 480 万 t、产值 446 亿元，产品远销 100 多个国家和地区，占全国泡菜产量的 70%以上。

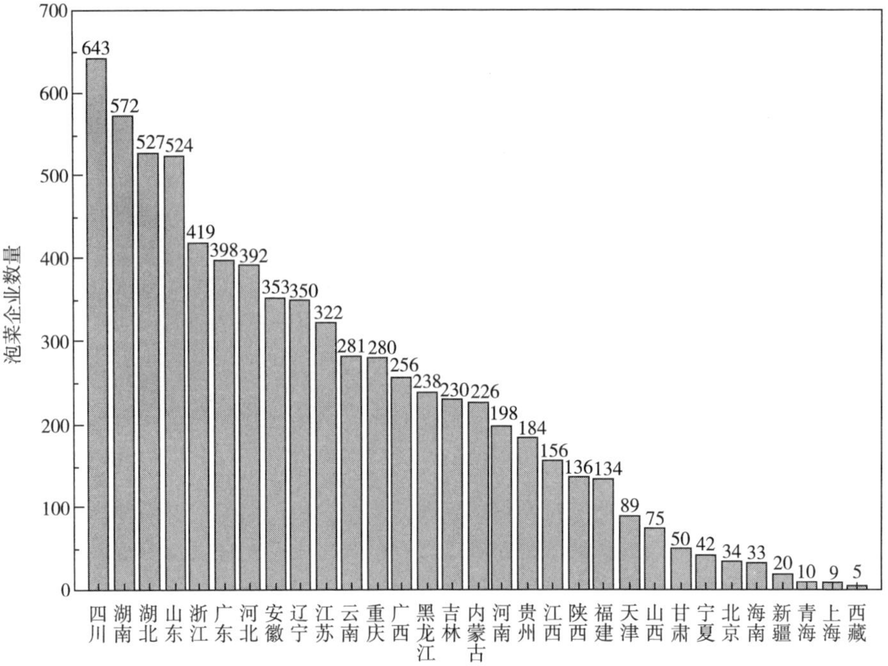

图 1-7　2022 年中国泡菜企业分布情况

（资料来源：各地市场监管局、爱企查平台等）

（一）四川泡菜

四川泡菜产量、销量均居全国第一，每年以 10%~25%递增，特别是 2000—2013 年，年增幅均达到 20%以上，涌现出全国知名的品牌，例如“吉香居”“李记”“味聚特”“川南”“惠通”“新繁”“广乐”“盈棚”“周萝卜”等，形成了“眉山东坡—成都新繁”泡菜产业集群，眉山被授予“中国泡菜之乡”称号。2011 年，四川省泡菜产量 125 万 t，产值达到 90 亿元（其中销售收入达亿元的企业 16 家），全年加工鲜菜近 500 万 t，带动 10 万 hm^2 原料生产基地，农民增收近 8 亿元。2020 年，四川省泡菜产量 460 万 t，产值 437.7 亿元（图 1-8）。眉山市泡菜产值在 2013 年突破百亿大关，到 2020 年的产值已增长至 213.4 亿元。2021 年四川泡菜产值达 446 亿元，其中眉山达 219 亿元，形成了“世界泡菜看中国，中国泡菜看四川，四川泡菜看眉山”的格局。

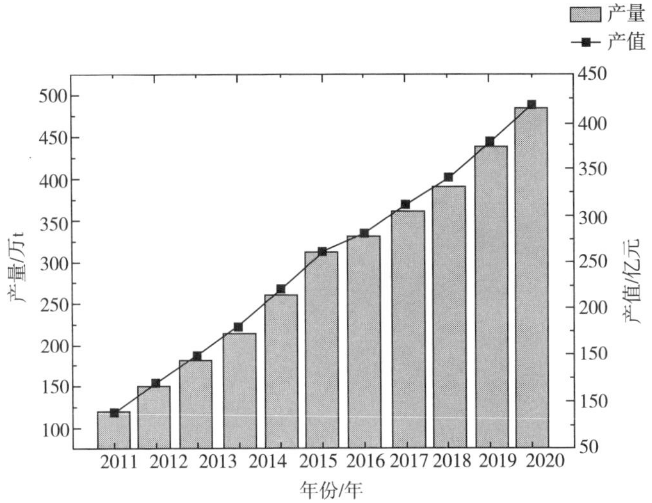

图 1-8　2011—2020 年四川泡菜产量与产值

近年来，眉山泡菜产业迅猛发展，眉山泡菜产品已远销美国、澳大利亚、加拿大、日本、韩国、欧洲等 100 多个国家和地区，深受国内外消费者的喜爱。产业发展呈现出以下几个显著特征。

1. 原料基地规模不断壮大

四川泡菜生产加工蔬菜原料基地的建设得到了快速的发展，大多数泡菜龙头企业都有自己的蔬菜原料基地，每个泡菜企业的蔬菜基地至少在 667hm^2 以上，通过“公司+基地+农户”的方式保障原料的供给和原料的质量。以眉山为例，2017 年，眉山市建成标准化泡菜原料基地 30700hm^2，有机蔬菜基地 2700hm^2。中国泡菜之乡——眉山市东坡区被认定为国家级现代农业示范区、中国调味品原辅料（青菜）种植基地等，岷江现代农业园区被认定为国家农业产业化示范基地。

2. 企业集群发展不断升级

截至 2018 年，四川泡菜已形成“眉山—成都”两大泡菜产业集群，其中眉山泡菜占四川省泡菜产量的 50%以上。眉山已建成中国泡菜城、松江镇工业园、太和镇经济开发区三大泡菜产业集群，拥有泡菜企业 66 家，标准化生产线 135 条。其中，国家级农业产业化重点龙头企业 3 家、省级农业产业化重点龙头企业 8 家，规模以上企业 37 家，亿元企业 10 家，获得自营出口企业 9 家，取得国外投资资格企业1家。成都泡菜以新繁泡菜为代表，拥有“新繁”“盈棚”等知名泡菜品牌。2019年以后，受金融危机和2020年的新冠疫情影响，泡菜中小企业有所减少，集群发展受到一定影响。

3. 泡菜科技研发不断加强

四川泡菜产业的发展离不开科技的支撑，四川省委、省政府对泡菜产业进行了连续多年（2009—2018年）的科技项目的集中支持，以四川省科技厅为代表的“优质安全中国泡菜现代产业关键技术研究与集成示范”（第一轮，编号2009NZ0080）和“优质中国泡菜现代产业链关键技术研究集成与产业化示范”（第二轮，编号2012NZ0002；第三轮，编号2016NZ0007）及国家科技部的“十二五传统蔬菜工业化生产技术集成与新产品开发”（编号2012BAD31B04）、“十三五盐渍菜典型加工劣变及调控机理”等泡菜产业链科技项目的实施，以及四川省农业厅（四川省泡菜协会）、四川省经济和信息化厅、眉山市市委、市政府等的泡菜科技项目的开展，以四川省食品发酵工业研究设计院等为代表的科研院所、高校和以吉香居公司等为代表的企业共计11个单位，构建起国、省、市泡菜科技项目组（作者有幸连续作为项目组的负责人，即首席专家），采取“产学研”紧密结合的方式，协同协作对泡菜进行系统的研究，取得了系列科技成果并转化应用，有力地促进了泡菜产业的快速健康发展，得到了国内外行业的一致认同。

2009—2018年，作者科研团队先后建立起多个泡菜研究开发平台（如泡菜创新团队、泡菜研究所、泡菜工程技术研究中心、泡菜创新联盟、泡菜产业技术研究院等）；在传统微生物学方法的基础上，创新应用现代分子微生物技术，系统开展了四川不同地区泡菜微生物菌群结构及变化的研究，率先确定了明串珠菌、乳杆菌、乳球菌等3个属17个种的乳酸菌（如肠膜明串珠菌、植物乳杆菌、戊糖乳杆菌、短乳杆菌、发酵乳杆菌等）为主要优势菌群，之后应用多重PCR、高通量测序、API等方法，进一步确定了泡菜中以明串珠菌、乳杆菌、乳球菌、魏斯氏菌、肠球菌5个乳酸菌属11个种（如柠檬明串珠菌、乳酸乳球菌、植物乳杆菌、布氏乳杆菌、清酒乳杆菌、食窦魏斯菌、戊糖片球菌、海氏肠球菌等）为主要优势菌群；建成国内首个泡菜微生物菌种资源库，研究出“双高”（高活性、高稳定性）直投式功能菌剂；引进和选育出泡菜专用蔬菜品种35个（其中审定品种5个）；研究开发出泡菜现代产业关键技术20余项，如直投式功能菌制备技术、预处理技术、快速发酵技术、护色保脆技术、连续自控发酵技术、高效节水减排技术、副产物综合利用技术等；开发出8大类50多个新产品，如低盐泡菜系列、直投乳酸菌泡菜、什锦泡菜、清酱泡菜、炒泡菜、休闲泡菜系列、养生泡菜系列等，副产物新产品10个，如调味酱、调味菜、蔬菜酱油等；研制出泡菜生产自控单元、自控定量灌装封口、自控连续发酵等关键设备；鉴定成果15项，获各级科技奖14项（其中3项省部级一等奖）；起草国家、行业和企业标准及技术规程 25 项；申请专利 120 项（以发明专利为主，授权发明专利 52 项，国际专利 1 项），国内外专业核心期刊发表论文 100 余篇，培养博士、硕士及学士 120 名以上；多项研究课题成果（如泡菜风味成分及生物胺、泡菜健康等）填补国内空白；建立起泡菜现代中试线 1 条（1000kg/a）、直投菌剂制备与发酵生产车间各 1 个（获 SC）、1000t/a 盐水回收生产示范线 1 条、1500t/a 的直投式乳酸菌连续发酵泡菜生产线 1 条、10000～20000t/a 现代标准化生产示范线 5 条（其中 1 条 10000t/a，2 条 15000t/a，2 条 20000t）。2009—2015 年，直接投入泡菜科技经费 1 亿元以上（以龙头企业投入为主），直接新增销售收入 5 亿元以上，吸纳 500 名以上农民就业，辐射带动基地 6000hm^2 以上，综合带动效益 23 亿元以上（其中农民种植效益 13 亿元，带动眉山东坡区农民人均增收 2500 元），成效显著。

2018 年及以后，政府的科技专项集中支持减弱或取消，但以四川东坡中国泡菜产业技术研究院和四川省食品发酵工业研究设计院为代表的研究开发没有停止，“产学研”继续努力，累计已申请国家行业各类专利 300 余项，获得授权发明专利 60 项，发表论文 100 多篇，分离保藏泡菜微生物 11000 多株，开发出直投菌发酵泡菜等系列新产品 100 多个，研究成果多次获得省级、市级政府及行业科技进步一等奖等奖项。实施国家及省市科技重点项目 20 余项，多项成果已投入企业生产应用。

为集聚川渝优势科技资源，推动川渝共同建设高水平实验室，提升协同创新的能力，重庆市科学技术局和四川省科学技术厅于 2021 年 5 月 26 日认定支撑“川渝共建中国酱腌菜科技创新重庆市重点实验室”（渝科局〔2021〕42 号），该实验室由重庆渝东南农业科学院和四川省食品发酵工业研究设计院共同组建。该实验室围绕榨菜泡菜原料进行科技创新与品种改造，高效原料生产加工技术改进，新产品开发及副产物综合利用等方面，开展创新基础研究、应用基础研究、共性和关键技术研究及转化，解决制约榨菜、泡菜产业发展的技术瓶颈。

4. 品牌效应不断显现

四川泡菜生产企业中有国家级农业产业化重点龙头企业 8 家，获得了 8 个“中国驰名商标”、19 个“著名商标”。“东坡泡菜”和以“新繁泡菜”为龙头的“新都泡菜”成为国家地理标志保护产品、国家级产地证明商标。四川泡菜先后被中央电视台、《人民日报》等媒体报道，泡菜系列产品远销日本、韩国、美国、英国等 100 多个国家和地区。

5. 政策扶持力度不断加大

四川省、眉山市等各级政府连续出台扶持泡菜产业发展方面的政策，重点对原料基地建设、标准化生产、技术研发、品牌建设、缴纳税款、节约用地等方面给予支持和奖励。2005 年，眉山市委、市政府在“十一五”规划中首次将泡菜确立为重点扶持农业拳头产品，明确以东坡区为龙头加快泡菜产业集群化发展。设立市泡菜产业推进办公室、中国泡菜城管理委员会、东坡区泡菜产业局，组织协调泡菜产业发展相关工作。2009 年起，陆续出台相关重要文件，先后出台《强力推进泡菜产业发展的决定》《关于扶持中国泡菜城泡菜产业发展的意见》等奖补政策，市财政每年拿出 2000 万元专项资金用于“中国泡菜城”园区建设，区财政先后投入“中国泡菜城”园区建设资金 10 亿元以上。为更好地推动四川泡菜产业的发展，在四川省委省政府的推动下，至 2022 年眉山市市委、市政府连续 13 年举办了“中国泡菜节”（各种研讨会、论坛、展销会，简称“中国泡菜节”），原省农业厅、省科技厅、省商务厅、省经信厅等省级职能部门在这期间给予了大力支持。2009 年 7 月 18 日，首届“四川泡菜国际论坛”在四川省眉山市隆重举行，来自美国、日本、韩国等 30 多个国家（包括国际粮农组织等）共 500 余人参加了此次会议。此次会议围绕“日本、韩国、中国泡菜现状及发展趋势，四川泡菜特色与产品、历史与文化、营养与健康、四川泡菜国际化发展方向”等内容展开了高水平、高层次的研讨，盛况空前，由此掀起了四川泡菜的研究热、开发热、标准热、品牌热、扩能热，此会无疑是四川泡菜发展史上的一个里程碑。

2011 年 1 月 11 日，由四川省科技厅和韩国知识经济部等部门主办、四川省食品发酵工业研究设计院四川泡菜研究所承办的“中韩现代泡菜产业发展科技论坛”在成都隆重举行，来自中韩泡菜行业的顶级专家就泡菜科技进行了友好交流并签署了《中韩现代泡菜产业科技合作备忘录》。

2011 年 1 月 14 日，四川省科技厅、四川省委农工委和四川省农业厅等部门，在成都隆重举行了以“产学研”结合的四川泡菜科技创新成果发布会，由四川省食品发酵工业研究设计院专家为主发布包括四川泡菜专用“高活性直投式乳酸菌”新产品和安全性及保健功效、“乳酸菌发酵泡菜”新产品企业标准等 6 项最新成果，部分成果处于国际领先水平，此会将四川泡菜科技成果推向了历史的顶峰，为四川泡菜产业的发展奠定了坚实的基础。

2013 年，四川省科技厅批准成立“四川东坡中国泡菜产业技术研究院”，采用“政府项目支持、重点企业出资、科研团队为主”的运行模式，聚集四川省食品发酵院、四川大学、四川农业大学、四川省农科院和重点龙头企业的研发人员 40 余人，高级职称、博士、硕士占 70%，被科技部授予“四川优质泡菜产业国家科技特派员创业链”，是省政府“一院一策”改革试点单位。目前，该泡菜研究院已经建立了泡菜微生物菌种资源库、基因数据库，收集各类泡菜菌种资源 1. 1 万多株，收集并解析泡菜产品配方 150 余个，研发了乳酸菌泡菜、休闲泡菜、炒泡菜、爽口菜芯、低盐泡菜等泡菜新产品 40 余个，近三年科技成果转化带动效益 10 亿元以上。

在各级政府的大力支持和产学研专家团队的攻关下，作者科研团队立足传承创新，突破了发酵不可控、产品质量不稳定、现代化设备缺乏、盐渍液难处理等产业技术瓶颈，实现了泡菜从家庭小作坊到规模化，逐步实现现代化的发展变革，推动了泡菜产业高质量、快速、健康发展，这是科技引领传统产业转型升级和创新发展的典型案例。

（二）山东泡菜

除四川外，中国泡菜在山东省产量最大。山东是农业大省，自古以来，盛产优质大白菜，泡菜企业以青岛、威海居多，多为外资或外向型企业，出口主要面向韩国，日本位居其次，也有少量出口美国、加拿大、马来西亚、新加坡、新西兰和中国香港等 20 多个国家和地区。

（三）重庆涪陵榨菜

涪陵榨菜起源于清光绪二十四年，以“乌江”榨菜为代表，选用涪陵特有的优质青菜头，经独特的“三腌三榨”加工技艺制成鲜嫩香脆的风味产品，广受市场青睐。与法国酸黄瓜、德国甜酸甘蓝并称世界三大名腌菜，也是中国对外出口的名腌菜之一，其传统制作技艺被列入第二批国家级非物质文化遗产名录。2020 年，涪陵地区（青菜头）种植面积 4.87 万 hm^2，总产量 160 万 t，加工企业 42 家，实现榨菜产业总产值达 120 亿元，带动 16 万余农户增收，人均榨菜纯收入 2275 元。近年来，涪陵榨菜产业迈开高速发展步伐，现已形成完整的榨菜产业链和产业化经营发展格局，年生产榨菜 140 万 t 以上，产品远销全国各地并出口 52 个国家和地区。此外，涪陵地区还有“鱼泉”榨菜、“辣妹子”榨菜、“渝杨”榨菜等。

2021 年 12 月 17 日，由重庆市农业农村委、市商务委、市文化旅游委和中共涪陵区委、涪陵区人民政府主办的“第四届中国重庆 · 涪陵榨菜产业国际博览会暨 2021 世界榨菜产业创新大会”在涪陵区召开，以“全球榨菜基地，智创美好世界”为主题，进一步弘扬榨菜文化，搭建榨菜技术创新交流平台，助力成渝地区双城经济圈建设和重庆“一区两群”协调发展。

（四）其他地区酱腌菜

浙江的酱腌菜主要以榨菜、萝卜干、雪菜等为主，分布在宁波、上虞、嘉兴等地。生产企业 180 余家，榨菜品牌有备德福、斜桥、铜钱桥、四峰和国泰榨菜等，萧山萝卜干有党山酱菜等，雪菜有三丰可味等，这些地方名优特产，品质优良，畅销国内外，经久不衰。

北京的“六必居酱园”（建于明嘉靖九年）、“天源酱园”（建于清同治八年）、“桂馨斋”等多家老字号的北味盐渍酱腌菜（北京酱菜）发展快速，“六必居酱园”“天源酱园”及“桂馨斋”隶属于北京六必居食品有限公司，由于其品种不断增加，产量和质量不断提高，在国内外享有很高的声誉，产销两旺。2020 年，六必居集团公司产值达 6 亿元，其中酱菜产值达 0.5 亿元以上。扬州的“三和”“四美”“五福”等南味盐渍酱腌菜（扬州酱菜）都有百年以上历史，基础好，发展快，“三和”“四美”整合隶属于扬州三和四美酱菜有限公司，2020 年公司产值达 3.5 亿元。云南昆明永香斋玫瑰大头菜、贵州酸菜（独山盐酸菜等）、太原泡菜、河北槐茂酱菜、北京泡菜（白菜等）、东北泡菜［如延边泡菜（即辣白菜）、锦州“什锦小菜”等］、湖北泡菜（酸白菜等）、山东玉堂酱菜、湖南剁椒、长沙九如斋酱菜、广东致美斋酱菜、上海萝卜干等各省、自治区、直辖市的各种特色泡渍、酱渍蔬菜产品都得到了很好的传承，深受消费者青睐。

二、国外泡菜产业发展概况

近年来，随着全球社会经济的快速发展以及人们生活水平的不断提高，发酵蔬果制品因具有益生功能而得到人们的广泛关注。一些发达国家及地区如韩国、日本及欧洲地区，大力宣扬传统发酵蔬菜制品，如 Kimchi（韩国泡菜）、Sauerkraut（欧洲酸菜）、Table Olive（发酵橄榄）、Pickled Cucumber（腌黄瓜）等正逐渐成为全球消费者公认的发酵蔬果食品，也形成了有影响力的产业。日本和韩国对泡菜进行了深入的研究和开发，无论是泡菜发酵的微生物、风味、营养功能，还是泡菜生产加工的清洁化、自动化、标准化等方面都取得了很大的成效，在出口国际市场中占据垄断地位。

（一）韩国泡菜

韩国泡菜是韩国的国菜，平均每人消费约 100g/d，其中辣白菜每人消费约 70g/d，平均每人每年要消费 26kg（约 13 棵辣白菜），每天消费的泡菜约占食物日摄取总量的 12%。韩国每年消费泡菜约在 150 万 t，约一半由公司生产。韩国泡菜已经超越了简单发酵的制作阶段，发展成为加入各种鱼酱、调料、香辛料等综合性的发酵食品。1988 年，汉城（现首尔）成功举办奥运会以来，韩国泡菜每年出口增长幅度稳定在 25%～30%，之后有下降的趋势。韩国泡菜被指定为奥运会比赛和 1998 年法国世界杯的正式食品，2001 年 7 月韩国泡菜国际标准的制定、2002 年韩日世界杯的举办和 2013 年韩国越冬泡菜申遗成功，韩国将泡菜文化推向了国际舞台。2016 年韩国泡菜正式入选了里约奥运会菜单，被冠上新名字“东方沙拉泡菜”（Oriental Salad Kimchi），加快了韩国泡菜走向国际化的步伐。韩国泡菜出口到 50 多个国家和地区，其中主要出口对象是日本（占 60% 以上），还有美国、澳大利亚、新西兰，以及中国的香港和台湾地区。

韩国曾一度垄断了全球韩式泡菜出口市场，不过，近年来韩国泡菜出口量却比较低。韩国泡菜出口量从 2016 年的 2.349 万 t 逐年递增至 2019 年的 2.9529 万 t，其中 2017 年，韩国泡菜出口额为 8139 万美元，2018 年，韩国泡菜出口额为 9750 万美元。2019 年，韩国泡菜出口额达到 1.4451 亿美元。主要是因为日元走低削弱了韩国泡菜在日本的价格优势，而且日本的“嫌韩”氛围限制了韩国泡菜的宣传工作。此外，日企开始生产符合日本消费者口味的泡菜，也对韩国泡菜出口市场造成一定的影响。2016 年出口又有所上升，其中出口量增幅达到 1.7%，价格增幅达到 7.3%。

中国市场方面，自 2012 年起，因韩国泡菜不符合中国政府食品安全标准，中国大陆几乎停止了从韩国进口泡菜。

近年来韩国泡菜贸易逆差明显，纯进口量 2014 年为 17.4 万 t、2016 年为 21.5 万 t、2018 年为 23.9 万 t、2019 年为 24.8 万 t，其间泡菜贸易逆差累计达到 1.56 亿美元（约合人民币 10.59 亿元）。中国产泡菜大举“占领”了韩国的餐馆和供餐企业。韩国 99%的泡菜进口来自中国，日本、美国紧随其后。最近 4 年，中国产泡菜对韩年均出口量高达 28.1462 万 t。

韩国通过举办泡菜节、制定泡菜国际标准、泡菜改名等一系列活动不断加强韩国泡菜的宣传，着力打造出一个全球化的品牌，从而树立起韩国泡菜的高端形象。2013 年 12 月，韩国越冬泡菜文化入选世界非物质文化遗产，更是极大地提升了韩国泡菜的国际知名度。

高端的形象加上泡菜的营养价值与保健功能逐步得到西方消费者的认可，韩国泡菜逐渐打开欧美消费市场。2021 年，按出口目的地来看，韩国对日出口占比 50.1%，位居第一，为 8012 万美元，其后依次为美国（2825 万美元）、中国香港（772 万美元）、中国台湾（691 万美元）、英国（550 万美元）、荷兰（545 万美元）、澳大利亚（513 万美元）等。

（二）日本泡菜

日本是泡菜（渍物）消费大国，也是生产大国。2018 年有 934 家泡菜企业，从业人员 2.4 万人，生产泡菜 74 万 t，产值 230 亿日元。日本率先提出“低盐、增酸、低糖”的健康泡菜模式，进一步促使日本泡菜产业发展壮大。根据日本通商产业省 2000—2019 年数据，日本泡菜年产量变化如图 1-9 所示，日本泡菜产量呈逐渐下降并趋于平稳状态。此外，日本发酵泡菜月产量对比如图 1-10 所示，2020 年日本泡菜月产量明显高于 2019 年日本泡菜月产量。

1988 年韩国汉城奥运会以后，日本加强向韩国学习泡菜制作方法，并且在中国泡菜工艺和韩国泡菜加工特点的基础上加以改进，形成了自己风格的泡菜，目前在日本市场上销售的大部分是改良的韩国辣白菜（泡菜）。此后，日本依靠中国和美国等蔬菜输出国进口生鲜蔬菜和腌制半成品使其泡菜产量有所上升。

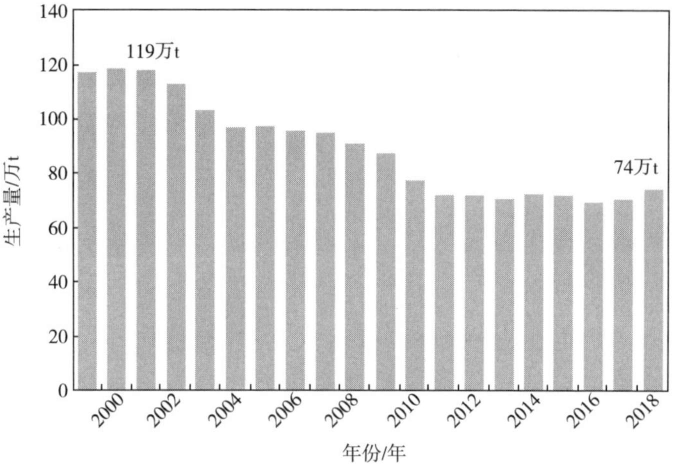

图 1-9　2000—2019 年日本泡菜年产量变化图

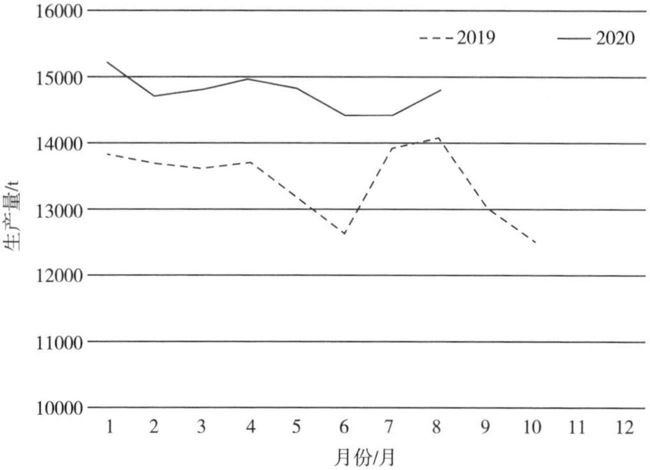

图 1-10　日本发酵泡菜月产量对比图（2020 年快报）

（三）欧洲泡菜

酸菜是欧洲泡菜的主要代表之一，欧洲酸菜的总体产量约 160 万 t，市场容量超过 20 亿欧元。酸菜的主产区及消费区域是德国，德国人均年消耗酸菜约 10kg，市场容量约 80 万 t。德国酸菜的市场预计超过 10 亿欧元，代表性企业为德国冠利食品有限公司（Carl Kühne KG Gmb H & Co.）、骏马山食品有限公司（Hengstenberg Gmb H & Co）。酸菜在法国也比较受欢迎，最有名的酸菜是阿尔萨斯酸菜（La choucroute d'Alsace），其产量约 3 万 t，占法国全国产量的 70%。

发酵食用橄榄（Table olives）是欧洲泡菜的另一代表产品，全球主产国（欧洲、中东等地区）橄榄的产量超过 1000 万 t，其中发酵食用橄榄 2021 年的产量为 896.6 万 t（国际橄榄理事会，IOC）。目前主产国为西班牙、意大利、希腊、土耳其、突尼斯、叙利亚、摩洛哥等国家。

（四）美国泡菜

美国泡菜主要是腌黄瓜和酸菜。美国腌制蔬菜产品市场容量超过 30 亿美元。代表企业为美国蒙特奥利弗泡菜公司（Mount Olive Pickle Company，Inc.）。美国腌黄瓜的产量约 45 万 t，产值 20 亿美元。美国酸菜本土消耗卷心菜 15 万 t，初级产品（卷心菜）约 1 亿美元，产成品酸菜约 5800 万美元。部分酸菜出口加拿大、泰国、马来西亚等国家。年产值超过 100 万美元的灌装酸菜生产企业仅有 6 家。

（五）俄罗斯泡菜

俄罗斯冬季漫长，蔬菜十分匮乏，常年需要进口，罐装和腌制蔬菜在俄罗斯很受欢迎，尤其是腌黄瓜，是俄罗斯“Rassolnik”餐厅最常用的配料。

俄罗斯加工蔬菜主要有罐装全形蔬菜、腌制蔬菜、打浆蔬菜 3 类，产量分别约为 47%、27%和 17%。俄罗斯本国加工蔬菜产量约 40 万 t，加工蔬菜年产值仅有 157 亿卢布，其中泡菜产量仅 10 万 t 左右，远不能满足本国的需要。2021 年俄罗斯农产品出口产值达到 373 亿美元，高于 2020 年的 305 亿美元。其中 2022 年俄罗斯市场进口新鲜蔬菜总值超过 1.2 亿美元，而进口泡菜产品主要是酸黄瓜，进口国主要为德国、美国、日本、加拿大等。

目前，俄罗斯本国人均年消耗罐装蔬菜 4~8kg，远低于欧美等发达国家（西欧 10~16kg，美国 50kg，澳大利亚 13kg），市场潜力巨大。俄罗斯蔬菜加工代表企业为邦度埃勒库班食品公司（Bonduelle Kuban LLC）。

第三节　泡菜产业存在的问题与发展趋势

泡菜是以乳酸菌为主发酵的传统食品，富含以乳酸菌为主的功能益生菌群及其代谢产物，风味优雅、清香脆嫩、营养丰富，既可满足人们对美味的需求，又可增进食欲，帮助消化，促进健康。泡菜作为人们生活必不可少的蔬菜制品，自古以来就拥有稳定成熟的消费市场，我国泡菜生产和销售远没有达到饱和状态，具有广阔的市场空间。

一、泡菜产业发展存在的问题

虽然我国泡菜产业的发展取得了很大的进步，产销两旺，但与泡菜产业发达的国家（如日本、韩国）相比，差距仍然很明显，存在以下问题。

（一）生产加工方式粗放

我国多数泡菜生产加工企业规模较小，零星分散，清洁化程度不高，从蔬菜原料到泡菜产品，生产加工以人工操作为主。

（二）生产加工标准化程度不高

泡菜生产加工更多的是传承传统工艺，机械化、自动化程度不高，生产加工过程的规范化、标准化水平不足，生产效率低，产品成本较高，质量不稳定。例如，除龙头企业以外，多数企业的泡菜产品灌装以手工或半机械化为主。

（三）泡菜产品“同质化”严重

泡菜产品品种单一、附加值低，低端产品竞争激烈，“同质化”严重，高端泡菜产品研发不足。

（四）原辅料和产品质量不稳定

泡菜产品原料、辅料品种繁多，质量难以统一，不同地区原辅料参差不齐，而且缺乏泡菜专用主要原辅料品种。虽然龙头企业拥有固定的原料基地，但多数企业蔬菜原料基地建设比较滞后，导致原辅料和产品质量不稳定。

（五）创新不足，人才缺乏

大部分泡菜企业研发能力较薄弱，缺乏专业高端人才，虽然科技支撑了四川泡菜产业的发展，但对全国泡菜行业而言，创新仍然不足，科技成果转化较难，与国家实施的“创新驱动”战略尚有差距。

二、泡菜产业发展趋势

我国泡菜产业发展方兴未艾，正当其时，呈现以下趋势。

（一）生产加工由传统向现代方向发展

从过去的家庭手工作坊、小规模生产加工方式向规模化、标准化、现代化方向发展。

（二）工艺技术设备向清洁化、智能化方向发展

传承泡菜生产加工特点，同时创新改造提升，在保持原有色香味的基础上，向着缩短发酵周期、保持原有色香味、清洁化、自控智能单元、连续发酵、冷链贮运、高效综合利用化等方向发展。

（三）产品向功能化、差异化和保健化方向发展

泡菜产品更注重营养健康性、方便即食性。泡菜富含的活性乳酸菌正是保健品化的基础，需进行深度研究开发并推广应用，加大宣传力度。我国泡菜发酵盐度较高，发酵时间长，不利于规模化生产，低盐发酵泡菜是未来发展的必然趋势，同时泡菜产品向着无防腐剂、低糖化、特色化、差异化和保健品化产品方向发展。

（四）泡菜原辅料基地向专业化、优质化方向发展

为保障原辅料和产品质量的稳定，不仅需建立泡菜专用主要原辅料基地，而且原辅料基地也要向着大型化、专用化（如青菜、萝卜、辣椒等专用品种基地）、优质生态化（如有机蔬菜）方向发展。

（五）企业逐步实现规模化、集团化

泡菜企业生产加工向规模化发展，以提升产品质量；组建泡菜集团走出国门也是今后的方向之一。

第二章 泡菜的定义、分类及相关介绍

第一节 泡菜的定义

行业标准 SB/T 10756—2012《泡菜》中对中国泡菜的定义为：以新鲜蔬菜等为主要原料，添加或不添加辅料，经食用盐或食用盐水渍制等工艺加工而成的蔬菜制品。这是我国泡菜的统一定义。在该标准中，又将泡菜细化为 3 类，中式、韩式、日式泡菜。中式泡菜的定义是以新鲜蔬菜等为主要原料，添加或不添加辅料，经食用盐或食用盐水泡渍发酵等工艺加工而成的蔬菜制品；韩式（朝鲜）泡菜的定义是以新鲜蔬菜等为主要原料，添加红辣椒粉、大蒜、虾酱等选择性辅料，经食用盐或食用盐水处理、低温腌渍等工艺加工而成的蔬菜制品；日式泡菜的定义是以新鲜蔬菜等为主要原料，添加或不添加辅料，经食用盐或酱油或醋等渍制加工而成的蔬菜制品。

该标准的深化版中，对中式泡菜定义为：以可食用新鲜植物（蔬菜）的根、茎、叶、籽、食用菌和藻类等为原料，整理、盐渍或清水渍，脱盐或不脱盐，经发酵（添加活性乳酸菌或自然发酵）或非发酵，添加或不添加辅料，调味、泡渍等工艺加工而成的制品；对韩式（朝鲜）泡菜定义为：以新鲜蔬菜等为原料，经食用盐腌制或食用盐水泡渍，添加或不添加红辣椒、大蒜、生姜、虾酱、鱼露等辅料，经调味、腌渍、发酵或非发酵等工艺加工而成的制品。老坛酸菜属泡菜范畴，其定义为：以新鲜叶用芥菜或经初次盐渍发酵后的叶用芥菜为主要原料，添加或不添加辅料、老母水（酸菜母液）或乳酸菌，用传统陶瓷坛泡渍发酵而成的蔬菜制品。

第二节 泡菜的分类

从泡菜的定义可知，泡菜分类因蔬菜和工艺等不同而不同。我国泡菜因使用蔬菜原辅料、制作生产工艺、地域区间等差异，品种繁多，分类各异。无论哪种泡（渍）菜的加工，都要经过食盐水泡（腌）渍和发酵的过程；无论哪个地区或国家的泡菜，都有“渍”“腌”“泡”三者具其一的工艺特点。这和作者在多年前提出的“盐渍菜是泡渍菜（即泡菜）的雏形，泡菜是盐渍菜的完美表达”一起，构成了“盐渍菜-泡菜”理论基础。我国《汉语字典》解释：“腌”即用盐浸渍食物；“淹”即浸泡，同“腌”；“渍”即浸渍、腌渍。所以作者认为“腌（淹）、渍、泡”字意，既有相同之处，也有不同的地方。按照实际加工的盐渍工艺通常理解，腌即“干腌”，是用盐（不配成盐水而使用干盐）直接和蔬菜混合接触的加工方法；渍即“水浸渍”，是用盐水（不使用干盐）和蔬菜直接混合接触的加工方法，此时“腌”和“渍”所代表的工艺就有区别。若不外加盐水而腌制蔬菜，则二者没有本质的区别，因为在腌时由于盐的脱水作用而变成了渍，而渍本身也是有盐直接参与作用于蔬菜的腌（特别是盐水较少的时候，渍就是腌）。所以，有的把泡菜列入“酱腌菜”之列（即腌菜、酱菜、泡菜统称为“腌菜酱菜”“酱腌菜”或“酱腌泡菜”），有的列入“盐水渍菜”之中，有的将“腌菜酱菜”称之为“盐渍（腌）菜”等都有其合理和科学的一面，但都没有完全涵盖和体现我国泡菜产品的本质特征。

一般来说，只要是纤维丰富的蔬菜或水果等原料，都可以被制作成泡菜。常用的四川泡菜原料有青菜、萝卜、豇豆、白菜、大蒜、生姜、莴苣、辣椒、黄瓜、洋葱等。随着市场需求的增长和科技的发展，研究开发出许多泡菜新产品而使泡菜的含义得到了引申和扩展，泡菜的定义和范围已超越了传统概念本身，泡菜的原料不仅仅局限于蔬菜，出现了以其他蔬菜植物（食用菌、豆科类、海藻类、山野菜等）为主要原料，或辅以畜禽肉类、水产品等的泡菜新产品，深受市场欢迎。

一、按泡菜加工工艺分类

2009年，四川省发布了DB51/T 975—2009《四川泡菜》标准（作者参与起草），首次按泡菜加工工艺分类，即泡渍类、调味类和其他类。

1. 泡渍类

以新鲜蔬菜（或咸坯）为原料，添加或不添加辅料，经食用盐或食用盐水泡渍发酵，配以泡渍液或调配液等加工制成的泡菜。泡渍类泡菜也称发酵泡菜或汤汁泡菜（属传统泡菜），用中低盐度食盐水（<10%）泡渍发酵后，水菜不分离，固形物含量≥50%。泡菜成品食盐含量≤10%，总酸含量≤1.5%。

2. 调味类

以新鲜蔬菜（或咸坯）为原料，添加或不添加辅料，经食用盐或食用盐水泡渍发酵，整形、调味、灌装、杀菌等工艺加工而制成的泡菜。调味类泡菜也称方便泡菜（属现代泡菜），高浓度食用盐水（>10%）泡渍发酵后，经脱盐、脱水、调味而成。泡菜成品食盐含量≤9%，总酸含量≤1.5%。

3. 其他类

以其他新鲜蔬菜植物（食用菌、豆科类、海藻类、山野菜等）为主，选择配以畜禽肉、水产品等为辅，经食用盐或食用盐水泡渍发酵，进行整形、调味、灌装等工艺加工而制成的泡菜。其他类或属传统泡菜或属现代泡菜。泡菜成品食盐含量≤10%，总酸含量≤1.5%。

该工艺分类体现了以四川泡菜为代表的我国泡菜的本质特征，既包含了传承千年的传统泡菜，又包含了创新的现代泡菜，符合并代表了泡菜产业的发展方向，与时俱进，科学合理。

此外，深化的泡菜标准中，又将泡菜分为发酵型泡菜（食盐含量≤7%，总酸含量≥0.2%）和非发酵型泡菜（食盐含量≤15%，总酸含量≤0.2%）。

二、按泡菜加工原料分类

叶菜类泡菜：如白菜、青菜等。

根菜类泡菜：如萝卜、大头菜等。

茎菜类泡菜：如莴苣、青菜头（茎瘤芥）等。

果菜类泡菜：如辣椒、黄瓜等。

食用菌类泡菜：如木耳、香菇等。

其他类泡菜：如泡凤爪、泡海藻等。

三、按泡菜产品食盐含量分类

超低盐泡菜：食盐含量1%~2%。

低盐泡菜：食盐含量3%~5%。

中盐泡菜：食盐含量6%~10%。

高盐泡菜：食盐含量11%~15%。

四、按泡菜产品风味分类

清香味：风味清香，口味清淡，突出蔬菜本质香味。

甜酸味：口味既呈甜味又呈酸味。

咸酸味：口味既有咸味又有酸味。

红油味：颜色带辣椒红色，突出辣味和食用油香味。

白油味：不带颜色，突出蔬菜本质和食用油香味。

五、按泡菜地域分类

（一）中式泡菜

中式泡菜（即中国泡菜）以四川泡菜（有的地方称“泡咸菜”或“泡酸菜”）为典型代表（图2-1），历史悠久、工艺独特、应用广泛，几乎四川地区每家每户都可制作。其制作用料考究，一般用川盐、料酒或白酒、红糖及多种香料制成盐水，用特制的土陶坛作泡菜用盛器，然后将四季可取的根、茎、果、叶菜（如萝卜、青菜、辣椒、生姜、苦瓜、茄子、豇豆、蒜薹、白菜等）洗净切分投入，盖严密封，经一定时间的泡渍乳酸发酵后而成。四川泡菜属于泡渍类、发酵型，突出“泡”。成品具有“新鲜、清香、嫩脆、味美”的特点。

图2-1　中式泡菜

（二）日式（日本）泡菜

日本泡菜起源于中国，唐玄宗天宝十二年（公元753年），唐高僧鉴真和尚曾六次东渡日本，把我国的泡渍菜制作方法传入日本，现代日本家喻户晓的奈良渍就是鉴真所传。至今日本还流传这样的诗句：“豆腐酱菜数奈良，来自贵国盲圣乡。民俗风气千年久，此地无人不称唐”。奈良是日本著名古城，盲圣是日本人对鉴真和尚的尊称，唐即我国唐朝，日本因此才有了泡菜，称之为“漬（渍）物”。日本厚生省这样定义泡菜：“作为副食品，即食，以蔬菜、果实、菌类、海藻等为主要原料，使用盐、酱油、豆酱、酒粕、麹（麯）、醋、糠等及其他材料渍制而成的产品”（图2-2）。日本泡菜制作生产一般用“调味液”进行“渍”。

图 2-2　日本泡菜

日本渍菜主要通过浅渍而成，由于盐分低无法长期保存，在 2~3d 内就要食用完，从盐、酱油等的调味料到沙拉酱皆可使用，其调味的方式相当的多样化。

（三）韩式（朝鲜）泡菜

中国的泡菜约在 1300 年前传入韩国。最早记载朝鲜半岛有泡菜类食品的是中国的《三国志》中的《魏志东夷传》。韩式泡菜中白菜、萝卜等蔬菜类，是经过初盐渍后拌入调制好的各种调料（如辣椒、大蒜、生姜、大葱、虾酱等），在低温下发酵制成的半乳酸发酵制品，色泽鲜艳、酸辣可口，堪称佐餐佳品。韩式泡菜突出“腌”，即半发酵。国际食品法典委员会（CAC）对韩式泡菜的定义：由各类大白菜制成，这些大白菜须无明显缺陷，经整理去除不能食用部分，盐渍，清水清洗，并脱去多余水分，可通过切分或不切分达到适合大小。用复合型调味料，主要有红辣椒粉、大蒜、生姜、葱叶和胡萝卜等，这些成分可切块、切片或打碎。将上述成分置于适合的容器中，低温下进行乳酸发酵，确保产品的后熟或贮存。

韩国农业局产品部于 2021 年正式将泡菜（Kimchi）翻译成辛奇，具有辛辣、新奇的含义（图 2-3）。

图 2-3　韩式泡菜

（四）西式泡菜

西式泡菜（Pickles）品种丰富，其主要原料为小黄瓜、甘蓝、食用橄榄等。以盐渍和醋渍工艺为主，盐渍有乳酸发酵型，醋渍的酸度达到1.3%~2.2%，并略有甜味，而日本醋渍菜的酸度为1%~1.2%。西式泡菜以德国和法国的酸黄瓜及土耳其混合泡菜为代表。土耳其把胡萝卜、白萝卜切成块状，配以花椰菜、辣椒等多种蔬菜，混制而成，其色泽鲜美（图2-4）。

（1）德国酸黄瓜　（2）土耳其泡菜　（3）发酵橄榄

图2-4　西式泡菜

以酸黄瓜为例，将小黄瓜洗净，加入香菜籽或莳萝后（如有需要，可加入其他增味香辛料）放入4%~6%的食盐溶液中，或者在某些情况下进行加盐，干腌发酵（如有需要，可加入葡萄糖）。发酵过程在20~30℃的条件下进行，产生乳酸、乙醇、挥发性酸和少量醛酮类风味物质。发酵过程中较低的pH和食盐环境抑制了腐败菌的生长，同时减缓酶对组织的分解，维持泡菜质感，酸性环境也有利于发酵体系中维生素C的稳定。德国酸黄瓜制作时常添加香菜籽，以增加风味。香菜籽是香菜的果实，又名芫荽籽，为双圆球形，气味芳香，可入药，是理想的香料之一。

第三节　泡菜的国内外标准

一、泡菜的国内标准

（一）国内相关部分标准

随着泡菜在全世界范围内越来越受欢迎，各类相关的泡菜标准应运而生。

我国有关泡菜或酱腌菜生产加工的标准包括：SB/T 10756—2012《泡菜》、QB/T 2743—2015《泡菜盐》、SN/T 2303—2009《进出口泡菜检验规程》、DB51/T 1069—2010《四川泡菜生产规范》、GB 2714—2015《食品安全国家标准　酱腌菜》、QB/T 2830—2015《榨菜盐》、SB/T 10439—2007《酱腌菜》、NY/T 437—2012《绿色食品　酱腌菜》、GB/T 19858—2005《地理标志产品　涪陵榨菜》等（表 2-1）。2009 年，在四川省农业厅和四川省科技厅支持下，四川省质量技术监督局、四川省食品工业协会组织、四川省食品发酵工业研究设计院、成都市调味品研究所、四川泡菜龙头企业等单位承担，研究编制了《四川泡菜》《低盐四川泡菜》和《四川泡菜生产规范》等标准规程，其中的部分指标等效采用国际标准（例如，泡菜食盐含量≤4%），有的指标严于国家污染物限量标准（例如，泡菜亚硝酸盐含量≤10mg/kg）。这些标准由原国家质监总局、原商业部、原国内贸易部、原农业部、供销合作总社等部门发布，这为规范我国泡菜的生产加工、确保泡菜的产品质量起到积极作用。

表 2-1　泡菜国内标准

标准号	标准名称	发布单位
SB/T 10756—2012	泡菜	商务部
QB/T 2743—2015	泡菜盐	工业和信息化部
SN/T 2303—2009	进出口泡菜检验规程	原国家质量监督检验检疫总局
SN/T 1908—2007	泡菜等植物源性食品中寄生虫卵的分离及鉴定规程	原国家质量监督检验检疫总局
DB51/T 1069—2010	四川泡菜生产规范	四川省质量技术监督局
DB37/T 1232—2009	白菜泡菜通用技术条件	山东省质量技术监督局
SN/T 1953—2007	进出口腌制蔬菜检验规程	原国家质量监督检验检疫总局
DB32/T 1419—2009	乳黄瓜腌制规程	江苏省苏州质量技术监督局
GB/T 5009. 54—2003	酱腌菜卫生标准的分析方法	原卫生部
GB 2714—2015	食品安全国家标准　酱腌菜	国家卫生和计划生育委员会
SB/T 10439—2007	酱腌菜	商务部
SB/T 10297—1999	酱腌菜分类	原国家国内贸易局
SB/T 10214—1994	酱腌菜检验规则	原国内贸易部
SB/T 10301—1999	调味品名词术语　酱腌菜	原国家国内贸易局
SB/T 10213—1994	酱腌菜理化检验方法	原国内贸易部
NY/T 437—2012	绿色食品　酱腌菜	原农业部

续表

标准号	标准名称	发布单位
DB37/T 883—2007	酱腌菜生产企业 LCCP 应用指南	山东省质量技术监督局
DB42/T 673—2010	双孢蘑菇采收与盐渍技术规程	湖北省质量技术监督局
GB/T 19858—2005	地理标志产品　涪陵榨菜	原国家质量监督检验检疫总局
GH/T 1011—2007	榨菜	中华全国供销合作总社
GH/T 1012—2007	方便榨菜	中华全国供销合作总社
QB/T 1402—2017	榨菜类罐头	工业和信息化部
QB/T 2830—2015	榨菜盐	工业和信息化部
SB/T 10431—2007	榨菜酱油	商务部
QB/T 1396—1991	酸甜红辣椒罐头	原轻工业部
DBS51/ 002—2016	食品安全地方标准　酸菜类调料	原四川省卫生和计划生育委员会
NY/T 2650—2014	泡椒类食品辐照杀菌技术规范	原农业部
NY/T 1397—2007	腌渍芒果	原农业部
NY/T 872—2004	芽菜	原农业部
GB/T 19907—2005	地理标志产品　萧山萝卜干	原国家质量监督检验检疫总局

（二）眉山泡菜团体标准

眉山是我国现代泡菜的发源地，近二十年来，眉山市充分发挥自身优势，产学研紧密结合，运用科技推动了泡菜产业持续、健康、快速发展，将“小泡菜”做成大产业，成为四川乃至中国泡菜的主产地、核心区、“排头兵”，2020年泡菜产值突破 200 亿元，市场份额占全国 1/3，全省 1/2，产品远销欧美、日本、韩国等国家和地区，还建成了“中国泡菜博物馆”和“泡菜展览中心”，引领着中国泡菜行业的标准示范和技术创新。眉山已成为名副其实的“中国泡菜之乡”。

眉山泡菜团体标准于 2019 年 12 月发布，结束了眉山泡菜无标准的历史。标准对眉山泡菜的感官要求（表 2-2）和理化指标（表 2-3）做了详细规定。眉山泡菜是四川泡菜的一种，是以蔬菜为主要原料，添加或不添加辅料，经食用盐水或食用盐等发酵或腌渍，调味或不调味等工艺加工而成的蔬菜制品。根据其加工工艺及产品特点分为两大类，其一为发酵泡菜（泡渍泡菜），其二为腌渍泡菜。其中，腌渍泡菜又分为盐渍泡菜、调味泡菜和佐料泡菜。

表 2-2　　　　　　　　　眉山泡菜感官要求

项目	要求	检验方法
色泽	具有本产品固有的色泽	在自然光线条件下，观察容器密封情况，外观，并将内容物倒入洁净的白色瓷盘中，用肉眼观察其色泽，组织形态。嗅其香气，尝其滋味。
香气	具有本产品固有的香气，无不良气味	
滋味、气味	具有本产品固有的滋气味，无异味	
组织形态	具有本产品固有的形态	
杂质	无肉眼可见外来杂质	

表 2-3　　　　　　　　　眉山泡菜理化指标

项目	指标						检验方法
	发酵泡菜	腌渍泡菜					
		调味泡菜	腌渍泡菜	佐料泡菜			
				泡菜包	调味包	粉料包	
固形物含量[a]/(%)　≥	50			—			GB/T 10786
水分/(%)　≤	—			—		15	GB 5009.3
食用盐（以 NaCl 计）/(g/100g)　≤	6		15	20	—		GB/T 5009.54
总酸（以乳酸计）/(g/100g)　≤	2	1.5	2		—		GB/T 12456
铅（以 Pb 计）/(mg/kg)　≤	0.8					—	GB/T 5009.12
亚硝酸盐（以 $NaNO_2$ 计）/(mg/kg)　≤	10	10			—	—	GB/T 5009.33
酸价[b]（以脂肪计）（KOH)/(mg/g)　≤	—	10				—	GB/T 5009.229
过氧化值[b]（以脂肪计）/(g/100g)　≤	—	0.25				—	GB/T 5009.227
黄曲霉毒素 B_1^b/(μg/kg)　≤	—	5				—	GB/T 5009.22
乳酸菌数[c]/[CFU/g(或 mL)]　≥	1.0×10^5	—		—		—	GB/T 4789.35

注：a 仅适用于固液两相产品。

b 仅适用于含油量超过 10%的产品。

c 适用于发酵泡菜产品出厂检验时。

二、泡菜的国际标准

2017 年 4 月，四川省眉山市政府牵头，将泡菜国际标准的制定提上议程，在国家标准委、中国标准化研究院、中国食品发酵工业研究院、四川省食品发酵工业研究设计院、四川东坡中国泡菜产业技术研究院等单位的配合下，形成

ISONP 24220《泡菜（盐渍发酵蔬菜）——规范和试验方法》国际标准提案。

2019 年 3 月，这项提案正式进入投票环节，投票成员由中国、土耳其、印度、塞尔维亚和伊朗组成。

2019 年 6 月 8 日，国际标准化组织食品制品技术委员会水果与蔬菜及衍生制品分委会（ISO/TC34/SC3）通过投票批准立项。

历时 1 年多，分别经过 NP（提案阶段）、CD（委员会草案阶段）、DIS（征询意见草案阶段）、FDIS（批准阶段）等多个阶段投票和处理各成员国专家意见，通过国际会议讨论和邮件交流，对工作组同行专家提出的 166 条反馈意见逐条分析处理并修改标准文本，形成 ISO 24220《泡菜（盐渍发酵蔬菜）规范和试验方法》[Paocai（salted fermented vegetables）-Specification And Test Methods] 国际标准。该标准相关指标见表 2-4 和表 2-5。

表 2-4　　泡菜国际标准理化指标要求

指标	限量
过滤质量与净质量之比[a]	≥50%
总酸（以乳酸计）/（g/100g）	0.2~2.5
盐度（以氯化钠计）/（g/100g）	0.5~10.0

注：a 固液两相。

表 2-5　　泡菜国际标准微生物限量要求

微生物	抽样检验计划		限量			
			灭菌型		非灭菌型	
	n	*c*	*m*/（CFU/g）	*M*/（CFU/g）	*m*/（CFU/g）	*M*/（CFU/g）
大肠菌群	≤5	≤2	0	—	≤1000	≤10000
金黄色葡萄球菌	≤5	≤2	0	—	≤1000	≤10000

注：①n：抽样单位数。

②c：二级采样计划中的最大允许缺陷样本单元数或三级采样计划中可接受的样本单元的最大数量。

③m：微生物限度，在二级采样计划中，它将良好质量与缺陷质量分开，或者在三级采样计划中，将良好质量与可接受的质量分开。

④M：微生物限度，在三级采样计划中，它将可接受的质量与有缺陷的质量分开。

2020 年 11 月 24 日，ISO 24220《泡菜（盐渍发酵蔬菜）规范和试验方法》国际标准正式诞生，这是中国泡菜产业实质性参与国际标准化工作的直接体现，也是我国在 ISO 框架下制定的第 6 个食品标准。其关键是在作者及研究团队创建的“盐渍菜-泡菜”理论指导下，在国际上首次明确了泡菜的定义和分类，即我国泡菜是盐渍发酵蔬菜类型，涵盖了世界范围内所有泡菜。该标准的成功制定和发布，实现了四川省在国际标准化组织（ISO）框架下食品国际标准零的突破，是我国泡菜产业标准化重大创新，将大大提升中国泡菜在国际市场的地位和影响力，也将进一步扩大“东坡泡菜”的国际知名度，对我国泡菜产业向更优、更强方向发展而起到巨大的推动作用。

三、其他国家泡菜标准

韩国于1995年向国际食品法典委员会提交了泡菜的Codex规格（方案），2001年在Codex总会上被采纳为泡菜Codex规格，即Codex stan 223—2001（国家法典标准泡菜）。该标准规定韩式泡菜的国际通用名称为“Kimchi”，酸度在1.0%以下，盐度为1%~4%等。随着指定泡菜的Codex规格，向进口国提供了合理的泡菜标准，可解除贸易中的非关税壁垒，并确保了发生泡菜的贸易纠纷时可向WTO投诉的手段，对增加泡菜出口量以及提高国际商品价值做出贡献。表2-6所示为部分其他国家泡菜标准。

表2-6　其他国家泡菜标准

标准号	英文名称	中文名称
GOST 12231—1966	Vegetables salted and pickled, fruits and berries soaked. Sampling. Methods for determination proportion of liquid and solid parts	腌咸菜和酸菜、浸渍水果和浆果，取样成分比例的测定方法
GOST 27853—1988	Vegetables salted and pickled, fruits and berries soaked. Acceptance rules, sampling	蔬菜腌制、浸渍水果和浆果抽样验收规则
GOST 7180—1973	Pickled cucumbers. Specification	酸黄瓜规范
GOST 7181—1973	Pickled tomatoes. Specifications	腌制番茄规范
GOST R 52477—2005	Canned foods. Vegetable pickles. Specifications	酱菜罐头规范
KS C 9321—2011	Electrical storage box for kimchi	泡菜冰箱（韩国泡菜专用）
KS H 2169—2013	Kimchi	韩国泡菜
KS H 2139—2013	Seasoned and pickled products	调味酱和腌制品
CODEX STAN 223—2001	Codex standard for Kimchi	韩国泡菜
CODEX STAN 115—1981	Codex standard for pickled cucumbers (cucumber pickles)	腌黄瓜标准
STN 46 3150—1989	Fresh vegetables Zucchini, aubergines, muskmelons, watermelons, cucumbers pickles, cucumbers, garden peppers, pumpkin, tomatoes, squash	新鲜蔬菜：西葫芦、茄子、甜瓜、西瓜、黄瓜泡菜、黄瓜、辣椒、番茄、南瓜

第四节　四川泡菜典型工艺

泡菜种类繁多，不同的泡菜产品所采用的原料、加工工艺、调味配方均有较大的差异。经过长期的经验积累和实践，我国泡菜产品不断推陈出新，出现了许多各具特色的泡菜制作工艺和配方，这些工艺和配方的创新不仅改变了传统泡菜的生产方式，也制造出了风味多样的泡菜产品。泡菜的生产工艺伴随着科学技术的发展在不断地进步和创新。3000 年前古人利用食盐的防腐保鲜作用贮存蔬菜，这一方法此后逐渐演变成为赋予泡菜独特风味的关键工艺——盐渍发酵工艺，这是我国原创也是世界泡菜的主导工艺，“盐渍菜-泡菜”理论可说明这一点。

发展至今，我国泡菜的生产工艺主要分为传统泡菜生产工艺和现代泡菜生产工艺。传统泡菜是以生鲜蔬菜为原料，经预处理、中低浓度盐水（<10%）泡渍发酵而成的蔬菜制品。现代泡菜即调味泡菜，也称方便泡菜，是在传统泡菜生产工艺的基础上，利用现代食品工程技术和工业化设备，经盐渍发酵（>10%）、整形、脱盐、调味杀菌等，产品主要为方便（即食）泡菜。

一、传统泡菜制作工艺

传统泡菜的制作常见于家庭和小微企业，其生产规模小，占地面积小，多以陶坛为主要发酵容器，经食盐水密闭泡渍，是典型的乳酸发酵食品。传统泡菜多数不包装，一般不做杀菌处理，也有杀菌处理的，产品新鲜、清香、脆嫩、可口。四川等西南地区的食用方法是直接食用（本味清香）或拌上调味品（主要为红油辣酱）食用，工艺流程见图 2-5。

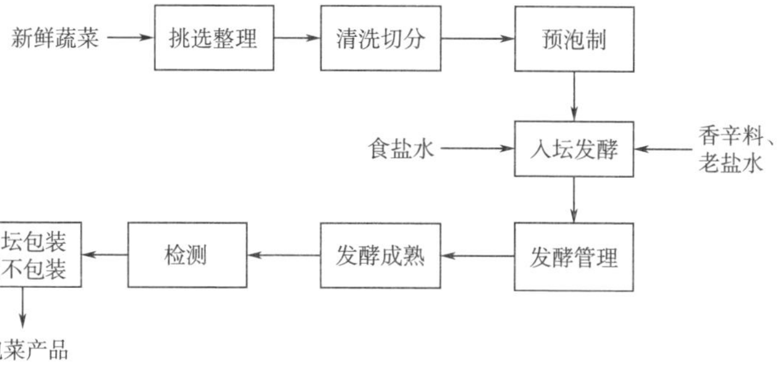

图 2-5　传统泡菜制作工艺流程

（一）原料选择

蔬菜原料应进行严格的选择，必须为无公害蔬菜。选择新鲜、成熟适度（太嫩或太老均会影响产品质量）、无病虫害、无机械损伤、无发热现象的优质蔬菜原料。此外，原料选择还应达到以下要求：容易清洗及修整、干物质含量较高、水分含量较低、加工时汁液不易外流、酚类物质含量较低、去皮切分后不易发生酶促褐变、耐贮运等。原料选择至关重要，只有满足上述要求的蔬菜品种，才能加工生产出优质的泡菜产品。

（二）预处理

预处理是将选择好的蔬菜原料进行泡渍发酵前的加工，主要包括挑选、切分、清洗、预泡渍、晾晒和漂烫等处理过程。

1. 挑选、切分、清洗

将选择好的蔬菜原料进一步进行挑选，除去老根（须）、老皮、老筋、黄叶等，若新鲜蔬菜带有泥沙等杂质，则首先要清洗干净，之后进行分级，并根据需要进行整理或切分，叶菜类一般进行整理而不切分，根茎菜类一般切分成条状、片状、丁状，最后进行流水清洗，清洗干净后将水沥干。

2. 预泡渍

预泡渍又称“出坯”（传统叫法），在食盐水内“打一道底子”，意即为泡头道菜。目的是：①利用食盐水的渗透压除去蔬菜中的多余水分，渍入盐味，增强组织透性；②除去异味和抑制腐败菌，减弱原料的辛辣、苦涩等不良风味；③同时能保持正式泡渍发酵时食盐水浓度，避免大肠杆菌等杂菌或劣等乳酸菌的活动。预泡渍的食盐水浓度与蔬菜的品种有关，像甘蓝、茎瘤芥、黄瓜、莴笋等细嫩清脆，含水量高，食盐易渗透，不宜久贮的蔬菜，预泡渍的食盐水浓度要低，而像辣椒、芋头、胡萝卜等质地紧密、含水分少，宜久贮的品种，则预泡渍的食盐水浓度可高一些。一般预泡渍的食盐水浓度在2%~10%的范围内，有的可达15%。预泡渍的时间与蔬菜质地有关，如气味浓烈的大蒜、洋葱、辣椒、仔姜等，预泡渍时间应长一些（如1~3d），但不宜太长，否则易造成蔬菜原料中的可溶性固形物（如营养成分损失等）流失；易褪色的浅色蔬菜预泡渍时间应短一些（如1~5h）。预泡渍的时间与蔬菜要求贮藏长短有关，蔬菜旺季时为了解决其贮藏难的问题，就必须采用高浓度的食盐水（12%以上）进行预泡渍（或称“盐渍”），时间可达到1~6个月而不会腐烂，解决了新鲜蔬菜旺季贮藏难的问题。预泡渍之后的食盐水经处理后可继续用于同品种蔬菜的“出坯”。

3. 晾晒和漂烫

有些蔬菜（如水分较多的叶菜类）在泡渍发酵前还需要晾晒。晾晒不仅可以蒸发蔬菜内的水分，缩小体积，便于盐制，而且通过阳光的照射，达到紫外线杀菌的目的。有些蔬菜（如少部分根茎菜类）在泡渍发酵前还需要进行漂烫处理，以起到护色和杀青的作用。

（三）泡渍发酵

预泡渍之后进行正式的泡渍发酵，首先配制食盐水和准备泡渍用的辅料（如香辛料等），其次把预泡渍之后的蔬菜装入坛内，最后密闭泡渍发酵。

1. 配制食盐水

家庭配制一般是将自来水烧开后冷却至室温，企业配制一般采用的是处理水，配制方法是按水质量的1%~10%称好食盐（根据蔬菜的品种和实际需要确定食盐水的浓度），在容器中充分溶解，食盐最好采用不加碘的精制食用盐或泡菜专用盐，若食盐水中有杂质则必须过滤除去后使用。食盐水配制好后存放备用。选用饮用水标准的井水和泉水等含矿物质较多的硬水，泡渍效果较好，可保持泡菜成品的脆度。

2. 准备泡渍用的辅料

传统的辅料包括盐水与泡渍用的辅料（如食糖、香辛料等），它们起到增香增味、除异香异味、辅助食盐渗透、护色、保脆等作用。如表 2-7 所示，白酒、料酒、醪糟汁等起着辅助食盐渗透、防止产膜（腐败菌滋生）、增香增味等作用，也有保脆嫩的作用；红糖或白糖起着促进泡渍发酵、保护色泽、协调诸味等的作用；辣椒、生姜、大蒜、花椒、八角、排香草、白菌等香辛料起着增香增味、除异香异味（如去腥味等）的作用，使用时可将其包裹于单层或双层纱布内（称为“香料包”），然后放置于泡渍盐水中；对于一些浅色蔬菜，需要保持新鲜色泽的，则不宜使用红糖或八角，可用白糖或山柰代替；对于一些本身味淡的蔬菜，如藕、地瓜等可加入白菌增鲜。

表 2-7　泡渍辅料

辅料名称	用量（以盐水计）	说明
白酒	0.5%~1.5%	高粱白酒（50%~65%vol）
料酒	1%~2%	黄酒（15%~20%vol）
醪糟汁	1%~2%	自酿或购买
红糖	1%~3%	可用白糖代替
辣椒	1%~5%	新鲜、干净
大蒜	0.5%~2%	新鲜、干净
生姜	0.5%~5%	新鲜、干净

续表

辅料名称	用量（以盐水计）	说明
花椒	0.01%~0.3%	新鲜、干净
八角	0.01%~0.1%	新鲜、干净
山柰	0.01%~0.1%	新鲜、干净
排香草	0.01%~0.1%	新鲜、干净
甘草	0.01%~0.5%	新鲜、干净
茴香	0.01%~0.1%	新鲜、干净
桂皮	0.01%~0.1%	新鲜、干净
白菌	0.01%~0.5%	新鲜、干净

在泡渍发酵时，表2-7中的泡渍辅料不是都要添加的，而是根据实际口味等需求添加品种，其添加量也根据需求适度增减，总之要灵活掌握使用。

3. 蔬菜装坛

将以上配制好的食盐水［按菜水质量比1∶（1~2）］盛放入（灌入）干净的坛中，按比例放入泡渍辅料或“香料包”，然后装入预泡渍后的蔬菜（即“出坯”菜），直至菜水离坛口5~10cm，竹篾片卡（或石头压）住蔬菜，使盐水完全淹没蔬菜，盐水离坛口3~5cm，盐水可酌情增减。此法称为“盐水装坛”，适宜于根茎类蔬菜（如莴笋、苤蓝、榨菜等）可靠重力自行沉没的。另一种称为“干装坛”，适宜于叶果类蔬菜（如辣椒、青菜、豇豆、刀豆等）靠重力不能自行沉没的，即与上相反，先装预泡渍后的蔬菜和泡渍辅料或“香料包”（“香料包”位于坛的中央），直至菜离坛口5~10cm，用竹篾片卡（或石头压）住蔬菜，然后放入（灌入）配制好的食盐水，盐水离坛口3~5cm。两种装坛方法都不能将蔬菜原料露出盐水液面。

4. 泡渍发酵

装坛完成后，随即盖上坛盖，并在坛沿（口）内加入清水或盐水（称为“坛沿水”），保证坛盖底端与坛沿（口）结合处全部淹没，以密闭隔绝空气，此时泡渍发酵正式开始。泡渍发酵是泡菜生产的关键环节，发酵一般采用室温发酵（有的是恒温发酵，如直投式功能菌发酵等），影响发酵的因素主要有食盐水浓度、发酵温度等。泡渍发酵是典型的乳酸发酵，属厌氧发酵，要保持泡渍发酵房或车间的清洁，做到干净、卫生、通风、防晒，同时要保持密闭发酵。所以，应随时检查并保证坛沿（口）内不缺水，为保持洁净，坛沿水应5~7d换1次，换水时，先倒掉原来的坛沿水，用洁布擦净、擦干，再加新水。泡渍发酵的初期，有气泡从泡菜坛内通过坛沿水冒出，其响声不大，间隔有规律，打开坛盖无刺鼻的气味，菜水色泽正常，说明泡渍发酵正常，这是因为正常泡渍发酵要产生二氧化碳。若有急促响声，打开坛盖有刺鼻的气味，菜水色泽不正常（如盐水浑浊等），说明泡渍发酵不正常，这是因为杂菌（如腐败菌等）污染而产气，若污染并不严重，可将坛盖敞开一段时间，加入较高浓度的食盐水，搅拌均匀，或加入1%的高粱白酒搅拌均匀，或加入抑菌力强的香辛料等，若污染较严重则不再使用。泡渍发酵的过程中，若盐水出现浑浊、变黑，说明泡渍发酵不正常，若较轻（不影响泡菜的质量），则可用数层纱布过滤，待澄清后使用，若较严重则弃之。泡渍发酵的过程中常常会遇到“生花”浮膜，勿将其搅散，若少则可采取打捞方式去除，若多可慢慢灌入新盐水，使其逐渐溢出而去除，解决“生花”浮膜办法是提高食盐水浓度，或加入1%的高粱白酒，或加入抑菌能力强的香辛料，或密闭发酵且盐水离坛口更近，或将“生花”浮膜打捞后在泡菜水表面倒入刚烧开的饮用水，或这几种方法组合使用等。泡渍发酵时间的长短与蔬菜品种、切分的大小、食盐水浓度、发酵温度等密切相关，温度和盐水是主要影响因素，一般夏季3~7d，冬季5~15d，有的泡菜长达30d或以上。第一次泡渍发酵后的盐水可多次使用，但要加入适量的食盐，以保持食盐水的浓度不变。

5. 检测、出坛、包装或不包装

由感官评定并结合可滴定酸度值来确定泡渍发酵时间的长短，若泡菜色泽正常、新鲜，香气柔和，滋味鲜美，质地脆嫩，味微酸，检测酸度，若酸度在0.2%~1.0%，且无明显生味时，可终止泡渍发酵，然后出坛，包装或不包装，成为泡菜产品。

二、现代泡菜加工工艺

目前，市售四川泡菜以现代泡菜为主。现代泡菜即方便（调味）泡菜，在传统泡菜制作的基础上，利用现代食品工程技术和设备设施、调味技术、包装和杀菌技术等生产加工而成的蔬菜制品，现代泡菜产品类型丰富，其产品类型主要分为调味类、泡渍类、其他类。

现代泡菜与传统泡菜生产加工相比有以下特点：大多数是具规模的大中型企业生产加工，占地面积大，产量大；大多数以盐渍池（或大型陶坛或大型不锈钢容器）为主要（盐渍）发酵容器，食盐用量较大（>10%）；泡菜要进行配料（调味），要进行包装和杀菌处理；机械化自动化程度较高；泡菜产品鲜香、脆嫩、微酸、可口，小包装开袋（瓶）即食，大包装可作为佐料，既可满足不同的口味，又可在常温下长期贮藏，见图2-6。

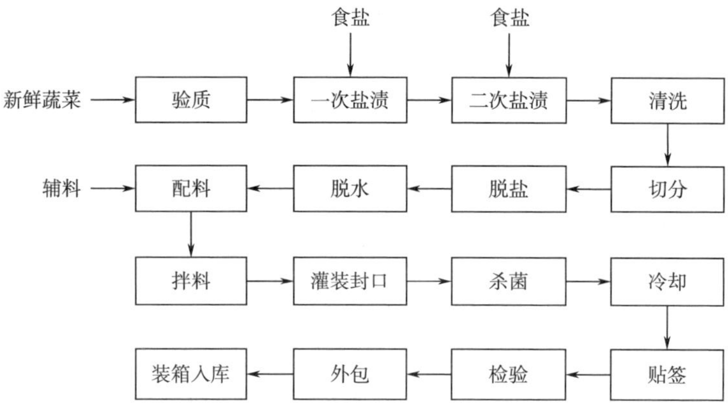

图 2-6　现代泡菜加工工艺流程

（一）原料选择

现代泡菜生产原料的选择与传统的要求一样，必须为无公害标准及以上的蔬菜原料，应新鲜、成熟适度（太嫩或太老均会影响产品质量）、无病虫害、无机械损伤、无发热现象的优质蔬菜原料。由于现代泡菜生产的“盐渍发酵”即“盐渍”（传统称“出坯”）的时间较长，所以对原料选择还应强调原料干物质含量相对要高，水分含量相对要低，加工时汁液不易外流，酚类物质含量相对要低，去皮切分后不易发生酶促褐变，耐贮运等。原料选择非常重要，只有优质的蔬菜原料品种，才能加工生产出优质的泡菜产品。

（二）新鲜蔬菜验质、盐渍（入池）

将选择好的新鲜蔬菜原料进行必要的挑选和整理，以去除根须、老皮（茎）、黄叶等。若有泥沙等不干净的蔬菜则必须做清洗处理，沥干水分。还须进行大小较一致、质量优劣要求的分级处理。

将蔬菜放入盐渍池（即“入池”，有些使用大型陶坛或大型不锈钢容器），用袋（如根茎菜类等）或筐（如叶菜类等）装好后，用行车或人工慢慢地将菜倒入池里，入池时必须做到一层菜一层盐（即“层菜层盐”）；上层用盐量高，下层用盐量少。茎菜类下层用盐量约 30%，上层用盐量约 60%，封面用盐量约 10%；叶菜类下层用盐量约 40%，上层用盐量约 50%，封面用盐量约 10%。轻起轻放避免碰伤蔬菜，也有直接将车中（带卸货装置）的菜（如量大时的青菜）分批次叉入池内。无论哪种入池方式都必须做到层菜层盐，轻起轻放。每个盐渍池容量一般在 40~100t 占多数，小的为 5~10t，大的达到 200t。

（三）封池

新鲜蔬菜原料装满盐渍池后，在盐渍池表面铺上一定量的食盐（面盐），然后用石块压榨或水封或沙封等方式对盐渍池进行密封。传统方法是待蔬菜中的盐溶解、卤水渗出后，在蔬菜表面盖上薄膜、竹篾板，加压重物（一般为石头），使原料浸没在盐水中，达到密封的目的。这种方法存在明显的缺陷，即在长时间的盐渍发酵过程中，营养丰富的盐水长期与外界空气环境接触，盐水表面容易生长各种好氧微生物，如酵母、霉菌等，容易生长白色的悬浮膜（俗称“生花”）。这种情况虽短时间不会对盐渍蔬菜品质产生破坏性影响，但若长时间任由生长，则会对盐渍蔬菜的品质产生影响，一些微生物的代谢产物甚至会影响到食品安全。传统处理方法是利用专门制作的浮膜打捞设备——浮膜打捞网人工打捞（图 2-7）。

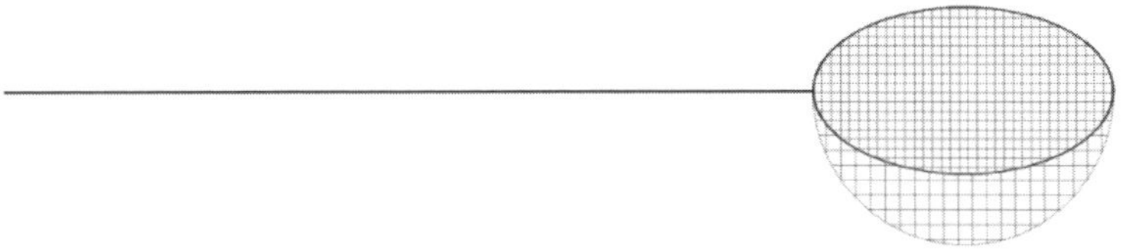

图 2-7　浮膜打捞网

用浮膜打捞设备将肉眼可见的浮膜打捞后，肉眼不可见的微生物细胞依然存在于盐渍水中，经过一段时间后，残留的微生物迅速生长，重新长成浮膜。因此，采用人工打捞浮膜的方式可短时间内（1~2d）除去盐渍水表面的浮膜，但无法从根本上解决。采用人工打捞的方式，不仅费时、费力，还无法保障蔬菜原料在盐渍发酵过程中的卫生安全。

根据长期研究发现，泡菜盐渍水表面的“生花”浮膜由微生物的个体细胞组成，这些产膜微生物大多数是好氧型、兼性厌氧型的微生物，浮膜生长前期主要由酵母构成，如膜醭毕赤酵母、汉逊德巴利酵母等，后期主要由霉菌等构成。根据大多数产膜微生物生长繁殖需要氧气的特点，可采用水封和沙封两种隔氧防膜法对泡菜进行盐渍发酵。以下对水封和沙封进行介绍并与传统石封进行优劣对比。

1. 水封防膜法

蔬菜盐渍入池后，在蔬菜表面盖压上石头等重物，等蔬菜盐渍水浸没了蔬菜，在表面铺上二层食品级 PE 膜，在 PE 膜上放置密封水，使盐渍蔬菜隔绝氧气（图 2-8）。

水封防膜法在实际生产应用中对外界环境的要求较高，对 PE 膜的要求更高。因此，可选择性应用于高品质泡菜的生产。

2. 沙封防膜法

在盐渍蔬菜入池以后，利用循环泵循环盐渍水后，将盐渍池表面蔬菜整理平整，在蔬菜表面盖上两层食品级 PE 膜，在膜上盖上双层防水雨布，在防水雨布上盖上一定厚度的沙子，对盐渍池进行密封（图 2-9）。

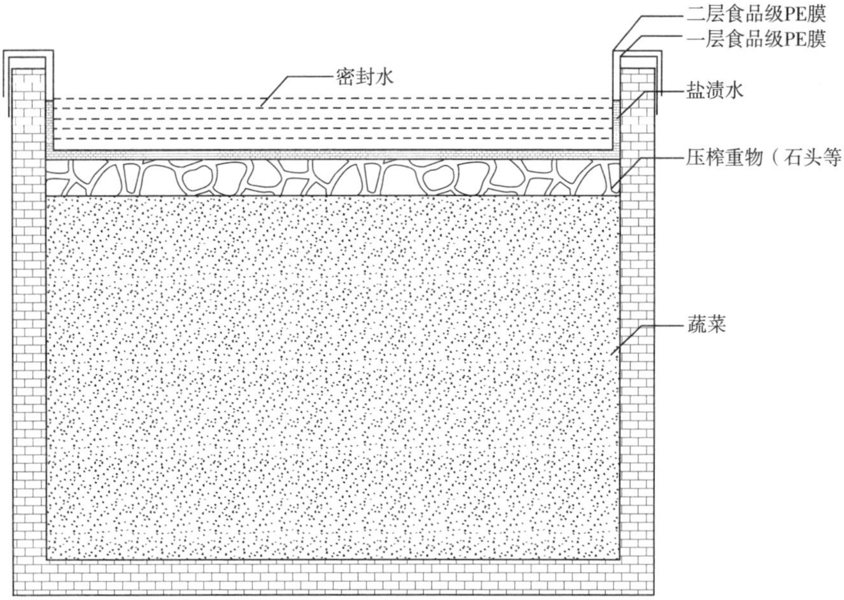

图 2-8　水封防膜法示意图

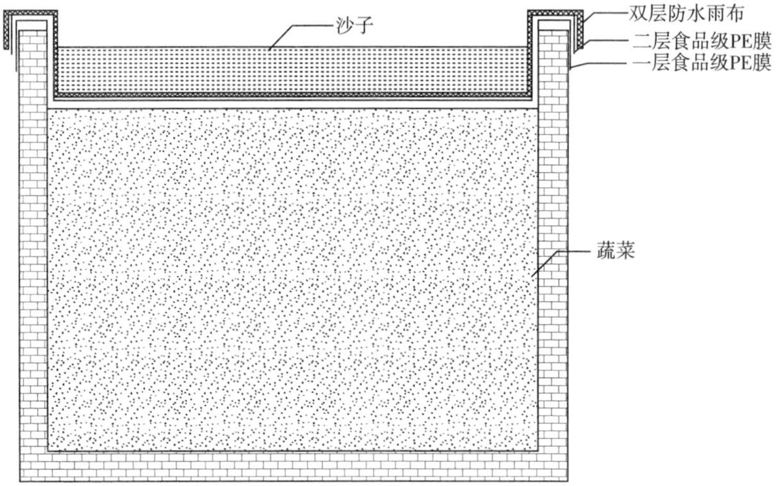

图 2-9　沙封防膜法示意图

为研究传统石封、水封和沙封三种盐渍池封池方法的优劣，特将三者进行优劣对比，见表 2-8，确定了沙封可用于盐渍池清洁化封池。盐渍池沙封技术，利用沙子封池，沙资源丰富，水溶出物质少，不会受到资源制约；盐渍池沙封技术操作简便，沙子不用定期更换，可循环利用，成本低；此外，利用沙子进行盐渍池密封，沙子密度大，既可保证盐渍池密封性，又可保证蔬菜承压。因此，盐渍池沙封可在保持盐渍蔬菜品质的同时，有效防止盐渍水生膜，保障了盐渍发酵蔬菜原料的品质与食品安全。

表 2-8 三种封池方法的优劣对比

方法	优点	缺点
水封	密封效果好、操作简便；水资源丰富，初期投入成本低	对食品级 PE 膜的要求高，容易发生渗漏，风险较高；对操作水平和操作环境要求高；对盐渍池的要求高；水长时间暴露于空气中也容易变质，需要定期换水，增加了工作量和成本
沙封	操作简便，不用定期更换；沙子可循环利用，总成本低；沙子资源丰富，不会受到资源制约；沙子密度大，既可保证盐渍池密封，又可保证蔬菜承压	密封效果略差，沙子用量大
传统石封	石头重量大，蔬菜承受的压力大，盐渍水可浸没蔬菜	不能隔绝盐渍水与空气，无法避免盐水产膜，无法保证食品质量安全

（四）发酵（盐渍）

为提高泡菜产品质量，有的蔬菜在发酵（即“盐渍”）时采取“分段盐渍（发酵）”，即多轮发酵，总的用盐量一定，将食盐分 2~3 次加入蔬菜之中。目前，大多数企业采用二次发酵工艺，第一次泡渍工艺中用盐量 3%~6%，发酵 10~30d 后，蔬菜完成一次发酵；再进行二次盐渍工艺，对蔬菜进行翻池，再补加 8%~10%盐，对第一次发酵后的蔬菜进行发酵贮藏，二次盐渍用盐量为 8%以上可达到长期保存的目的，10%的用盐量可贮存一年。例如萝卜第一次用盐量为 5%，盐渍（发酵）10~30d，之后再用 7%用盐量继续盐渍（发酵）到蔬菜熟透，总的用盐量约为 12%。“分段盐渍”可通过“翻池”来实现，并且通过“翻池”能有效提高盐渍池的空间利用率。

其中，用盐量的多少根据季节（气温）、蔬菜品种、贮藏时间和生产（销售）需要而定。若在冬季，用盐量可适度减少（如食盐 5%~10%）。例如，青菜一般是 2~3 月收菜，属冬季或初春，气温较低，盐渍发酵时用盐量可减少（<10%），若要延长其盐渍时间（如需要度过夏天的，即贮藏时间较长）则须增加用盐量（>12%）。若生产（销售）要求比较急，即使在夏天，用盐量也可较正常时适度降低，盐渍用盐量和贮藏时间的对应关系见表 2-9。

表 2-9　　用盐量与贮藏时间的对应关系

（盐渍）用盐量/%	贮藏时间/月	蔬菜用盐量/(kg/1000kg)	备注
5~6	1	50~60	还与季节气候（气温）和蔬菜品种有直接关系
7~8	2	70~80	
9~12	3~6	90~120	
≥13	≥6	≥130	

食盐在蔬菜盐渍中保持均匀一致十分关键，要使其均匀，有两个方法，一个是“翻池”，即将蔬菜从一个池放进另一个池，一般从盐渍后 10~15d 开始翻池；另一个是采用耐盐泵将食盐水由池底向池面上循环抽水，使其均匀。

（五）清洗、整理、切分

盐渍发酵后的蔬菜，在其表面上，仍然有泥沙及杂物，所以需进一步清洗，清洗可在清水池中进行或专用冲浪式清洗机中进行，此次清洗务必干净。有的是一边清洗一边脱盐，例如青菜等产品。

清洗之后，即进行整理，进一步去除根须、老皮（茎）、黄叶、黑斑或发霉变质产品等。然后，根据需要用切菜机切分成丝（条）状、片状、丁状等半成品。

（六）脱盐、脱水

整理、切分后的半成品，即进入脱盐阶段，切分后很容易脱盐，脱盐有流水脱盐和机械（鼓气泡）脱盐，为节约用水和提高脱盐效率，现代化泡菜生产一般采用机械（鼓气泡）脱盐。根据蔬菜的品种和含盐量的多少决定脱盐水的用量和脱盐时间，脱盐时菜水比例是 1∶(1~3)（即水的用量是菜的 1~3 倍），根据脱盐的程度（或产品要求）决定其间换水次数和脱盐时间。例如，榨菜丝脱盐，在不锈钢脱盐池（1t 装）中进行，装入待脱盐的榨菜丝 500~600kg，加入清水 500~600kg，然后鼓泡脱盐，其间换水两次，脱盐时间为 10~20min（榨菜块需脱盐更长时间），脱盐后，榨菜丝含盐量为 2%~3%。

脱盐之后随即脱水，为了除去蔬菜中的水分，一般采取压榨脱水和离心脱水等方式，压榨可采用压榨槽压榨和机械压榨。压榨槽是专业制作的不锈钢池（配套 1t 重的不锈钢压块若干，根据需要使用），使用时将待压榨菜品逐层整齐平放于压榨槽中，直至低于槽面 20~30cm，根据需要加上 1 块（1t/块）或 2 块或 3 块等不锈钢压块，一般情况下压 1 块，压榨时间要长一些，压 2 块，压榨时间相应要短一些。机械压榨机分油压和水压（水压机产生的总压力较大，常用于锻造和冲压，油压适用于泡菜生产），油压机有柱式和框架式两种（柱式有单柱式、双柱式、四柱式，框架式有卧式、立式），一次处理量为 200~500kg/次或500~1000kg/次，机械压榨使用比较方便，可实现定压、定程，具备保压延时功能，工作压力、行程可在规定范围内按工艺要求调节，操作简便。对脱水率要求不高的可采用离心脱水方式，也有的在压榨之前先用离心机进行离心脱水，然后压榨。

（七）配料（调味）

压榨（脱水）后的蔬菜进行调味配料，根据市场需求，确定泡菜产品的不同口味，这就需要用调味料进行配料处理才能满足需求。此阶段十分关键，产品“好不好吃”“可不可口”，色泽“好不好”等，直接影响到产品销路。

将压榨脱水后的蔬菜经计量后转入拌料机中，根据工艺要求定量添加该产品所需的调味料或食品添加剂，然后充分混匀。配料拌料采用拌料机，拌料机有各种规格（100kg/次、300kg/次、500kg/次），根据需要而定。配料拌料必须混匀，若调味料或食品添加剂量少，可先在水中溶解后加入。

从生理角度看，人类味感只有甜、苦、酸、咸4种基本味感，而泡菜的滋味除了有甜、苦、酸、咸4种基本味感外，还有鲜味、香味，部分泡菜伴有辣味。所以正常的泡菜应具备酸、甜、咸、鲜、香等各味且互相协调，某些区域市场某一味更突出些，当然辣味也是泡菜的重要味感。调味料有食用植物油、红油辣椒、辣椒粉、酱油、食醋、有机酸（乳酸、柠檬酸等）、白砂糖、味精（MSG）、呈味核苷酸二钠（I+G）、五香粉及现代的各种香精等。

（八）包装

将配料（调味）之后的泡菜进行计量灌装，常见的包装方式有瓶装和袋装两种，瓶装一般为玻璃包装，袋装一般为复合袋或铝箔袋。

由于泡菜行业的发展壮大，机械包装逐渐取代人工包装，大部分泡菜产品可实现连续自动称量灌装封口，具有自动化程度高、包装效率高、称量精确度都比较稳定等特点。对于目前用机械定量装入袋或瓶中比较困难的部分产品，或对产品形态要求较高的产品，还是采用手工灌装，然后用真空包装机封口。手工灌装采用的是一个锥型漏斗，把称好后的泡菜从漏斗里导入袋或瓶中然后封口。真空包装机有单室和双室，半自动和全自动之分。现代化生产加工应采用全不锈钢、大容积、大抽气量的双室半自动或连续式全自动真空包装机，以满足高效生产要求。

（九）杀菌

灌装包装之后进行杀菌，泡菜产品杀菌一般采用巴氏杀菌，有的采用非热力杀菌或超高压杀菌，或微波杀菌，杀菌是泡菜现代化生产的关键控制点。

现代化生产加工厂多采用连续式常压巴氏杀菌工艺，其杀菌温度、时间等参数根据包装产品的重量规格等来确定，见表 2-10。

表 2-10　　袋装泡菜巴氏杀菌标准

泡菜种类	袋装净含量规格/g	杀菌温度/℃	杀菌时间/min	说明
黄瓜、竹笋、生姜等	50~200	80~85	15~25	片状
榨菜	80~100	85~92	15~20	条丝状
豇豆	80~200	90~95	20~25	短条状
青菜	150~200	85~95	15~20	碎青菜
什锦菜	80~200	85~95	25~28	榨菜、大头菜、豇豆、黄花等（条丝状）

合理的杀菌工艺，可以确保产品的安全性；瓶装泡菜可直接观察到瓶内菜体的形态和色泽，帮助消费者选择和购买。复合薄膜袋装泡菜质量轻、体积小便于运输和携带。

（十）冷却

为确保产品的口感以及产品外观，杀菌后的产品应及时进行降温处理和整形处理，之后去除袋或瓶表面的水分。

通常杀菌和冷却由链条带动连续进行，生产效率高，操作简便。冷却之后袋或瓶表面有许多水分，不便于装箱，现代工业化生产加工则采用机械除去表面水分，瓶装一般为强力热风吹干，袋装一般为冷风抖动除水，效率高且使用方便。

（十一）贴签和检验

冷却除水之后进行贴签和必要的检验，检验合格的产品即为泡菜产品。

第三章　泡菜微生物研究方法

目前，国内外对于发酵食品中微生物的研究方法主要有传统分离培养（可培养法）和免培养法。20 世纪 80~90 年代，我国泡菜微生态研究进入了快速发展的时期，这一时期，学者们采用可培养手段研究了我国泡菜微生物，大大丰富了我们对中国泡菜微生物菌群的认识。传统可培养法至今仍是至关重要的微生物研究方法。进入 21 世纪，随着分子微生物学技术的快速发展，采用传统分离纯化与分子微生物学鉴定（如 16S rRNA 基因）方法相结合的技术手段被广泛应用于泡菜微生物的研究，2005 年以后逐渐出现了 PCR-DGGE、克隆文库等免培养法分析泡菜微生物，过去一些难以培养的如嗜盐微生物、非乳酸菌细菌等大量被发现，进一步推动了泡菜微生物学的发展。近年来扩增子测序、宏基因组等手段的兴起也带动了泡菜微生物学研究的深入开展（图 3-1）。

第一节　泡菜取样标准

泡菜微生物研究的第一步是对样品进行标准取样，这是能否准确反映出泡菜微生物菌群的关键环节。取样前需要了解样品的类型，可根据样品的形态来划分，包括固体样品、半固体样品和液体样品；或者按样品的各个工段来划分，包括企业盐（酱）渍半成品、家庭自制成品、市售成品等。提前对样品进行分类，有利于取样前的准备工作。

（一）取样前准备

根据样品类型准备好取样工具、取样记录表，明确取样检验的目的、样品数量等。取样工具应清洁、无污染，供微生物检验的样品应按无菌取样要求处理。取样工具包括：取样箱（配冰袋或冰盒）、无菌自封袋、灭菌镊子、无菌铝盒、一次性手套、一次性口罩、标签纸、实验记录本等。灭菌镊子主要用于家庭自制、市场售卖等的取样，按照样品的数量要求，将灭菌后的镊子分批独立包装并灭菌，再置于无菌铝盒保存。

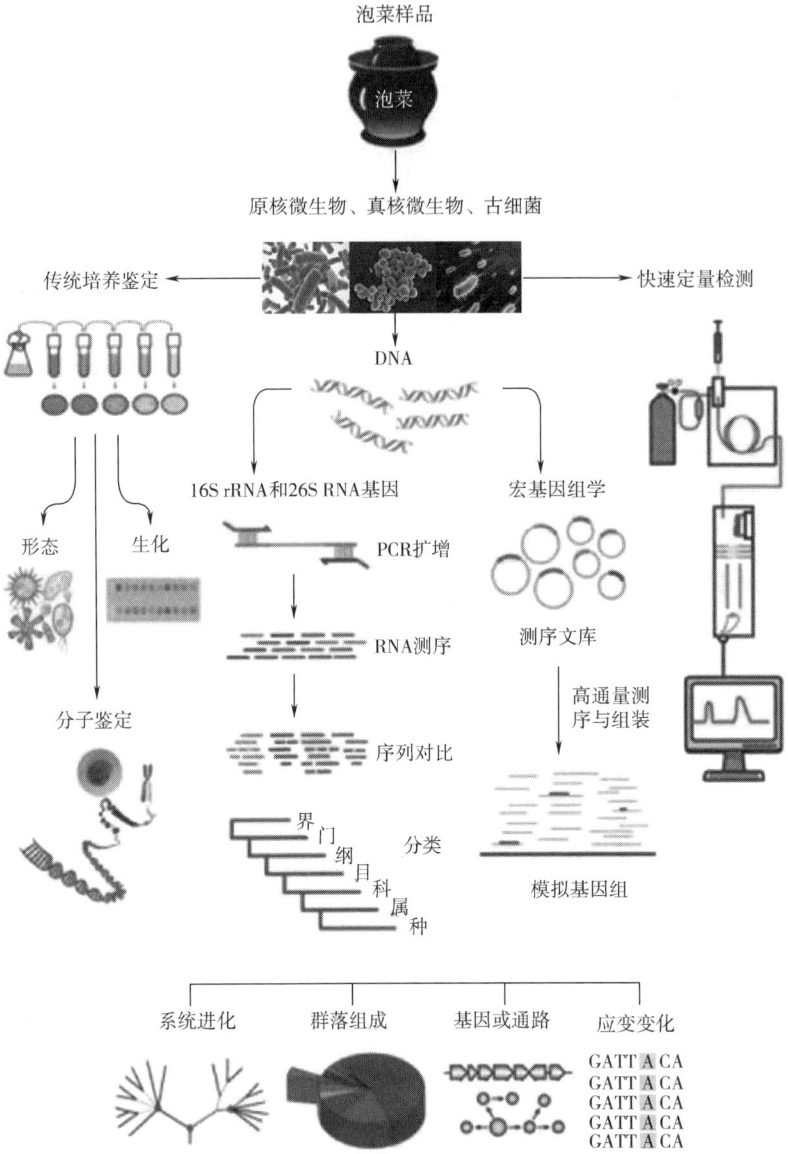

图 3-1　泡菜微生物的分析方法概览

（二）不同类型泡菜的取样步骤

1. 企业盐（酱）渍半成品

选择发酵成熟可进行生产加工的半成品，开池（坛）的时间不超过 1d，取样时去除池（坛）表面的菜品，采用五点法采样（图 3-2）。

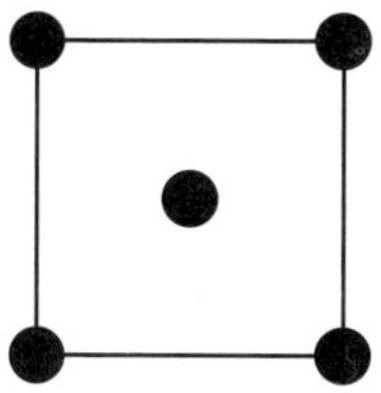

图 3-2　五点取样法

2. 家庭自制成品

选择发酵成熟可直接食用的成品，用无菌镊子取容器中层的菜品，采用五点取样法进行取样。

3. 市售成品

首选农贸市场、超市、餐馆售卖的当地特色泡菜，尽量选择售卖泡菜品种较多的商店（若咨询为自制可选择），用无菌镊子取容器中层的菜品。

所有样本的取样量应在 200g 以上（发酵液不低于 50mL），取后应及时放入无菌袋或瓶中，低温保存在取样箱内，运回实验室进行无菌分装，进行基本微生物及理化指标检测，并称取部分样品冻藏于-80~-20℃作为备份。

（三）注意事项

在进行取样时需注意以下几点：①取样时应身穿工作服和佩戴工作帽、口罩、无菌手套等，手臂、皮肤不能裸露，防止落发等对样品的污染；②取样的过程中使用的铲子、小刀、剪刀等工具都需要清洗和消毒；③根据分析目的选择合适的容器和包装材料，用于微生物检测的样品应存放于无菌容器中；④取样应详细记录样品名称、生产工艺、发酵情况、样品形态等，以便于后续的记录与分析；⑤取样后的样品要根据实际情况选择低温、冷藏或者常温保存，防止腐败变质；⑥样品在分析检测之前应在无菌条件下进行切分或粉碎处理，样品应具有均一性、代表性，并适合于被测组分的分析检测。

第二节　泡菜微生物可培养法的研究

传统分离培养最初是由科赫和巴斯德建立起来的，这种方法通过逐级分离、纯化以得到目标微生物。首先是从特定的自然生长环境中取样，然后采用模拟自然生长环境的各种条件和培养基进行分离培养，一段时间后进行菌落计数，再通过纯化培养获得菌株，观察其具体的菌落形态特征和生理生化特性鉴定，以明确微生物的具体种类。传统培养方法需要结合大量的形态特征及生理生化实验的研究结果，并不能完全表征微生物的多样性。虽然传统培养方法在很大程度上制约了我们对发酵样品中微生物多样性的客观研究，但通过分离纯化后的菌株可方便地为我们所利用。因此，在微生物基础研究中，传统培养依然是至关重要的经典方法。

一、泡菜微生物的分离与纯化

自然界中各种微生物混杂生活在一起，要研究某种微生物的特性，首先须使该微生物处于纯培养状态。从混杂的微生物群体中获得只含有某一株微生物的过程称为微生物的分离与纯化。一般是根据微生物对营养、pH、氧气等要求的不同，供给它们适宜的生活条件，或加入某些抑制剂造成只利于该菌种生长，不利于其他菌种生长的环境，从而淘汰不需要的菌种。

分离方法主要有稀释倒平板法、涂布平板法、平板划线分离法等，还有稀释摇管法、单孢子或单细胞分离法、选择性培养基分离法也可用于微生物的分离培养。

1. 稀释倒平板法

先将待分离的样品用无菌水作一系列的稀释，然后分别取少许不同稀释液，与已灭菌并冷却至45℃左右的琼脂培养基混合，摇匀后倾入无菌的培养皿中，待琼脂凝固后，恒温培养，如果稀释得当，在平板表面或琼脂培养基中就可出现分散的单个菌落，这个菌落可能就是一个细菌细胞繁殖形成的。

2. 涂布平板法

由于将含菌样品加到温度较高的培养基中再倒平板易造成某些热敏感菌的死亡，而且采用稀释倒平板法也会使一些严格好氧菌因被固定在琼脂中间缺乏氧气而影响生长，因此在微生物学研究中更常用的纯种分离方法是涂布平板法。其做法是将灭菌后的培养基倒入无菌培养皿，待冷却凝固后，将一定量的某一稀释度的样品悬液滴加在平板表面，再用无菌玻璃涂布棒将菌液均匀分散至整个平板表面，经培养后挑取单个菌落，进入后续研究。稀释涂布平板法一般多用于筛选菌株。

3. 平板划线分离法

用接种环以无菌操作蘸取少许待分离的样品，在无菌平板表面进行平行划线、扇形划线或其他形式的连续划线，微生物菌落将随划线次数的增加而减少，并逐步分散开来，如果划线适宜，微生物能一一分散，经培养后，可在平板表面得到单个菌落。

以上3种方法可用于所有能在固体培养基表面形成菌落的微生物的纯培养分离。并且，通过选用适宜的选择性培养基及培养条件，可直接分离各种具有特定生理特征的微生物。与厌氧罐或厌氧手套箱技术结合，可获得各种厌氧菌的纯培养。

4. 稀释摇管法

稀释摇管法主要用于对氧气敏感的微生物分离，它是稀释倒平板法的一种变通形式。先将一系列盛无菌琼脂培养基的试管加热使琼脂熔化后冷却并保持在50℃左右，然后将待分离的样品用这些试管进行梯度稀释，试管迅速摇动均匀，冷凝后，在琼脂柱表面倾倒一层灭菌液体石蜡和固体石蜡的混合物，将培养基和空气隔开。培养后，菌落在琼脂柱的中间形成。但由于菌落在琼脂柱的中间形成，观察和挑取都相对困难。可用于在缺乏专业的厌氧操作设备的情况下对严格厌氧菌进行分离和观察。

5. 单孢子或单细胞分离法

采取显微分离法从混杂群体中直接分离单个细胞或单个个体进行培养以获得纯培养，称为单细胞（单孢子）分离法。单细胞分离法的难度与细胞或个体的大小成反比，较大的微生物如藻类、原生动物较容易，个体较小的细菌则较难。在显微镜下使用单孢子分离器进行机械操作，挑取单孢子或单细胞进行培养。也可以采用特制的毛细管在载玻片的琼脂涂层上选取单孢子并切割下来，然后移到合适的培养基进行培养。单细胞分离法对操作技术有比较高的要求，多限于高度专业化的科学研究中采用。

6. 选择性培养基分离法

各种微生物对不同的化学试剂、染料、抗生素等具有不同的抵抗能力，利用这些特性可配制适宜某种微生物而限制其他微生物生长的选择培养基，用它来培养微生物以获得纯培养。

泡菜微生物的纯种分离筛选的一般步骤如图3-3所示。取泡菜固体样品或液体样品做10倍梯度稀释，选取3个合适的梯度，移取0.1mL或0.5mL稀释菌液于平板中，使用无菌玻璃棒进行均匀涂布，于37℃恒温箱静置24~72h后，观察并记录菌落形态。然后挑选菌落形态、颜色不同的菌落或有明显、可疑的菌落进行划线分离，连续划线培养2~3次，至单菌落为纯菌种为止。

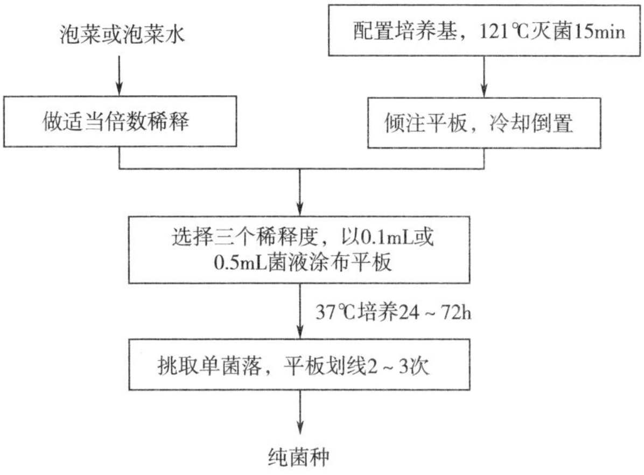

图3-3　泡菜微生物的纯种分离筛选

二、泡菜微生物镜检

微生物标本经染色后，由于微生物与周围环境间在颜色上形成鲜明对比，故在普通光学显微镜下可清楚地观察到微生物的形态特征（如微生物的大小、形状、排列等）和某些特殊结构（如荚膜、鞭毛、芽孢等），并可根据染色反应对微生物加以分类鉴定。

由于微生物细胞含有大量水分（一般在80%~90%），对光线的吸收和反射与水溶液的差别不大，与周围背景没有明显的明暗差，所以，除了观察活体微生物细胞的运动性和直接计算菌落数外，绝大多数情况下都必须经过染色后，才能在显微镜下进行观察。但是，任何一项技术都不是完美无缺的，染色后的微生物标本是死的，在染色过程中微生物的形态与结构均会发生一些变化，不能完全代表其生活细胞的真实情况，故染色观察时必须注意。

微生物的染色方法很多，各种方法应用的染料也不尽相同，但是一般染色都要通过制片及一套染色操作程序。典型的革兰染色的基本程序如下：制片→干燥→固定→媒染、染色→脱色→复染→水洗→干燥→镜检。

1. 制片

在干净的载玻片上滴上一滴蒸馏水，用接种环进行无菌操作，挑取培养物少许置于载玻片的水滴中，与水混合做成悬液并涂成直径约1cm的薄层。为避免因菌落数过多聚集成团，不利于观察个体形态，可在载玻片的一侧再加一滴水，从已涂布的菌液中再用接种环挑取1环于此水滴中进行稀释，涂布成薄层。若材料为液体培养物或固体培养物中洗下制备的菌液，则直接涂布于载玻片上即可。

2. 干燥

涂片最好在室温下使其自然干燥，有时为了使之干得更快些，可将标本面向上，手持载玻片一端的两侧，小心地在酒精灯上高处微微加热，使水分蒸发。但切勿紧靠火焰或加热时间过长，以防标本烤枯而变形。

3. 固定

标本干燥后即进行固定，固定的目的有三个：杀死微生物，固定细胞结构；保证菌体能更牢固地黏附在载玻片上，防止标本被水冲洗掉；改变染料对细胞的通透性，因为死的原生质比活的原生质更易于染色。固定常常利用高温，即手执载玻片的一端（涂有标本的远端），标本向上，在酒精灯火焰外层尽快地来回通过3~4次，共2~3s，并不时以载玻片背面加热触及皮肤，不觉得过烫为宜（不超过60℃），放置冷却后，进行染色。

4. 媒染、染色

标本固定后，滴加染色液。染色的时间各不相同，视标本与染料的性质而定，有时染色时还要加热。染料作用于标本的时间平均为1~3min，在所有的染色时间内，整个涂片（或有标本的部分）应该浸在染料中。若做复合染色，在媒染处理时，媒染剂与染料形成不溶性化合物，可增加染料和细菌的亲和力。一般是先固定，后媒染，有时也可以是固定和媒染同时进行。

5. 脱色

用醇或酸处理染色的细胞，使之脱色。可检查染料与细胞结合的稳定程度，鉴别不同种类的细菌。常用的脱色剂是95%酒精和3%盐酸溶液。

6. 复染

脱色后再用一种染色剂进行染色，与不被脱色部位形成鲜明的对照，便于观察。革兰染色在酒精脱色后用番红、石炭酸复红，最后进行染色，就是复染。

7. 水洗

染色到一定的时候，用细小的水流从标本的背面把多余的染料冲洗掉，而被菌体吸附的染料则保留。

8. 干燥

着色标本洗净后，将标本晾干，或用吸水纸把多余的水吸去，然后晾干或微热烘干。用吸水纸时，切勿使载玻片翻转，以免将菌体擦掉。

9. 镜检

干燥后的标本可用显微镜观察。

三、泡菜微生物的鉴定

微生物分类鉴定有两种基本的、截然不同的方法。一是根据微生物表型特征的相似程度进行鉴定，包括微生物的形态特征、生理生化特征和免疫学标识等鉴定，该方法的特点是人为地选择几种形态和生理生化特征对微生物菌株进行鉴定，并将表型特征分为主次。二是根据生物系统发育相关性水平进行分群归类的现代鉴定法，其目标是探寻各种生物之间的进化谱系，建立反映生物系统发育的分类系统。相应地，甄别相关微生物分类鉴定标识的实验方法的建立与应用，是微生物分类鉴定的必要技术保证。这里只介绍常用的几种方法。

（一）形态学鉴定

微生物的形态特征易于观察比较，也是微生物系统发育相关性的一个标志，因此形态特征始终是微生物分类鉴定的重要依据之一。泡菜中微生物的分离，取菌落数在30~300个的平板，观察典型菌落的菌落形态、个体形态和染色特征，进行分离纯化。微生物的形态特征包括个体形态特征、群体形态特征、液体培养特征以及半固体培养特征等。细菌的个体形态特征包括：细菌细胞的形状（球形、杆状、弧形、螺旋形、丝状、分枝状及特殊形状等）、大小（细胞的宽度和直径）和排列方式（单个、成对、成链或其他排列方式），革兰染色反应，运动性，是否产芽孢，芽孢的形状和着生位置，是否有荚膜、菌毛、鞭毛以及细胞内含物等。丝状真菌的个体形态特征包括：菌丝体特征，无性和有性繁殖阶段的特征以及繁殖器官的形态与结构，孢子的种类、形态、大小、数目、颜色、表面纹饰和着生状态等。酵母的个体形态特征包括：细胞的大小和形状，出芽位置及芽痕，细胞内是否含有液泡和异染颗粒等。

微生物的群体形态特征也称菌落形态特征，是指微生物在琼脂平板上培养后所表现的群体形态或生长状况。细菌的菌落形态特征包括：菌落的外形、大小、光泽、黏稠度、隆起情况、透明程度、边缘特征、气味以及是否产生脂溶性或水溶性色素等。丝状真菌的群体形态特征包括：菌落大小、菌落形态（绒毛状、絮状或蜘蛛网状）、菌落颜色及是否产生色素等。酵母的群体形态特征包括：菌落大小、颜色，菌落表面特征（光滑、有光、无光、粗糙、痣点、粉状、针刺和折皱等）以及菌落中央特征（凸起、凹陷或平滑）等。微生物的液体培养特征包括液体培养基是否浑浊及浑浊程度，在液体表面有无菌膜形成，以及在液体底部是否形成沉淀等。半固体培养特征是指微生物在半固体培养基上穿刺接种后的生长情况及其有无运动性等。

显微技术与摄影技术在微生物分类鉴定中发挥了极其重要的作用。由于微生物细胞形体微小，肉眼不能观察，显微技术及其设备的发明才使微生物个体形态的观察成为可能。现在，普通光学显微镜、扫描电子显微镜和透射电子显微镜技术等已经成为微生物分类鉴定中不可或缺的内容。同时，分类学家还利用显微技术研究微生物细胞的亚微或超微结构在微生物分类鉴定中的价值。在微生物分类系统中，尤其是真菌分类系统中，仍然以形态特征、细胞结构和生殖特性等作为主要的分类依据。例如，将能产生游动孢子的真菌归入壶菌门（Chytridiomycota）。依据不同类群真菌在有性生殖过程中所产生孢子的不同，将产生接合孢子的真菌归入接合菌门（Zygomycota），产生子囊孢子的真菌归入子囊菌门（Ascomycota），产生担孢子的真菌则被归入担子菌门（Basidiomycota）。

（二）生理生化鉴定

在所有生活细胞中存在的生物化学反应称之为代谢，各种细菌由于存在不同的酶系统，致使它们能利用不同的底物，或利用相同的底物，却发生不同的代谢过程。代谢过程主要是进行酶促反应，许多细胞产生胞外酶，这些酶从细胞中释放出来，以催化细胞外的化学反应。微生物生化反鉴定是用化学反应来测定微生物的代谢产物，常用来鉴别一些在形态和其他方面不易区别的微生物。因此，微生物生化反应是微生物分类鉴定中的重要依据之一。随着微电子、计算机以及分子生物学等技术的快速发展，近年来出现了多种简便、快速和自动化的微生物鉴定技术，其中应用较为广泛的有 API 细菌鉴定系统、MIDI 脂肪酸分析菌种鉴定系统和 Biolog 细菌鉴定系统等。

API（Analytic Products Inc.）细菌数值鉴定系统是法国梅里埃集团开发的一种基于生理生化反应的微量鉴定系统，该系统可以同时测定微生物菌株 20 项以上的生化指标。通过观察是否发生显色反应，并与检索表进行比对从而得到鉴定结果。API 鉴定系统涵盖 15 个鉴定系列，约有 1000 种生化反应，已可鉴定超过 600 种的细菌。鉴定过程中，可根据细菌所属类群选择适当的生理生化鉴定系列，通过软件将待测细菌与数据库参比，得出鉴定结果。可应用 API 50CH 系列、API 20E 系列、API Staph 系列对乳杆菌属（*Lactobacillus*）和相关细菌、芽孢杆菌属（*Bacillus*）、葡萄球菌属（*Staphylococcus*）、微球菌属（*Micrococcus*）和库克菌属（*Locuria*）进行鉴定。

需要注意的是，不少微生物的生理生化特征是染色体外遗传因子编码的，且生理生化特征容易受到培养条件等外界因素的干扰，因此根据生理生化特征对微生物进行分类鉴定时，必须与其他特征进行综合分析。在日常的微生物鉴定中，生理生化方法也存在烦琐耗时等缺点。例如，常用的酵母生理生化鉴定法需要完成 60~90 项实验，整个鉴定过程往往需要数周的时间，且部分生理生化特征随着培养条件的变化而不稳定。

（三）分子鉴定

传统的微生物分类鉴定方法主要依靠形态学以及生理生化特征进行。这些方法在微生物分类鉴定中发挥过重要作用。但微生物的形体微小且容易产生变异，加上资料的匮乏，仅靠表观特征难以有效了解微生物的进化过程，也无法解决其系统发育问题，同时传统鉴定方法也无法对不可培养微生物进行鉴定。分子生物学理论及技术的快速发展，特别是聚合酶链式反应（Polymerase Chain Reaction，PCR）技术和 DNA 测序技术的发明和普及，给微生物分类鉴定带来了巨大革新。

DNA 序列进化的显著特点是进化速率相对恒定，即这些分子序列进化的变量与分子进化的时间呈正相关。根据这一特点，可以通过比较不同种类微生物的 DNA 序列的改变量来确定它们彼此间的系统发育相关性和进化距离。为了确定各种微生物间的进化谱系，需要挑选合适的 DNA 片段进行序列研究。在众多的 DNA 序列中，最适于揭示各类生物亲缘关系的是核糖体 DNA（rDNA）。rDNA 用于生物进化和系统分类研究具有下列优点：rDNA 在原核生物和真核生物中普遍存在，便于分析和比较；rDNA 参与生物蛋白质合成过程的功能保持不变，且在任何生物中都是必不可少的；rDNA 中不同区域序列的进化速率各不相同，部分区域十分保守，而部分区域序列则高度可变，因此可用于进化距离不同的各类微生物系统发育的研究；rDNA 序列在微生物基因组中以多拷贝形式存在，易于分离与制备。

细菌中编码 rDNA 序列按 5′到 3′的顺序分别为：16S、23S、5S，它们的长度分别约为 1540bp、2900bp 和 120bp，由两个非编码的间隔区序列（Internal Spacer）分开（图 3-4）。细菌 5S rDNA 虽然易于分析，但其长度较短，无法为分类研究提供足够的信息。而 23S rDNA 序列长度约为 16S rDNA 的两倍，可变区与保守区序列对分类不很敏感，分析过程也较为困难。故细菌 16S rDNA 序列则成为细菌分类鉴定的主要标识。

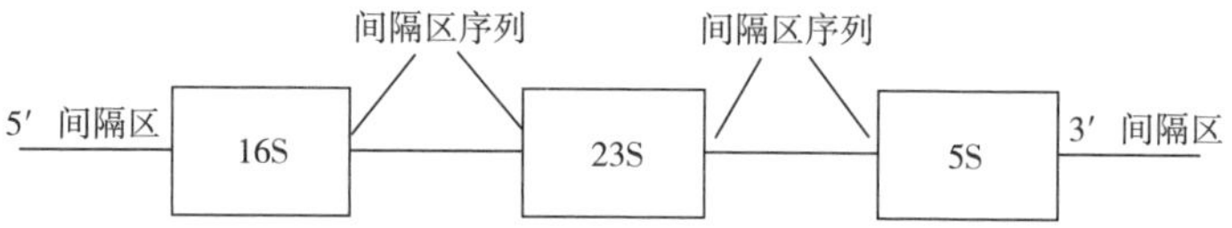

图 3-4　细菌中编码 rDNA 序列

在漫长的生物进化过程中，16S rDNA 序列的变化非常缓慢，但保守中蕴含着变化。即 16S rRNA 基因的核苷酸序列中既含有保守序列又含有可变序列，利用这一特征可以进行生物的进化距离和亲缘关系的研究。此外，16S rDNA 大小适中，易于使用 DNA 测序技术得到其核苷酸序列。随着越来越多细菌的 16S rDNA 序列被测定，GenBank 等公共数据库中的 16S rDNA 序列也得到不断补充。

真核生物的 rDNA 以串联重复方式存在于细胞核中，其中 18S、5. 8S 和 28S（26S）rDNA 组成一个转录单元（图 3-5）。真菌 rDNA 序列中不同区域的进化速率存在显著差异，因此可用于不同等级分类单元的研究。由于真菌 18S rDNA 和 28S rDNA 序列进化速率较慢，具有高度的保守性，因此成为属以上高级分类单元系统发育研究中常用的进化指征。转录间隔区（Internal Transcribed Spacer，ITS）序列是真菌 rDNA 中介于 18S rDNA 与 28S rDNA 之间的非编码区域，被 5. 8S rDNA 分隔为 ITS1 和 ITS2 两个部分。与 18S rDNA 和 28S rDNA 序列相比，真菌 ITS 序列的种间差异性更加明显。同时由于 ITS 序列两端的 18S 和 28S rDNA 序列高度保守，便于设计引物对 ITS 序列进行 PCR 扩增，因此 ITS 序列适合用于真菌的分类鉴定研究。

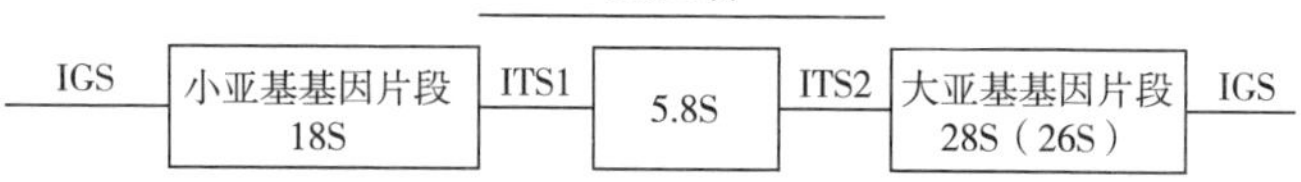

图 3-5　真菌中编码 rDNA 序列

IGS-基因间隔区（Intergenic Spacer）

酵母是一类单细胞真菌的统称，大部分的酵母被归入子囊菌纲，其 26S rDNA 的 D1/D2 区是目前酵母分类鉴定中较为常用的分子标识之一。研究显示，

26S rDNA D1/D2 区序列在用于认定酵母种内和种间关系时拥有足够的差异性。一般认为，同一个酵母种内不同菌株 26S rDNA D1/D2 区的差异不应超过 3 个碱基。除了 rDNA 序列以外，真菌线粒体 DNA（Mitochondrial DNA）和蛋白编码基因也被应用于真菌的系统学研究中。真菌蛋白编码基因内部存在内含子，且密码子第三位存在摆动，因此核苷酸序列相对于 rDNA 序列具有更高的可变性，可用于真菌种属水平的分子鉴定。目前已有研究用于真菌分类鉴定的蛋白编码基因包括：延长因子-1α 基因（EF-1α）、β-微管蛋白基因（β-tubulin）、细胞色素氧化酶基因（COX）以及肌动蛋白基因等。

目前分子鉴定以同源性分析为主，其步骤如图 3-6 所示，包括 DNA 提取、PCR 扩增、同源性分析和系统发育分析。

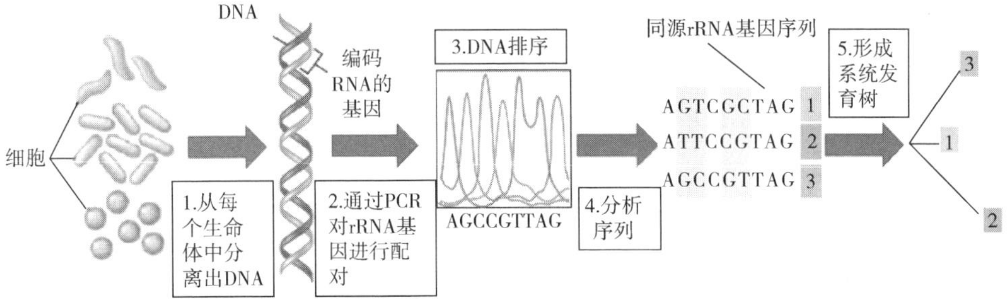

图 3-6　分子鉴定步骤图

1. DNA 提取

DNA 提取的原理如下：

（1）核酸的释放　通常情况下 DNA 及 RNA 均存在于细胞内，因此核酸分离与纯化的第一步就是制备单个细胞，再破碎细胞，从而释放核酸。破碎细胞的方法包括机械法与非机械法两大类。机械法又可分为液体剪切法与固体剪切法；非机械法可分为干燥法与溶胞法。由于溶胞法采用适宜的化学试剂与酶能有效地裂解细胞，保证较高的核酸获得率，并能较好地保持核酸的完整性，从而得到广泛的应用。

（2）核酸的分离与纯化　利用核酸与其他物质性质上的差异，可以分离与纯化核酸。这种差异包括细胞定位与组织分布上的差异，物理、化学性质上的不同，以及各自独特的生物学特性。操作过程中，既可以从复杂样品中抽提出核酸分子，也可以将样品中的非核酸成分（非核酸的生物大分子、非需要的核酸分子及在操作过程中加入的溶液与试剂）逐步清除。在分离与纯化过程中步骤越多，核酸的纯度也越高，但获得率会逐渐下降，完整性也越难以保证。

（3）核酸的浓缩、沉淀与洗涤　在核酸的提取过程中，逐步加入的各种试剂及操作等因素可导致样品中核酸浓度逐渐下降。为满足后续研究与应用的需要，应对核酸进行浓缩处理。沉淀是核酸浓缩最常用及有效的方法，除可以调整核酸溶液至所需浓度外，还能进一步去除部分杂质及某些盐离子。其原理：核酸为多聚阴阳离子水溶性化合物，可与钾、钠、镁、锂及铵根等阳离子形成盐，不溶于许多有机溶剂。

常用的盐类有醋酸钠、醋酸钾、醋酸铵、氯化钠、氯化钾及氯化镁等，常用的有机溶剂有乙醇（2 倍样本体积的 95%乙醇可有效沉淀 DNA；2.5 倍样本体积的 95%乙醇可有效沉淀 RNA，样本中的痕量乙醇易蒸发去除，不影响以后的实验）、异丙醇（0.54~10 倍样本体积的异丙醇可选择性地沉淀 DNA 和大分子 rRNA、mRNA，但对 5S RNA 和 tRNA 及多糖不产生沉淀，样品中的异丙醇用 70%的乙醇漂洗去除）和聚乙二醇（不同浓度的聚乙二醇选择沉淀不同相对分子质量的 DNA 片段，聚乙二醇沉淀一般需要加入 0.5mol/L 氯化钠或 10mmol/L 氯化镁。DNA 沉淀中去除聚乙二醇最有效的方法是用 70%的乙醇漂洗 2 次）。

泡菜微生物 DNA 提取的具体操作步骤如下：

（1）细菌的 DNA 提取　标准抽提步骤如下。

①自备材料：水浴锅、小型高速离心机（最大离心力≥12000r/s）、1.5mL 离心管、无水乙醇、异丙醇、RNase A 溶液（10mg/mL）、溶菌酶（阳性菌）等。

试剂盒初次开启，按瓶身标签说明在 PW 溶液中加入相应量的异丙醇混匀、清洗液（Wash Solution）中加入相应量的无水乙醇混匀，在瓶身做好标记。于室温密封保存（18mL PW 溶液中加入 12mL 异丙醇，7.5mL 清洗液中加入 22.5mL 无水乙醇；36mL PW 溶液中加入 24mL 异丙醇，15mL 清洗液中加入 45mL 无水乙醇）。

每次使用前请检查缓冲液（Buffer Digestion）是否出现沉淀，如有沉淀，请于 56℃溶解后使用。

a. 革兰染色阴性细菌。取 0.5~1mL 过夜培养的细菌菌液，加入 1.5mL 离心管中，室温 8000r/min 离心 1min，弃上清，收集菌体。加入 180μL 缓冲液，再加入 20μL K 蛋白酶（Proteinase K）溶液，振荡混匀。56℃水浴 1h 至细胞完全裂解。建议菌液使用量，当 OD_{600} 值≥3 时，菌液使用 500μL 即可；当 OD_{600} 值<3 时，菌液使用 0.5~1mL。

b. 革兰染色阳性细菌。取 0.5~1mL 过夜培养的细菌菌液，加入 1.5mL 离心管中，室温 8000r/min 离心 1min，弃上清液，收集菌体。加入 100μL 缓冲液和 80μL 溶菌酶溶液［使用前将相应的溶菌酶加入裂解缓冲液（Enzymatic Lysis Buffer）中，配置成 20mg/mL 的溶菌酶溶液］重悬菌液，37℃水浴 30min。

处理芽孢杆菌、双歧杆菌、微球菌、红球菌、链霉菌等时，采用 100μL 缓冲液和 80μL 溶菌酶溶液重悬菌液，37℃水浴 30min；处理乳酸菌时，建议采用 180μL 溶菌酶溶液重悬菌液，37℃水浴 30min；处理葡萄球菌时，建议采用

100μL 缓冲液和 80μL 溶菌酶，再加入 2μL 溶葡球菌酶溶液（2mg/mL）重悬菌液，37℃水浴 30min。水浴过程中，每 10min 颠倒混匀一次，可促进样品裂解。

加入 20μL K 蛋白酶溶液，振荡混匀。56℃水浴 30min 至细胞完全裂解。

如需得到无 RNA 的 DNA，可在水浴后加入 20μL 的 RNase A 溶液（10mg/mL），室温放置 2~5min。

②加入 200μL Buffer BD，充分颠倒混匀，70℃水浴 10min。

加入 Buffer BD 后可能会产生白色沉淀，一般 70℃水浴后会消失，不会影响后续实验。如溶液未变清亮，说明细胞裂解不彻底，可能导致提取 DNA 量少和提取出的 DNA 不纯。

③加入 200μL 的无水乙醇，充分颠倒混匀。

加入无水乙醇后可能会产生半透明纤维状悬浮物，不影响 DNA 的提取和应用。

④将吸附柱放入收集管中，用移液器将溶液和半透明纤维状悬浮物全部加入吸附柱中，静置 2min，再 12000r/min 室温离心 1min，倒掉收集管中的废液。

⑤将吸附柱放回收集管，加入 500μL PW 溶液，10000r/min 离心 30s 后倒掉滤液。

使用前注意溶液中是否按比例加入异丙醇。

⑥将吸附柱放回收集管，加入 500μL 清洗液，10000r/min 离心 30s 后倒掉滤液。

使用前注意溶液中是否按比例加入无水乙醇。

⑦将吸附柱重新放回收集管中，于 12000r/min 室温离心 2min，离去残留的清洗液。

将吸附柱打开盖子于室温放置数分钟，以彻底晾干吸附材料中残留的清洗液，清洗液的残留会影响基因组 DNA 的产量和后续的实验。

⑧取出吸附柱，放入一个新的 1.5mL 离心管中，加入 50~100μL CE Buffer 静置 3min，12000r/min 室温离心 2min，收集 DNA 溶液。提取的 DNA 可立即进行下一步实验或-20℃保存。

如果想提高 DNA 的得率，可重复步骤⑧。

（2）真菌的 DNA 提取 标准抽提步骤如下。

①自备材料：水浴锅、小型高速离心机（最大离心力≥12000r/ms）、1.5mL 离心管、无水乙醇、异丙醇、β-巯基乙醇、RNase A 溶液（10mg/mL）等。

试剂盒初次开启，按瓶身标签说明在 PW 溶液中加入相应量的异丙醇混匀，清洗液中加入相应量的无水乙醇混匀，在瓶身做好标记。于室温密封保存（18mL PW 溶液加入 12mL 异丙醇，7.5mL 清洗液加入 22.5mL 无水乙醇；36mL PW 溶液加入 24mL 异丙醇，15mL 清洗液加入 45mL 无水乙醇）。

每次使用前请检查缓冲液是否出现沉淀，如有沉淀，请于 56℃溶解后使用。

②取 50~100mg 新鲜大型真菌（如蘑菇）或 20mg 干燥的子实体或菌丝用液氮研磨成粉末，加入 1.5mL 离心管中。加入 200μL 缓冲液和 2μL β-巯基乙醇，再加入 20μL K 蛋白酶溶液，震荡混匀。56℃水浴 1h 至细胞完全裂解。

水浴过程中，每 10min 颠倒混匀一次，可促进样品裂解。

如需得到无 RNA 的 DNA，可在水浴后加入 20μL 的 RNase A 溶液（10mg/mL），室温放置 2~5min。

③加入 100μL Buffer PF，充分颠倒混匀，-20℃冰箱放置 5min。

④室温 10000r/min 离心 5min，将上清转移到新的 1.5mL 离心管中。

⑤加入 200μL Buffer BD，充分颠倒混匀。

加入 Buffer BD 后，如有沉淀产生，可 70℃水浴 10min。

⑥加入 200μL 的无水乙醇，充分颠倒混匀。

加入无水乙醇后可能会产生半透明纤维状悬浮物，不影响 DNA 的提取和应用。

⑦将吸附柱放入收集管中，用移液器将溶液和半透明纤维状悬浮物全部加入吸附柱中，静置 2min，再 10000r/min 室温离心 1min，倒掉收集管中的废液。

⑧将吸附柱放回收集管，加入 500μL PW 溶液，10000r/min 离心 30s 后倒掉收集管中的废液。

使用前注意溶液中是否按比例加入异丙醇。

⑨将吸附柱放回收集管，加入 500μL 清洗液，10000r/min 离心 30s 后倒掉收集管中的废液。

使用前注意溶液中是否按比例加入无水乙醇。

⑩将吸附柱重新放回收集管中，于 12000r/min 室温离心 2min，除去残留的清洗液。

将吸附柱打开盖子于室温放置数分钟，以彻底晾干吸附材料中残留的清洗液，清洗液的残留会影响基因组 DNA 的产量和后续的实验。

⑪取出吸附柱，放入一个新的 1.5mL 离心管中，加入 50μL TE Buffer 静置 3min，12000r/min 室温离心 2min，收集 DNA 溶液。提取的 DNA 可立即进行下一步实验或-20℃保存。

如果想提高 DNA 的得率，可重复步骤⑪。

2. PCR 扩增

PCR 技术是模拟体内 DNA 复制的方式，在体外选择性地将 DNA 某个特殊区域扩增出来的技术，在分子生物学中有广泛应用，包括用 DNA 作图、DNA 测序、分子系统遗传学等。PCR 的基本原理是以单链 DNA 为模板，4 种 dNTP 为底物，在模板 3′末端有引物存在的情况下，用酶进行互补链的延伸，多次反复循环能使微量的模板 DNA 得到极大程度的扩增。在微量离心管中，加入与待扩增的 DNA 片段两端已知序列分别互补的两个引物、适量的缓冲液、微量的 DNA

模板、4 种 dNTP 溶液、*Tag* DNA 聚合酶（热稳定性 DNA 聚合酶）、镁离子等。反应时先将上述溶液加热，使模板 DNA 在高温下变性，双链解开为单链状态；然后降低溶液温度，使合成引物在低温下与其靶序列配对，形成部分双链，称为退火；再将温度升至合适温度，在 *Tag* DNA 聚合酶的催化下，以 dNTP 为原料，引物延 5′→3′方向延伸，形成新的 DNA 片段，该片段又可作为下一轮反应的模板，如此重复改变温度，由高温变性、低温复性和适温延伸组成一个周期，反复循环，使目的基因得以迅速扩增。因此 PCR 循环过程为三部分构成：模板变性、引物退火、热稳定性 DNA 聚合酶在适当温度下催化 DNA 链延伸合成。

3. 同源性分析

DNA 序列同源性分析是通过测定微生物 DNA 序列一级结构中核苷酸序列的组成来比较同源分子之间相关性的一种方法，它能提供最直接、最完整、最为准确的信息。利用该方法可以有效研究微生物间的亲缘关系。rDNA 序列是最常用的微生物分类鉴定分子标识。

rDNA 序列同源性分析的基本流程：提取待鉴定微生物菌株的基因组 DNA；运用 PCR 技术和针对微生物保守基因序列（分子标识）的通用寡核苷酸序列（引物）扩增出待鉴定菌株的相关基因序列；测定 DNA 的碱基序列；将 DNA 测序结果与 GenBank 等公共数据库或自建专家数据库中的序列进行同源性比对分析，得出待鉴定菌株的种属。

16S rDNA 序列同源性比对法已广泛用于细菌分子鉴定以及微生物生态学研究。程池等利用 16S rDNA 序列分析对利用传统分类法鉴定为枯草芽孢杆菌的 55 株菌种进行了复核鉴定，研究结果显示有 52 株菌种与原鉴定结果一致，有 2 株鉴定结果为巨大芽孢杆菌，另一株为地衣芽孢杆菌。Lee 等将 16S rDNA 序列同源性分析与变性梯度凝胶电泳（Denaturing Gradient Gel Electrophoresis，DGGE）技术相结合，对泡菜发酵过程中各个时期微生物群落的变化进行了研究，发现融合魏斯菌、柠檬明串珠菌、清酒乳杆菌和弯曲乳杆菌等菌株是发酵过程中的优势菌种，对泡菜风味的形成有重要影响。

目前已有 rDNA 分子标识用于真菌系统发育的研究报道。Hinrikson 等对 ITS1、ITS2 和 28S rDNA D1/D2 区域序列在曲霉属菌株分子鉴定中的有效性进行了比较，结果发现曲霉属菌株 ITS1 和 ITS2 序列种间变异率高于 28S rDNA D1/D2 区域序列，更适合于种一级水平的鉴定。Nilsson 等收集了公共数据库中 973 个属、4185 个种的真菌 ITS 序列，用软件分析计算了 ITS 序列的种内变化率，发现真菌界 ITS 序列种内平均变化率为 2.51%。Kurtzman 和 James 等研究发现，与 ITS 序列相比，26S rDNA D1/D2 区域序列比在部分种属酵母分子鉴定中拥有更好的区分度。Fell 等在研究中利用 ITS 序列对 26S rDNA D1/D2 区域序列无法有效区分的一些酵母类群进行了分类。Scorzetti 等的研究表明，ITS 序列在担子酵母分类研究方面的效果优于 26S rDNA D1/D2 区域序列。酵母 rDNA IGS 序列高度可变，已成功用于隐球菌属（*Cryptococcus*）、嗜杀酵母（*Mrakia*）等属内关系紧密的酵母类群的分类研究。

4. 系统发育分析

在研究生物进化和系统分类中，通过比较生物大分子序列差异的数值构建类似树状分支的图形来概括各种生物间的亲缘关系，这种图形称为系统发育树（Phylogenetic Tree）。在构建系统发育树时不仅要根据所研究对象亲缘关系远近选择合适的生物大分子，还要根据研究目的需要，选择合适的建树方法。目前基于核酸序列的常用建树方法有距离法、简约法和似然法等。目前较为常用的建树方法是距离法中的邻接法（Neighbor-joining）。16S rDNA（18S rDNA）序列在微生物系统发育研究中发挥了极其重要的作用。Woese 通过对某些代表生物的 16S rDNA 核苷酸序列的同源性进行分析，将生物分成古细菌、细菌和真核生物等三个域，绘制了一个含有整个生物界的系统树，用它来概括各种生物间的亲缘关系。16S rDNA（18S rDNA）系统发育树的建立使生物进化的研究范围真正覆盖所有生物类群，提出了一种全新的正确衡量生物间系统发育关系的方法。目前国际上普遍采用的原核生物的分类系统是伯杰氏分类系统。细菌分类方面被公认的参考书是《伯杰氏手册》（*Bergey's Manual*），包括《伯杰氏细菌鉴定手册》和《伯杰氏系统细菌学手册》。近年来，根据 16S rDNA 序列同源性分析建立的原核系统发育体系得到了广泛认可。Garrity 主编的《伯杰氏系统细菌学手册》第二版分 5 卷陆续出版，其分类体系完全按照 16S rDNA 系统发育研究编排。

（四）全基因组信息

自从 1995 年完成首个微生物——流感嗜血杆菌（*Hameophilus influenzae*）的基因组测序以来，截止到目前已有 2500 多株微生物完成基因组全序列测定。Goris 等通过分析原核生物全基因组序列发现，所有保守基因核苷酸一致性平均值（Average Nucleotide Identity，ANI）为 95%时，与其 DNA-DNA 杂交值 70%相一致。研究者认为 ANI 数值测定有可能替代 DNA-DNA 杂交实验。2009 年，美国能源部基因联合基因组研究所（DOE Joint Genomic Institute）与德国微生物菌种保藏中心（DSMZ）等单位测定了涵盖原核生物各主要类群的 56 株代表性菌株的基因组序列，试图建立全新的原核生物之间的系统发育关系。尽管 DNA 序列测定技术发展迅速，但由于受到测序时间以及费用的限制，已完成测序并公布的微生物全基因组序列信息仍有限。以全基因组序列信息进行微生物的分类鉴定在可以预见的未来，仍然不可能作为常规菌种鉴定手段。

四、泡菜微生物的保藏

菌种保藏是指保持微生物菌株的活力和遗传性状的技术。目的在于把从自然界分离得到的野生型，或经人工选育得到的变异型纯种，使其存活、不丢失、不污染杂菌、不发生或少发生变异，保持菌种原有的各种特征和生理活性。基本原理是使微生物的生命活动处于半永久性的休眠状态，也就是使微生物的新陈代谢作用限制在最低范围内。干燥、低温和隔绝空气是保证获得这种状态的主要措施。有针对性地创造干燥、低温和隔绝空气的外界条件，就是微生物菌种保藏的基本技术。常用的方法有斜面培养法、液体石蜡覆盖保藏法、载体保藏法、寄主保藏法、冷冻保藏法、磁珠保藏法和冷冻干燥保藏法等。日常工作中，常选用4℃冰箱进行短时间的菌种保藏。

1. 斜面培养法

斜面培养法是将菌种接种在适宜的固体斜面培养基上，待菌种充分生长后，棉塞部分用油纸包扎好，移至2~8℃的冰箱中保藏。保藏时间依微生物的种类而不同，霉菌、放线菌及有芽孢的细菌每2~4个月移种一次；酵母每两个月移种一次；细菌最好每月移种一次。此法为实验室和工厂菌种室常用的保藏法，优点是操作简单，使用方便，无需特殊设备，能随时检查所保藏的菌株是否死亡、变异与污染杂菌等。缺点是容易变异，因为培养基的物理、化学特性不是严格恒定的，屡次传代会使微生物的代谢改变而影响微生物的性状，污染杂菌的机会也较多。

2. 液体石蜡覆盖保藏法

液体石蜡覆盖保藏法是传代培养的变相方法，能够适当延长保藏时间，它是在斜面培养物和穿刺培养物上面覆盖灭菌的液体石蜡，一方面可防止因培养基水分蒸发而引起菌种死亡，另一方面可阻止氧气进入，以减弱代谢作用。保藏温度要求在-4~4℃下，液体石蜡法适用于不产孢子的菌种。此法实用而效果好，霉菌、放线菌、芽孢细菌可保藏2年以上不失活，酵母可保藏1~2年，一般无芽孢细菌也可保藏1年左右，甚至用一般方法很难保藏的脑膜炎球菌，采用此法在37℃温箱内，也可保藏3个月之久。此法的优点是制作简单，无需特殊设备，且不需经常移种。缺点是保藏时必须直立放置，所占位置较大，同时也不便携带。从液体石蜡下面取培养物移种后，接种环在火焰上烧灼时，培养物容易与残留的液体石蜡一起飞溅，应特别注意。

3. 载体保藏法

载体保藏法是将微生物吸附在适当的载体，如土壤、沙子、硅胶、滤纸上，而后进行干燥的保藏法，例如沙土保藏法和滤纸保藏法应用相当广泛。

4. 寄主保藏法

寄主保藏法用于尚不能在人工培养基上生长的微生物，如病毒、立克次氏体、螺旋体等，它们必须在活的动物、昆虫、鸡胚内感染并传代，此法相当于一般微生物的传代培养保藏法。病毒等微生物也可用其他方法如液氮保藏法与冷冻干燥保藏法进行保藏。

5. 冷冻保藏法

冷冻保藏法可分低温冰箱（-30~-20℃，-80~-50℃）、甘油管冷冻干冰酒精快速冻结（约-70℃）和液氮（-196℃）等保藏法，其中最常见的是甘油管冷冻保藏法。

甘油管冷冻保藏法是利用微生物在甘油中生长和代谢受到抑制的原理达到保藏目的。其方法是将80%的甘油高压蒸汽灭菌后待用。将培养好的斜面菌种用无菌水制成高浓度的菌悬液。取1mL灭菌甘油放入与菌液充分混匀，使甘油浓度为10%~30%，于-70℃下冷冻保藏。或采用体积比为8：2的甘油-生理盐水，加入新鲜培养的菌体肉汤，混合均匀后至-20℃冰箱保藏。该方法适用于一般细菌的保藏，同时也适用于链球菌、弧菌、真菌等需特殊方法保藏的菌种，适用范围广，操作简便，效果好，无变异现象发生。甘油-生理盐水保存液保藏菌种优于甘油原液，其原因可能是加入生理盐水适当降低了甘油的高渗作用，且有肉汤培养物适量增加保存液的营养成分，从而更好地保护了待保藏的菌株。

6. 磁珠保藏法

磁珠保藏法是将菌液浸入素烧磁珠（或多孔玻璃珠）后再进行干燥保存的一种方法。在螺旋口试管中装入1/2管高的硅胶（或无水$CaSO_4$），上铺玻璃棉，再放上10~20粒磁珠，经干热灭菌后，接入菌悬液，最后经冷藏、室温保藏或减压干燥后密封保藏。

7. 冷冻干燥保藏法

冷冻干燥保藏法先使微生物在极低温度（-70℃左右）下快速冷冻，然后在减压下利用升华现象除去水分（真空干燥），其中真空冷冻干燥法最常见。真空冷冻干燥保藏法是兼具低温、干燥、除氧三方面菌种保藏的主要因素，除不宜于丝状真菌的菌丝体外，对病毒、细菌、放线菌、酵母及丝状菌孢子等各类微生物都适用，不宜用于冻干法保藏的微生物不到2%。真空冷冻干燥法是在低温下快速将细胞冻结，然后在真空条件下干燥，使微生物的生长和酶参与的反应停止。为了防止在冷冻和水分升华过程中对细胞的损害，要采用保护剂来制备细胞悬液。保护剂是菌在冻结和脱水过程中起到保护作用的溶质，通过氢键和离子键对水和细胞所产生的亲和力来稳定细胞成分的构型。使样品中的水分在冰冻状态下，抽真空减压，直接升华为水蒸气，使样品达到干燥。干燥后的微生物在真空下封装，与空气隔绝，达到长期保藏的目的。

无论采用何种保藏方法，首先应该挑选典型菌种的优良纯种来进行保藏，最好保藏它们的休眠体，如分生孢子、芽孢等。其次，应根据微生物生理、生化特点，人为地创造环境条件，使微生物长期处于代谢不活泼、生长繁殖受抑制的休眠状态。这些人工造成的环境主要是干燥、低温和缺氧。另外，避光、缺乏营养、添加保护剂或酸度中和剂也能有效提高保藏效果。

第三节　泡菜微生物免培养法

近年来，伴随分子生物学的飞速发展，应用于发酵食品中微生物的非培养技术方法越来越多，例如聚合酶链式反应-变性梯度凝胶电泳技术（PCR-DGGE）、基因克隆文库法、随机扩增多态性 DNA（RAPD）、扩增片段长度多态性（AFLP）、基因测序技术等，人们得以从基因层面分析发酵食品中微生物的多样性。

一、聚合酶链式反应-变性梯度凝胶电泳技术

变性梯度凝胶电泳（Denatured Gradient Gel Electrophoresis，DGGE）是利用 DNA 在不同浓度的变性剂中解链行为的不同而导致电泳迁移率发生变化，从而将片段大小相同而碱基组成不同的 DNA 片段分开。DGGE 技术是最先用于检测 DNA 突变的一种电泳技术，随后由 Muzyer 等首次将 DGGE 技术应用于微生物生态学研究，并证实了这种技术在研究自然界微生物群落的遗传多样性和种群差异方面具有明显的优越性，如今已发展成为研究微生物群落结构及多样性的主要分子工具之一。绝大部分研究都是通过扩增细菌或古细菌的 16S rRNA 基因来研究各生态系统中的细菌或古细菌群落多样性，也有用真菌的通用引物扩增 18S rRNA 基因，从而研究真菌的群落多样性。近年来 PCR-DGGE 应用于泡菜研究得到了许多学者的青睐，如梁新乐等证明了 PCR-DGGE 是研究泡菜中微生物组成的可行方法，付琳琳等将 DGGE 条带直接测序与克隆测序相结合，鉴别了泡菜中的片球菌、乳杆菌、乳球菌、链球菌和粪肠球菌等。作者及研究团队以传统优质四川泡菜为研究对象，在传统微生物学的基础上，应用 PCR-DGGE 和 16S rDNA 现代分子生物技术，研究了泡菜优势微生物菌群和生态分布及其发酵变化，初步确定了植物乳杆菌、肠膜明串珠菌、短乳杆菌及耐乙醇片球菌等乳酸菌是四川泡菜发酵的优势菌群，同时对四川泡菜产业和分类及乳酸菌进行了概述。

PCR-DGGE 无需进行微生物培养，可直接获取环境样品中细菌的总 DNA，然后对其进行微生物多样性、群落结构等方面的研究，避免了传统技术的局限性，适用于多个样品的同时分析，具有可靠、快速、易操作等特点。

二、基因克隆文库法

微生物 16S rDNA 克隆文库法是一种结合生物学、基因组学和生物信息学等

学科知识技术方法，以微生物基因组 DNA 的序列信息为依据，通过分析样品中 DNA 分子的种类和数量来反映微生物区系的组成和群落结构及其变化。基本步骤为：提取环境样品的总 DNA→PCR 扩增→连接克隆载体→转化至感受态细胞→建库。将文库中的序列与数据库中已有数据进行比对，可得到与序列相对应的微生物的物种信息。该分析法已经广泛应用于微生物多样性的研究中。

目前获取目的基因的方法主要有鸟枪法、PCR 法、化学合成法。16S rDNA 基因克隆文库技术已被广泛应用于发酵食品、城市污水、土壤等各类复杂环境中细菌微生态的研究。2008 年，张守印等对 16S rDNA 克隆文库用于细菌群落分析的可靠性进行了研究，其研究结果表明，16S rDNA 基因序列分析可以反映菌群中各种细菌的丰度，是一种较好的分析细菌菌群的方法。陈希等采用建立 16S rDNA 克隆文库的方法，对不同腌制阶段雪里蕻的细菌多样性以及相关指标的变化情况进行了研究，曹碧璇等利用构建 16S rDNA 基因文库的方法，研究了东北自然发酵酸菜中的细菌多样性和群落的组成结构，应用这些方法可以更加清晰地了解泡菜中微生物的多样性和菌群结构，避免了传统纯培养方法在获取微生物信息的局限性。作者科研团队运用构建 16S rDNA 克隆文库及酶切分析方法研究了不同原料规模化制作泡菜中的细菌群落结构，发现萝卜泡菜的优势菌为盐单胞菌属（*Haiomonas*）（40.07%）。豇豆泡菜中的优势菌为乳杆菌属（*Lactobacillus*）（70.38%），其也是青菜泡菜中优势菌（31.13%），榨菜泡菜中的绝对优势菌（38.25%）。

基因克隆文库技术不但可以分析样品中微生物的种类，还可以反映各种微生物的相对比例，最重要的是可以通过这种方法检测到实验室条件下不能培养的微生物，所以在微生物菌群研究方面具有独特的优势。通过对文库中各转化子基因序列的测定，便可得知该环境样品中所含基因的种类和相对数量，进而获得物种多样性信息。

三、随机扩增多态性 DNA

随机扩增多态性 DNA（Random Amplified Polymorphic DNA，RAPD）即为运用随机引物扩增寻找多态性 DNA 片段作为分子标记的方法，是由美国杜邦公司 Williams 等（1990）和加利福尼亚生物研究所的 Welsh 等（1990）两个研究小组分别独立创立的，被称为第二代分子标记。尽管 RAPD 技术诞生的时间很短，但由于其独特的检测 DNA 多态性的方式以及简便、快速、分辨率高、所需样品量少等特点，使其在生物种质资源鉴定、群体遗传多样性研究、亲缘关系鉴定以及遗传育种方面都有广泛的应用。PCR-RAPD 技术建立于 PCR 技术基础上，可对整个基因组进行选择性扩增的分子标记技术。它是利用一系列（通常数百个）不同的随机排列碱基顺序的寡聚核苷酸单链（通常为十聚体）为引物，对所研究基因组 DNA 进行 PCR 扩增。应用聚丙烯酰胺或琼脂糖电泳进行分离，经溴化乙啶（EB）染色或放射性自显影来检测扩增产物 DNA 片段的多态性，这些扩增产物 DNA 片段的多态性反映了基因组相应区域的 DNA 多态性。

四、扩增片段长度多态性

扩增片段长度多态性（Amplified Fragment Length Polymorphism，AFLP）分子标记技术是限制性内切酶片段长度多态性（RFLP）与 PCR 相结合的一种新的分子标记技术，具有 RFLP 技术的可靠性和 PCR 技术的高效性。AFLP 技术是一种高效的指纹图谱方法，它可以将分离菌株同时归于相应的属、种及株水平，被广泛应用于乳酸菌的分类中。AFLP 的基本工作原理是基于 PCR 技术扩增基因组 DNA 限制性片段，将基因组 DNA 用限制性内切酶酶切，然后将双链接头连接到 DNA 片段的末端，接头序列和相邻的限制性位点序列作为引物结合位点。限制性片段用两种酶切割产生，一种是罕见切割酶，另一种是常见切割酶。由于 AFLP 扩增可使某一品种出现特定的 DNA 谱带，而在另一品种中可能无此谱带产生。因此，这种通过引诱产物诱导及 DNA 扩增后得到的 DNA 多态性可作为一种分子标记技术。AFLP 可以在一次单个反应中检测到大量的片段，所以说 AFLP 技术是一种新的而且有很大功能的 DNA 指纹技术。作者科研团队以低盐泡菜为对象，动态跟踪了发酵过程中的乳酸菌总量、乳酸菌群落结构及演变。采用可培养方法从中分离得到乳酸菌共计 245 株，结合 16S rRNA 测序、RAPD、特异性 PCR、AFLP 等方法，鉴定出泡菜中的乳酸菌包括 5 个属，11 个种。发酵前期（0d 和 1d）分离得到最多的乳酸菌是乳酸乳球菌（*Lactococcus lactis*）和食窦魏斯菌（*Weissella cibaria*），而发酵中后期（3d 以后）分离得到的主要乳酸菌戊糖乳杆菌（*Lactobacillus pentosus*），发酵中后期戊糖乳杆菌的丰度达到 90%以上。由于发酵前期泡菜水适合所有乳酸菌生长，因而该阶段的优势菌群很大程度上取决于发酵起始原料中的微生物，发酵中后期分离得到的乳酸菌具有更好的酸耐受性。

五、基因测序技术

（一）第一代测序技术

第一代测序技术的理论依据是 Sanger 建立的“DNA 双脱氧链末端终止测序法”和 Maxam－Gilbert 化学降解法。Sanger 法利用“双脱氧核苷三磷酸（ddNTP）比 dNTP 缺少 3′—OH，从而能使引物与目的 DNA 的延伸反应停止”这一原理建立 4 个反应，分别加入足量的 4 种 dNTP 和不同的被同位素标记的

ddNTP，通过聚合酶合成能与目的 DNA 互补的片段，由于 ddNTP 的存在，会形成不同长度的 DNA 延伸片段，将 4 个反应的产物分 4 个泳道用聚丙烯酰胺凝胶电泳进行分离，便可以按顺序读出相应的 DNA 序列。荧光标记技术出现后，逐渐取代同位素标记技术，在 Sanger 法中，可以用不同荧光标记 4 种 ddNTP，在一个泳道的尿素变性的 PAGE 胶上电泳分析，然后通过检测不同波长的信号，用计算机分析信号后即可获得目的 DNA 的碱基序列。Maxam-Gilbert 化学降解法原理是将目的 DNA 片段的 5′端作放射性标记，然后设计 5 个独立的反应，每个反应中分别用不同试剂将目的 DNA 切割成重复的碱基片段，通过凝胶电泳分离，根据不同条带的显示情况，可以分析出各片段末端碱基，从而确定目的 DNA 的碱基序列。化学降解法与 Sanger 法相比，是直接用目的 DNA 的片段来进行电泳分析，而不是通过酶合成的与目的 DNA 互补的片段进行测序，能够有效避免酶合成出错导致测序结果偏差。但化学降解法的操作过于复杂，渐渐被 Sanger 法代替。

（二）第二代测序技术

高通量测序技术是相应于 Sanger 测序法为代表的第一代测序技术而得名，它可以一次对几十万到几百万条核酸分子进行序列测定，是现今应用最广泛的测序技术。其特点是成本低、通量高、速度快，可以快速产生大量的数据。目前，高通量测序技术已被广泛应用于土壤、根际、植物内部、水体、动物肠道以及食品等多种环境微生物生态的研究中，极大地改变了人们对环境微生物生态学的认识。同时高通量测序使对一个物种的转录组和基因组的全貌分析成为可能，所以又被称为深度测序（Deep Sequencing）。目前主流的高通量测序平台有：Roche 454. Life 的 Ion Torrent、Illumina 的 Hiseq 及 Miseq。Roche 454 以其读长最长而著称，但是准确度不够高，测序成本高。Ion Torrent 测序速度最快。Illumina 的高通量测序系统市场占有率最高，其优点是准确度高，通量大，而缺点是运行时间长、序列短。

高通量测序技术分析食品微生物群落的主要操作流程包括：①样品中微生物总 DNA 或 RNA 提取；②引物选择和 PCR 扩增；③测序；④生物信息学分析，包括操作分类单元聚类、物种分类和多样性分析。16S rRNA 的 V3/V4 区的在数据库中的占比最高，泡菜中的细菌通常选用这两个区域进行扩增。真菌的 ITS 区 ITS 序列是内源转录间隔区，位于真菌 18S、5. 8S 和 28S rRNA 基因之间，分别为 ITS1 和 ITS2。在真菌中，5. 8S、18S 和 28S rRNA 基因具有较高的保守性，而 ITS 由于承受较小的自然选择压力，在进化过程中能够容忍更多的变异，在绝大多数真核生物中表现出极为广泛的序列多态性。同时，ITS 的保守性表现为种内相对一致，种间差异较明显，能够反映出种属间甚至菌株间的差异。并且 ITS 序列片段较小（ITS1 和 ITS2 长度分别为 350bp 和 400bp），易于分析，目前已被广泛用于真菌不同种属的系统发育分析。高通量测序技术的更新、测序成本的降低以及测序通量的扩展等优势不断加强，为直接分析群落中全部微生物的种群组成、分布及其动态演替提供了有利的技术支撑。

高通量测序技术被广泛应用于泡菜微生物的群落组成及变化研究。孙慧君等通过高通量测序对传统发酵锦州小菜中的微生物多样性进行分析，从27种锦州小菜样品中共检测到6种已知细菌门和53种细菌属，从22种锦州小菜中共检测到4种真菌菌门和20种真菌菌属。主要的细菌菌属包括乳酸杆菌属（*Lactobacillus*）、蓝细菌属（*Cyanobacteria norank*）、魏斯菌属（*Weissella*）、弧菌属（*Vibrio*）、葡萄糖杆菌属（*Gluconbacter*）等，主要真菌菌属包括毕赤酵母菌属（*Pichia*）、姆拉克酵母菌属（*Mrakia*）、镰刀菌属（*Fusarium*）等。侯强川等采用Roche 454焦磷酸测序技术对采集自俄罗斯埃利斯塔市郊的2份发酵蔬菜样品中的细菌进行了分析，分别获得了10869条和12204条高质量序列。经过与核糖体数据项目（Ribosomal Database Project，RDP）数据库比对，结果表明，乳酸杆菌属占细菌总数的91.66%，是绝对优势菌，乳球菌属（*Lactococcus*）占细菌总数的3.81%，成为次级优势菌。另外，还鉴定出了弧菌属、片球菌属（*Pediococcus*）、肠球菌属（*Enterococcus*）、克鲁维菌属（*Kluyvera*）等。应用高通量测序可以更加深入地研究泡菜微生物的群落组成及群落演变，其是目前微生物群落研究最常用的技术。作者科研团队为探明传统四川泡菜母水中的微生物群落及其变化规律，构建了传统四川泡菜发酵模型，运用高通量测序方法对不同发酵阶段（20代发酵）泡菜母水微生物群落组成和多样性进行分析。泡菜母水中的细菌群落主要包括7个门，其中厚壁菌门（Firmicutes）和变形菌门（Proteobacteria）分别占94.64%和2.73%，为优势菌门；真菌群落主要包括3个门和1个未分类种群，其中子囊菌门（Ascomycota）占99.93%，为优势菌门。泡菜母水中含量在0.1%以上的细菌属有7个，主要包括乳酸杆菌属、拉乌尔菌属（*Raoultella*）、柠檬酸杆菌属（*Citrobacter*）、乳球菌属等；泡菜母水中的真菌属主要是哈萨克斯坦酵母属（*Kazachstania*），含量超过99%。通过分析不同发酵阶段泡菜母水中的微生物群落组成和多样性，结果表明随着发酵代数的增加，泡菜母水中的细菌与真菌多样性呈下降趋势，微生物群落构成趋于稳定。乳酸杆菌属是达到稳态的泡菜母水中的主要细菌属，哈萨克斯坦酵母属是达到稳态的泡菜母水中的主要真菌属。

（三）第三代测序技术

第三代测序技术又称为单分子DNA测序，即通过现代光学、高分子技术、纳米技术等手段来区分碱基信号差异的原理，以达到直接读取序列信息的目的，且不使用生物化学试剂，在测序过程中，不需要进行PCR扩增，可以实现单独测序。第三代测序技术主要包括单分子测序（Single-moleculesequencing，SMS）

技术、单分子实时测序（Single-moleculereal-timesequencing，SMRT）技术和牛津纳米孔（Oxford Nanopore）技术，其中SMS技术、SMRT技术采用的是单分子荧光测序，而牛津纳米孔技术是纳米孔测序。纳米孔单分子测序的过程，首先是解螺旋，将双链DNA解开成单链，使DNA单链分子通过一个孔道蛋白，其次是利用孔道中充当转换器的蛋白分子，当DNA单分子停留在孔道中，有一些离子通过时会带来电流变化，而不同的碱基带来的电流变化是不同的，通过转化器蛋白分子来感受5个碱基（A、T、C、G、N）的电流变化，最后根据电流变化的频谱，采用模式识别算法得到最后的碱基序列。纳米孔单分子测序准确率和SMRT基本上持平，均为86%左右。第三代测序技术的测序速度是化学法测序的2万倍，测序长度也是二代测序的几千倍，第三代测序技术的出现为基因组的重复序列的拼接提供了非常好的条件。

第四节　泡菜微生物的组学法研究

多组学（Multi-omics）研究是探究生物系统中多种物质之间相互作用的方法，包括遗传因子学、表观遗传因子组学、转录组学、蛋白质组学、代谢组学、微生物组学等。随着高通量测序技术的发展，组学（Omics）研究不断深入，通过对各组学进行高通量测序并对数据整合研究，可以全面和系统地了解基础研究、分子育种、临床诊断和药物研发等领域中多种物质的相互关系。

当前，多组学技术联用作为解析传统发酵食品“菌群-基因-代谢产物”关联性的主要手段，从多水平剖析验证食品微生物的组成对发酵风味品质的形成机理。多组学信息的有效整合是阐明传统发酵食品复杂微生物群功能的有效切入点。例如，将宏基因组学与其他组学相结合，可以有效地填补各组学提供信息的缺口、连接和沟通各层面信息、多尺度解析微生物群落功能。基因组学和转录组学等生物信息分析技术的发展和应用为研究发酵过程中微生物群落结构与功能、微生物群落内部及其与环境的交互等提供了有力的支撑。

随着组学技术的成熟和成本的降低，研究者们正试图用多种组学数据结合分析来更好地揭示发酵过程中微生物的功能及其相互作用机制，这些技术可根据研究对象的不同，单独或组合使用以便更充分认识微生态环境。由于分子生态学技术具有重现性强、可靠性高、快速、灵敏等优点，弥补了传统方法的不足，现代科学已经将其作为微生物研究的重要工具，以期获得突破性的研究成果。

一、宏基因组学

宏基因组（Metagenome，也称微生物环境基因组）的提出和发展也促进了细菌检测技术的进步。它以环境样品中的微生物群体基因组为研究对象，包含了可培养的和未可培养的微生物的基因，以功能基因筛选和测序分析为研究手段，来研究微生物多样性、种群结构、进化关系以及相互协作关系等。一般包括从环境样品中提取基因组 DNA 进行高通量测序分析，或克隆 DNA 到合适的载体，导入宿主菌体，筛选目的转化子等工作。它避开了微生物分离培养的过程，极大地扩展了微生物资源的利用空间，是现代基因工程一个新的发展方向和研究热点。宏基因组学的出现和兴起扩展了人们对微生物群落的认识。基于宏基因组的微生物多样性检测技术如 DGGE/TGGE 技术、克隆文库分析法和高通量测序技术等被广泛应用于发酵蔬菜微生物检测中。

用宏基因组学的方法获取完整微生物群落基因，使在生态群落、食品发酵群落中构建基因文库这个计划更易得到有效实行。宏基因可以直接从食品生态系统经过群落 PCR 锁定 16S rRNA 基因。宏基因组学为解析复杂微生物群落结构、研究食品发酵过程中微生物的功能提供了方便快速的策略。作者科研团队为了探究四川工业泡豇豆中主要生物胺的代谢路径与微生物和酶的关系，以四川工业泡豇豆为对象，测定其生物胺和氨基酸的含量，采用 Illumina HiSeq 4000 平台对其进行宏基因组测序，并在 NR 和 KEGG 数据库上进行注释。结果表明：样本中的主要生物胺为尸胺、腐胺、组胺和酪胺，相对丰度>0.5%的微生物物种主要与腐胺形成和降解、尸胺降解、酪胺降解有关；具有主要生物胺形成及降解能力的物种相对丰度为 51.05%，以乳酸菌、酵母菌和芽孢菌为主。如 *Sugiyamaella lignohabitans* 和白地霉（*Geotrichum candidum*）等微生物同时含有腐胺形成及降解的酶，且可参与不同生物胺的形成和降解的不同代谢途径。该研究对泡豇豆体系 4 种主要生物胺形成和降解与微生物及酶的关系做了阐述，为泡菜工业实际应用提供数据支撑，为生物胺调控奠定理论基础。

二、宏蛋白质组学

宏蛋白质组学（Metaproteomics）是对微生物群落中的蛋白质进行大规模定性和定量，从而在分子水平上揭示微生物表型信息的一门学科。蛋白质具有复杂多样的特点，因此宏蛋白质组技术分析的检测技术具有高通量、高灵敏度、动态范围广、质量估计精确等特点，而质谱分析法是最合适条件的检测平台。一般而言，宏蛋白质组学依据宏基因组数据，通过质谱技术采集特定环境条件下微生物种群中全部蛋白质信息，探索微生物组成及代谢方式，揭示环境中蛋白质的组成与丰度、蛋白质的不同修饰、蛋白质和蛋白质之间的相互关系，可以认识微生物群落的发展、种内相互关系、营养竞争关系等。虽然宏蛋白质组学经常依赖于其他方法，例如，首先需要宏基因组测序建立参考数据库，这通常是宏蛋白质组学的先决条件。但不可否认，宏蛋白质组学是研究微生物群落时空表征的有效方法之一。借助一个精确的蛋白质序列数据库，人们可以知道这些蛋白质属于哪个物种（或更高级的分类群，如属、科等），并进一步理解群落中不同成员的功能角色和相互作用。

在近10年中，从活性污泥、土壤到人类肠道微生物群，宏蛋白质组学技术已经应用于多个环境微生物群落的研究中，对微生物生态系统功能产生了许多重要见解。在发酵食品中也有一些蛋白质组学和宏蛋白质组学的报道，如高酸度醋发酵普洱茶固态发酵及中国白酒类发酵等。又如Zheng等首先从30年和300年的窖泥微生物中提取总蛋白质和DNA，然后利用基于iTRAQ蛋白组学技术研究微生物表达形成香味的功能蛋白质。但这类研究在泡菜微生态研究中应用较少，宏蛋白质组学仍然是发酵食品中一个很有前景但尚未充分开发的领域。

三、宏转录组学

宏转录组测序技术（Metatranscriptomic Sequencing）通过对特定时期、特定环境样品中所有微生物群落的转录本进行大规模高通量测序，可以直接获得环境中可培养和不可培养的微生物转录组信息。这种技术不仅具有宏基因组技术的全部优点，可以对检测环境中的活性微生物、活性转录本以及活性功能进行研究，还可以比较不同环境下的差异表达基因和差异功能途径，揭示微生物在不同环境压力下的适应机制，探索环境与微生物之间的互作机理。

在发酵食品领域，宏转录组学的应用有助于探索各种微生物在发酵过程中的代谢途径，并揭示其特定功能和对风味的贡献。近年来基于测序的宏转录组学在各种环境和人体微生物群落研究中被广泛应用，不仅可以鉴定群落中微生物基因表达水平，比较不同微生物转录表达谱，进而了解群落的演替变化；还可以分析群落中微生物的胁迫响应，研究优势菌群的代谢途径和筛选特定功能的基因。转录组学是建立在基因组学基础之上的一项重要技术，转录组学能够在物种的整体水平上研究特异基因的结构、功能，并揭示特定生物学过程及疾病发生的机理。通过物种各基因及其转录表达产物的功能基因组学研究，可为食品生物发酵、资源的开发改良提供新思路，为人类解决健康、食物、能源和环境等问题提供新的方法。通过转录组学的研究，能发现在特定条件下的特异基因表达的信息，以推测该未知基因的特殊功能，从而揭示该特异基因的调控作用机制。通过特定基因表达图谱的分子标签不仅可以判别细胞的基因表型归属，还能用于重大疾病的诊断。转录组学的研究可应用于生产实践，可以有效挖掘关键基因，强化其功能。通过特异基因转录组差异表达图谱的分析，可以较详细地预测生产过程中不利于发酵的因素等。作者科研团队为研究泡菜发酵过程中优势乳酸菌——肠膜明串珠菌（*Leuconostoc mesenterioides*）、食窦魏斯菌、短乳杆菌（*Lactobacillus brevis*）和植物乳杆菌（*Lactobacillus plantarum*）在发酵过程中的功能作用，采用纯培养和宏转录组学技术，从RNA水平全面精细地分析优势微生物种及种以下精细水平的组成谱、功能代谢谱和表达谱，确定各功能类群丰度谱，从原理上阐明了各优势微生物在发酵系统中发挥作用的根本机制。

四、代谢组学

代谢组学（Metabonomics/Metabolomics）是基于基因组学和蛋白质组学的研究思想，是对某一生物或细胞在一特定生理时期内所有低分子质量代谢产物同时进行定性和定量分析的一门新学科。研究代谢组可以了解生物体的基因型和表型是如何关联的，以及外界环境如何对生物代谢产生影响。靶向或非靶向代谢组学分析都依赖于代谢物分离、检测、鉴定和定量以及多元数据分析。代谢物的分离与检测是代谢组学研究的关键步骤，目前最常用的代谢组学分析技术是核磁共振（Nuclear Magnetic Resonance，NMR）、液相色谱串联质谱（Liquid Chromatography-Mass Spectrometry，LC-MS）和气相色谱串联质谱（Gas Chromatography-Mass Spectrometry，GC-MS），这些分析方法都可以鉴定代谢物的结构和测定分子浓度。在乳酸菌代谢组学测定分析中应用较为广泛的是GC-MS和LC-MS，这两种技术可以检测包括糖、糖醇、有机酸、氨基酸、脂肪酸及大量次级代谢物在内的数百种化合物。程新通过HPLC和GC-MS对菊芋泡菜中风味物质进行测定，发现低温条件下乳酸菌的代谢特征发生显著的变化，并最终影响泡菜的口感；同时，还发现锰离子对植物乳杆菌胞内代谢物，如糖、氨基酸、脂肪酸及其衍生物有显著影响，尤其是对氨基酸的影响。PARKSE等利用GC-MS和基因组学研究不同微生物群落启动器（Microbial Community Starters，MCSs）对泡菜发酵的影响，根据MCSs的不同，泡菜中代谢物和微生物群落的分布也会产生显著差异，结果表明以MCSs作为泡菜的发酵剂可提高泡菜的品质，这与作者科研团队开发的泡菜专用DVS（直投式功能菌）效果一致。

作者科研团队对从泡菜企业取两段发酵结束时的盐渍榨菜进行宏基因组学和代谢组学研究（图3-7）。榨菜一次盐渍结束时以清酒乳杆菌（*Lactobacillus sakei*）、消化乳杆菌（*Lactobacillus alimentanius*）、弯曲乳杆菌（*Lactobacillus curvatus*）、短乳杆菌、肉色明串珠球菌（*Leuconostoc carnosum*）、肠膜明串珠菌等为主，二次盐渍结束时以老面乳杆菌（*Lactobacillus zymae*）、费尔斯莫尔德镇乳杆菌（*Lactobacillus versmoldensis*）、酸面乳杆菌（*Lactobacillus acidifarinae*）、植物乳杆菌、短乳杆菌等为主。其中，碳水化合物代谢、氨基酸代谢、核苷酸代谢、能量代谢、辅助因子和维生素代谢、脂质代谢等占比较高。碳代谢、氨基酸的生物合成、嘧啶代谢、丙酮酸代谢、糖酵解、糖异生、淀粉和蔗糖代谢、氨基糖和核苷酸糖代谢的占比较大，差异较小。代谢组学研究表明，脂类代谢、氨基酸代谢、其他次生代谢产物的生物合成、辅助因子和维生素代谢、碳水化合物代谢等途径中的物质较多，主要为氨基酸、肽和类似物、碳水化合物及结合物、脂肪酸及结合物、脂肪酰基糖苷、萜类、黄酮类、胺类、有机酸类等。榨菜一次盐渍结束时的代谢物主要为脱氧鸟苷 5-单磷酸、苏氨酸-羟脯氨酸、精氨酸、天冬氨酸、二氢-β-TUBAIC 酸、他拉霉素 A、缩醛内酯 A、庚酰胆碱等；二次盐渍结束时的代谢物主要为异亮氨酸、缬氨酸、谷氨酸、亮氨酸、呋喃酮、5-庚基-3,4-二甲基-2-呋喃庚酸、*N*-亚麻油酰基、月桂内酯、肉豆蔻酸、异甲酮、色氨酸、L-脯氨酸、杂环钙素、硼酸等。相关性分析表明，清酒乳杆菌、消化乳杆菌等与硬脂酸、棕榈酰胺、2-十二烷基苯磺酸、油酰胺、D-脯氨酸、亚油酰胺、脯氨酸、β-苯基-γ-氨基丁酸、3-苯基乳酸、抗生素 SB、2-乙基-2-羟基丁酸等呈正相关；老面乳杆菌、植物乳杆菌、短乳杆菌等与植物鞘氨醇、阿霉素、β-香豆素酮、γ-亚麻酸乙酯、6-羟基鞘氨醇等呈正相关。

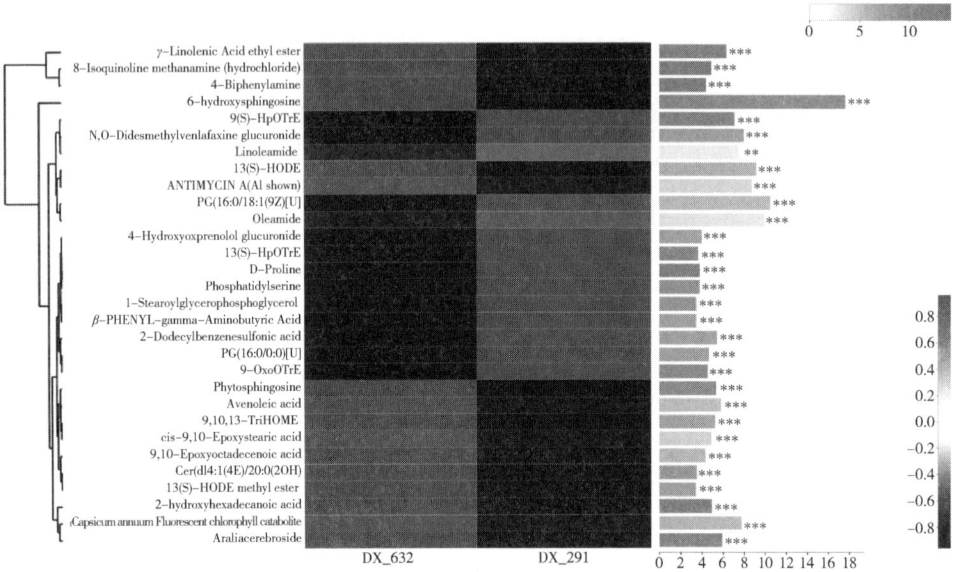

图 3-7　盐渍榨菜的组学分析

代谢组学技术在发酵食品中的运用，不仅能从代谢水平方面解释食品营养因子与功能间的关系，还能从代谢水平上去研究发酵食品口味、风味、色泽及功能性形成过程中的关键性影响因子，找出关键的代谢物质以及发酵食品发酵过程中的关键代谢点，可以从更深的角度去阐明发酵过程中代谢物的变化如何影响食品的形成，同时还可阐述发酵食品是如何对机体健康、生长状况、肠道菌群等产生作用的。然而，由于多种微生物的参与以及肠道菌群的复杂性，使其代谢物复杂多变，给代谢物的定性定量分析带来了难度。

近年来，随着高通量测序技术迅速发展，以其为主要手段的宏基因组、宏转录组和宏蛋白质组等技术在大量的食品微生物中应用，对食品微生物的研究方法和研究内容产生了深远的影响。日益完善的微生物特别是发酵食品微生物物种的基因组数据库，为宏基因组和宏转录组数据拼接和注释提供了越来越多坚实的支撑。宏基因组学提供环境总 DNA 信息，宏转录组学提供环境总 RNA 信息，宏蛋白质组学提供实时状况下环境功能信息，代谢组学提供环境代谢产物的总体信息。这些“组学”的交叉运用将有助于我们更清晰地了解发酵食品中微生物的群落结构演替、相互作用以及各菌株对风味的贡献，并挖掘出新的功能基因。

第四章　泡菜微生物全系研究

我国泡菜的微生物研究起源于20世纪30年代，典型成果有方心芳教授提出“乳酸菌”发酵，20世纪40年代赵学慧采用传统方法鉴定并首次提出了“乳杆菌属发酵”，这是我国老一辈科学家在泡菜微生物研究领域的重要发现。20世纪80和90年代，我国泡菜微生态研究进入了快速发展的时期，结合国内外研究现状，首次提出了中国泡菜的三段发酵理论，即发酵前期由肠膜明串珠菌启动发酵，中期以植物乳杆菌深化发酵，后期以植物乳杆菌、短乳杆菌及片球菌终止发酵的三段发酵理论。这一时期，学者们采用可培养手段研究了我国泡菜微生物，极大丰富了我们对中国泡菜微生物菌群的认识。作者科研团队采用传统分离鉴定、定量PCR、高通量测序等多手段解析了传统四川泡菜发酵过程中微生物的菌落构成及其变化，率先确定了四川泡菜主要优势菌群，发现了传统四川泡菜的微生物及其代谢产物存在“稳态发酵”现象，基于此，作者科研团队提出了“稳态发酵理论”并指导实践，实现了泡菜的标准化、自动化生产，是近年来我国泡菜微生物研究领域的重要突破。除了微生物群落结构研究以外，人们还在泡菜微生物的安全性、功能性、营养健康等方面也做了一些研究，但这些研究都处于起步阶段，需要进一步深化。

第一节　泡菜发酵机理

泡菜是以生鲜蔬菜为原料，在一定浓度食盐水中渗透泡渍，以活性乳酸菌为优势菌群，经厌氧或兼性厌氧微生物主导发酵而成的蔬菜制品。其主要的发酵机理如图4-1所示，包括食盐的渗透作用、乳酸菌的同型发酵和异型发酵作用、酒精发酵作用及醋酸发酵作用等复杂的物质代谢过程。首先，不同浓度的盐溶液有着不同强度的渗透压，当溶液的渗透压大于细胞的渗透压时，蔬菜细胞中的营养成分，如糖类、蛋白质、氨基酸、维生素等就会外渗出来，从而为乳酸菌、明串珠菌等微生物的生长、发酵提供营养物质。其次，乳酸菌利用这些营养物质进行同型发酵和异型发酵，从而将单糖类、双糖类营养物分解为乳酸和其他的中间代谢产物，部分代谢产物最后进入糖酵解。其中，明串珠菌属的菌群主要引起的是异型乳酸发酵。同时，由附着在蔬菜表面上的酵母菌代谢活动引起的酒精发酵也会存在，它是将蔬菜原料中的糖分解成乙醇和二氧化碳。此外，由醋酸菌或其他细菌氧化乙醇而生成的醋酸也会存在。醋酸可与乙醇形成酯类化合物，如乙酸乙酯即是一种芳香物质，从而形成了发酵蔬菜独特的风味。

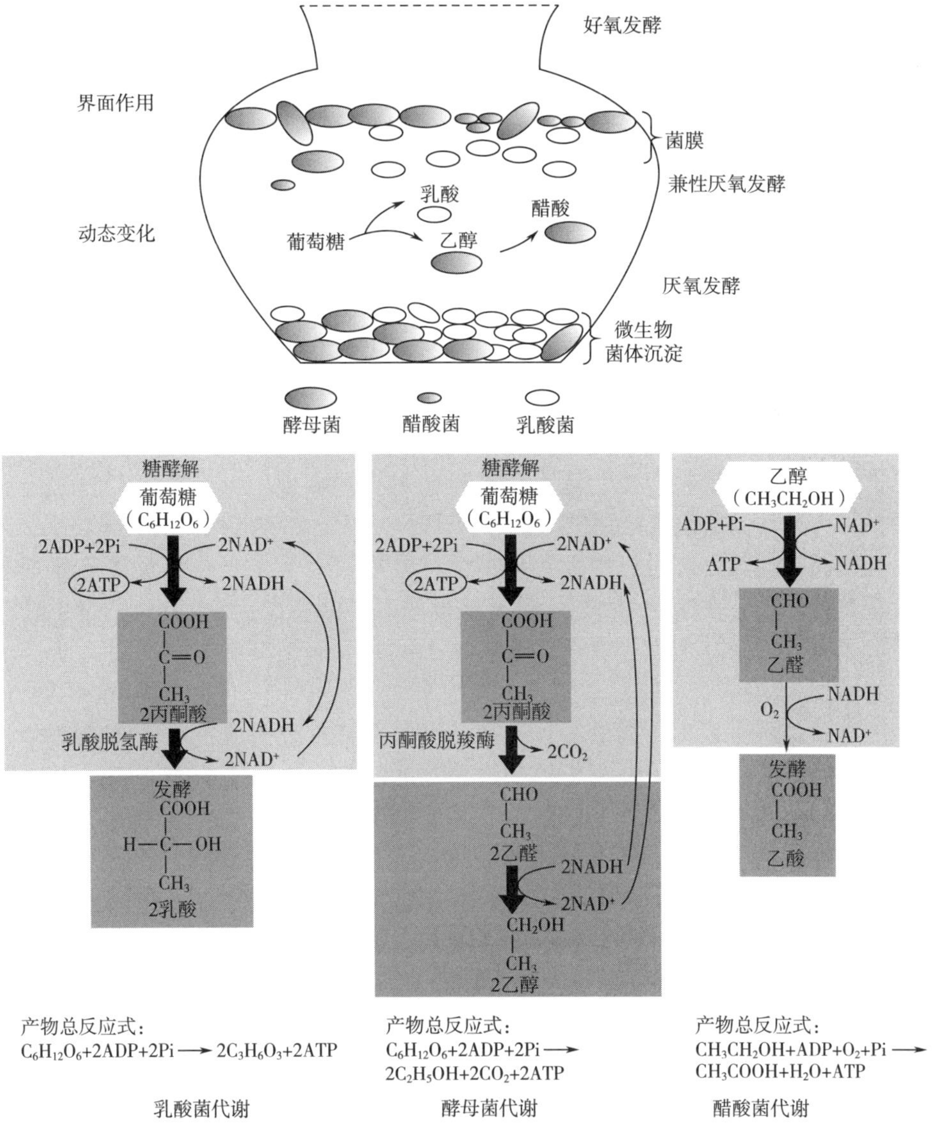

图 4-1　泡菜发酵机理图

第二节 泡菜常见微生物

一、乳酸菌

乳酸菌（Lactic Acid Bacteria，LAB），是一类能利用可发酵糖产生大量乳酸的细菌的总称。乳酸菌球菌（直径）一般为0.5~1.5μm，杆菌（宽×长）一般为（0.5~1.2）μm×（1.0~10.0）μm；为革兰染色阳性菌（G^+），通常不运动，不产生芽孢，过氧化氢酶阴性，在发酵代谢中以乳酸作为主要代谢产物。乳酸菌属兼性厌氧菌，对氧气不敏感，在有氧或无氧条件下都能生长，液体培养物浑浊。不同乳酸菌的最适生长温度也不尽相同，一般生长温度范围为15~40℃，最适温度为25~38℃。乳酸菌的菌落形态一般较湿润、光滑、透明、黏稠，菌落隆起，边缘圆整，通常为乳白色或灰白色，一般乳酸菌菌落比酵母菌菌落小，且更透明。乳酸菌广泛分布于自然界，是一群相当庞杂的细菌，其中绝大部分都是人体内必不可少的且具有重要生理功能的菌群，广泛存在于人体的肠道中。乳酸菌在食品加工中起到十分重要的作用，据统计，乳酸菌发酵食品占食品总量的25%以上。泡菜中乳酸菌具有多样性，大多有一定的耐盐和耐酸性，可以作为益生乳酸菌的重要来源。

乳酸菌在泡菜发酵过程中发挥作用并且数量较大，主要是因为其具有一定的发酵特性：①乳酸菌的耐酸性，能在酸度较高的低pH环境中生存，而高酸性的环境能有效抑制其他微生物的生长；②大部分乳酸菌具有一定的耐盐性，在5%以上的食盐溶液中都能正常生长，而泡菜中的盐浓度一般为4%~6%；③泡菜中的乳酸菌一般都不含硝酸盐还原酶，因此发酵过程中通过乳酸菌代谢产生亚硝酸盐的可能性极小，有利于提高泡菜产品的安全性；④乳酸菌通过代谢还产生少量细菌素、过氧化氢、双乙酰等高效抑菌物质。虽然产生的量很少，但其抑菌效果却很好，仍能杀死敏感菌。

综合国内外的主要文献报道，泡菜中常见乳酸菌见表4-1（注：2020年4月，全球对乳杆菌属的菌种名称进行了重新命名，菌种名称变迁在附录已详细列出，为方便阅读，本书仍以旧名称叙述）。

表 4-1 泡菜中常见乳酸菌

属	拉丁文学名	中文名称
乳杆菌属（*Lactobacillus*）	*Lactobacillus pentosus*	戊糖乳杆菌
	Lactobacillus plantarum	植物乳杆菌
	Lactobacillus alimentarius	消化乳杆菌
	Lactobacillus casei	干酪乳杆菌
	Lactobacillus rhamnosus	鼠李糖乳杆菌
	Lactobacillus curvatus	弯曲乳杆菌
	Lactobacillus sakeii	清酒乳杆菌
	Lactobacillus buchneri	布氏乳杆菌
	Lactobacillus brevis	短乳杆菌
	Lactobacillus acidipiscis	酸鱼乳杆菌
	Lactobacillus fermentum	发酵乳杆菌
	Lactobacillus reuteri	罗伊乳杆菌
	Lactobacillus salivarius	唾液乳杆菌
	Lactobacillus coryniformis	棒状乳杆菌
明串珠菌属（*Leuconostoc*）	*Leuconostoc mesenteroides*	肠膜明串珠菌
	Leuconostoc citreum	柠檬明串珠菌
	Leuconostoc lactis	乳明串珠菌
乳球菌属（*Lactococcus*）	*Lactococcus lactis*	乳酸乳球菌
片球菌属（*Pediococcus*）	*Pediococcus acidilactic*	乳酸片球菌
	Pediococcus parvulus	小片球菌
	Pediococcus ethanolidurans	耐乙醇片球菌
	Pediococcus pentosaceus	戊糖片球菌
魏斯菌属（*Weissella*）	*Weissella cibaria*	食窦魏斯菌
	Weissella confusa	融合魏斯菌
	Weissella hellenica	赫仑魏斯菌
	Weissella koreensis	韩国魏斯菌
肠球菌属（*Enterococcus*）	*Enterococcus durans*	耐久肠球菌
	Enterococcus faecalis	粪肠球菌
	Enterococcus faecium	屎肠球菌

（一）分类

乳酸菌从来源上可分为两大类，一类是动物源乳酸菌，另一类是植物源乳酸菌。而在分类学上并无乳酸菌的分类，其包括哪些菌属也还存在争议，但乳杆菌属（*Lactobacillus*）、明串珠菌属（*Leuconostoc*）、片球菌属（*Pediococcus*）和链球菌属（*Streptococcus*）被认为是这群细菌的核心菌属。其中凌代文将乳酸菌分为 23 个属、220 多个种。从分类上而言，乳酸菌作为真细菌纲目中的乳酸细菌科，形态上可分成球菌、杆菌。其中，球形乳酸菌包括链球菌、明串珠菌、片球菌等；杆状菌包括乳球菌、乳杆菌、双歧杆菌等；从生长温度上而言，可分成中低温型、高温型；从发酵类型而言，可分成同型发酵、异型发酵；从来源而言，大体上可分为动物源乳酸菌和植物源乳酸菌。

1. 乳杆菌属

乳杆菌属一般呈细长的杆状，通常呈链状排列，无芽孢，微需氧。乳杆菌一般较耐酸，最适 pH 为 5.5~5.8，甚至更低，大多数种的最适生长温度为 30~40℃。常用在中国传统发酵食品如泡菜、榨菜、腌菜和乳制品发酵上。

（1）植物乳杆菌（*Lactobacillus plantarum*） 新命名为：植物乳植物杆菌（*Lactiplantibacillus plantarum*）。呈杆状，大小为（0.5~1）μm×（2~10）μm，具有钝圆末端，笔直，单生、成对或链状排列，通常不运动，无芽孢，兼性厌氧，革兰染色阳性（图 4-2）。适宜生长温度 25~38℃，最适生长温度 30~37℃，15℃条件下仍可生长。属同型乳酸发酵菌，发酵糖类产生乳酸，耐酸及耐盐能力较强，能促进蔬菜的乳酸发酵，在发酵过程中起主导作用。

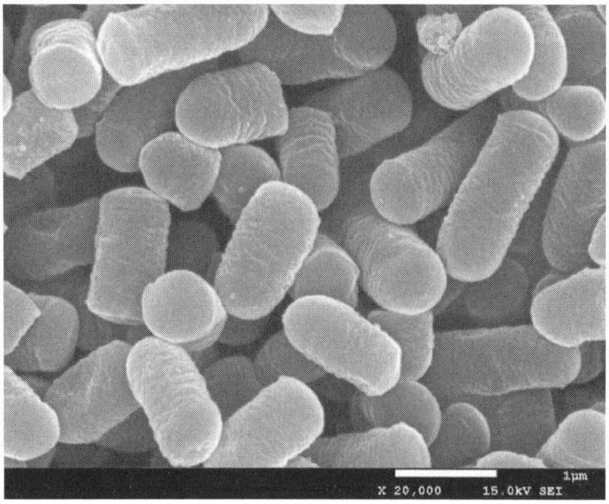

图 4-2 植物乳杆菌电镜图

（2）戊糖乳杆菌（*Lactobacillus pentosus*）　新命名为：戊糖乳植物杆菌（*Lactiplantibacillus pentosus*）。同植物乳杆菌相似，耐酸、耐盐，常在泡菜发酵中后期出现，产生大量乳酸，促进蔬菜的乳酸发酵，是泡菜发酵过程中的主要微生物。

（3）短乳杆菌（*Lactobacillus brevis*）　新命名为：短促生乳杆菌（*Levilactobacillus brevis*）。菌体短，呈直杆状，具有圆形末端，以单个或短链的形式存在，无芽孢，兼性厌氧，革兰染色阳性。生长温度范围为 15～40℃，最适生长温度为 27～30℃，专性异型乳酸发酵菌，能够发酵戊糖，使产品具有独特的风味。

（4）发酵乳杆菌（*Lactobacillus fermentum*）　新命名为：发酵黏液乳杆菌（*Limosilactobacillus fermentum*）。呈杆状，长宽不定，通常为短杆菌，有成对或成链排列，无芽孢，革兰染色阳性。生长温度范围为 30～40℃，最适生长温度为 35～38℃，15℃条件下不生长。发酵葡萄糖产生乳酸、醋酸、乙醇和二氧化碳，属异型乳酸发酵，对产品风味形成有一定的影响。

（5）唾液乳杆菌（*Lactobacillus salivarius*）　新命名为：唾液联合乳杆菌（*Ligilactobacillus salivarius*）。菌体呈短杆状，两端呈圆形，一般情况下单独出现，成对，短链状，革兰染色阳性，不产生孢子，接触酶、氧化酶阴性，不具有运动性。在好氧及厌氧环境均能生长，属于兼性异质为酸性菌株，葡萄糖代谢时不产生气体。生长适宜温度为 30～43℃，最适生长温度为 37℃左右，最适 pH 为 5.0～5.5 或更低。该菌能刺激免疫细胞分泌抗过敏相关细胞激素，用于增进抗过敏能力。

（6）弯曲乳杆菌（*Lactobacillus curvatus*）　新命名为：弯曲广泛乳杆菌（*Latilactobacillus curvatus*）。一种弯曲、豆状杆菌，两端呈圆形，菌体大小为（0.7～0.9）μm×（1.0～12）μm，呈短链或是四个细胞组成封闭型的环形或马蹄形。菌落形态同植物乳杆菌，稍小，无芽孢，无鞭毛。同型发酵，发酵葡萄糖产生乳酸，不产气。在 15℃生长，在 45℃不生长；最适温度范围为 30～37℃，常常可从牛粪、牛乳、青贮饲料和乳品仓库的空气中分离得到。

（7）玉米乳杆菌（*Lactobacillus zeae*）　细胞呈杆状，以单个或成对排列，菌体大小为（0.7～2.9）μm×（0.4～0.7）μm；革兰染色阳性，不运动，无芽孢，有机化能型，兼性厌氧；不水解酪素和明胶，不还原硝酸盐，不产吲哚和硫化氢；接触酶阴性，无细胞色素；营养要求复杂，需要氨基酸、肽、盐类、脂肪酸或脂肪酸脂类和可发酵的碳水化合物；最适温度为 30～37℃，最适 pH 为 5.5～6.2。常出现在泡菜、果蔬制品、饲料等中，发酵葡萄糖主要产乳酸。

（8）干酪乳杆菌（*Lactobacillus casei*）　新命名为：干酪乳酪杆菌（*Lacticaseibacillus casei*）。一般呈现出短杆状或长杆状的多形性杆菌，菌两端平齐呈方形，多以短链或长链方式排列，菌体长短不一，不产生芽孢，无鞭毛，不运动，一般宽度均小于 1.5μm，最适生长温度为 37℃，存在于人的口腔和肠道中，也常出现在牛乳和干酪、乳制品、饲料、面团中。干酪乳杆菌作为益生菌的一种，与嗜酸乳杆菌（*Lactobacillus acidophilus*）和双歧杆菌一起被称为“健康三益菌”。能够耐受有机体的防御机制，其中包括口腔中的酶、胃液中低 pH 和小肠的胆汁酸等。干酪乳杆菌进入人体后可以在肠道内大量存活，具有调节肠内菌群平衡、促进人体消化吸收等作用。商业上常用作牛乳、酸乳、豆乳、奶油和干酪等乳制品的发酵剂及辅助发酵剂。

（9）嗜酸乳杆菌（*Lactobacillus acidophilus*） 属于乳杆菌属，革兰染色阳性杆菌，杆的末端呈圆形，菌体大小为（0.5~0.9）μm×（1.5~6）μm，以单个、成双和短链出现，不运动、无鞭毛，最适生长温度为 35~38℃，最适生长 pH 为 5.5~6.0。其存在于人类、动物的肠胃道和口腔中，嗜酸乳杆菌在小肠中，释放乳酸、乙酸和一些对有害菌起作用的抗生素，但是抑菌作用比较弱。其与大部分的乳酸菌一样能够将乳糖转变为乳酸。其相关的菌种还能产生乙醇、二氧化碳、乙酸。嗜酸乳杆菌在商业上用于多种乳制品中，有时还会与嗜热链球菌（*Streptococcus thermophilus*）和德氏乳杆菌保加利亚亚种（*Lactobacillus delbrueckii* subsp. *bulgaricus*）搭配用于制作嗜酸型的酸乳饮品。

2. 魏斯菌属

魏斯菌属（*Weissella*）是革兰染色阳性菌，呈不规则的短杆状，两端呈圆形或稍细小，成对或短链排列。在 MRS 琼脂培养基上，魏斯菌形态为透明的小菌落，呈微隆起圆状轮廓。魏斯菌是选择性厌氧菌，在微需氧培养条件下生长迅速。除融合魏斯菌的某些菌株外，大部分魏斯菌的适宜生长温度范围为 15~45℃。魏斯菌无芽孢、不产生氧化酶和过氧化氢酶，但类肠膜魏斯菌在低葡萄糖含量下能产生过氧化氢酶。在有氧条件下，魏斯菌能够贮存过氧化氢，但无法减少硝酸盐和水解明胶。魏斯菌异型发酵葡萄糖能产生乳酸的两种旋光异构体，生成乳酸的旋光性因种而异。除了乳酸外，魏斯菌发酵葡萄糖还能产生二氧化碳、乙醇或乙酸。

3. 明串珠菌属

明串珠菌属（*Leuconostoc*）一般呈圆形或卵圆形，菌体排列成对或短链状，细胞大小为（0.5~0.7）μm×（0.7~1.2）μm。明串珠菌属为异型乳酸发酵菌，利用葡萄糖产生二氧化碳、乙酸和乳酸，所以又被称为风味菌、香气菌或产香菌，可以进行柠檬酸代谢。明串珠菌属在乳品工业中常作为起始发酵剂。

肠膜明串珠菌（*Leuconostoc mesenteroides*）：呈圆形或椭圆形，成对或链状排列，通常是短链，无芽孢，兼性厌氧，革兰染色阳性。生长温度范围为 28~40℃，最适生长温度为 29~35℃，发酵蔗糖产生特征性荚膜。肠膜明串珠菌是明串珠菌属的代表菌种，发酵产生的乙酸和乳酸等与其他代谢产物结合，对泡菜产品风味的形成起重要作用，但耐酸、耐盐性较差（耐 0.5%~2%食盐），后期生长迟缓。能把多余的糖转化成甘露醇和低聚糖，甘露醇和低聚糖一般只能被乳酸菌利用，而不能被其他微生物利用，也不具有与氨基酸结合的羰基，因此不会引起泡菜等食品的褐变。

在泡菜及肉制品上有时用到柠檬明串珠菌，其是一种能够利用甘露醇脱氢酶将果糖转化为甘露醇的乳酸菌，是一种典型的风味菌；在乳制品上有时用到肠膜明串珠菌（图 4-3）及其乳脂亚种（*Leuc. cremoris*）、葡聚糖亚种（*Leuc. dextranicun*）、蚀橙明串珠菌（*Leuc. citrovorum*）、乳酸明串珠菌（*Leuc. lactis*）和酒明串珠菌（*Leuc. oenos*）等。

图 4-3　肠膜明串珠菌电镜图

4. 肠球菌属

肠球菌属（*Enterococcus*）为细胞球形或卵圆形，细胞大小为（0.6~2.0）μm×（0.6~2.5）μm，成对或短链。不生芽孢，革兰染色阳性，兼性厌氧。发酵碳水化合物主要产乳酸但不产气，最适 pH 4.2~4.6，在 pH 9.6、6.5%食盐浓度能生长。根据不同类型肠球菌的特性，可分为发酵或益生、腐败或致病性的微生物。肠球菌广泛存在于人和动物的消化系统中，它们可以生存在高温高盐等恶劣环境中和不同生长基质上，甚至能够在巴氏杀菌乳中存活。有研究表明，肠球菌的一个重要的贡献是参与干酪的发酵、成熟及口感改善。牛乳和乳制品中最常见的肠球菌属是粪肠球菌（*Enterococcus faecalis*）和屎肠球菌（*Enterococcus faecium*），偶尔还能够检测到耐久肠球菌（*Streptococcus durans*）、意大利肠球菌（*Enterococcus italicus*）和蒙氏肠球菌（*Enterococcus mundtii*）。肠球菌还能够水解蛋白质和脂肪，蒙氏肠球菌的基因组测序结果证明其细胞内有与乳制品发酵相关的基因，包括参与乳糖和低聚半乳糖利用的基因，因此其可以帮助发酵，并有助于风味化合物的形成。此外，科学家还在其中发现了抗生素基因；还有研究表明，食源性粪肠球菌缺乏某些正常株中含有的基因，这些特点促进了传染病学研究的发展。

粪肠球菌：革兰染色阳性，过氧化氢阴性球菌，是人和动物肠道内主要菌群之一，其能产生天然抗生素，有利于机体健康；同时还能产生细菌素等抑菌物质，抑制大肠杆菌（*Escherichia coli*）和沙门菌属（*Salmonella*）等病原菌的生长，改善肠道微环境；还能抑制肠道内产尿素酶细菌和腐败菌的繁殖，减少肠道尿素酶和内毒素的含量，使血液中氨和内毒素的含量下降；但有的粪肠球菌也是医学上重要的感染病菌。另外，肠球菌为消化道内正常存在的一类微生物，在肠黏膜具有较强的耐受和定殖能力，并且是一种兼性厌氧的乳酸菌，与厌氧、培养保存条件苛刻的双歧杆菌相比，更适合于生产和应用。

5. 片球菌属

片球菌属（*Pediococcus*）细胞呈球形但不延长，直径1.2~2.0μm，革兰染色阳性，不运动，不产芽孢，属于兼性厌氧型，常出现于蔬菜和食品中。常见的有小片球菌（*Pediococcus parvulus*）、乳酸片球菌（*Pediococcus acidilactic*）、戊糖片球菌（*Pediococcus pentosaceus*）和嗜盐片球菌（*Pediococcus halophilus*）等，在乳制品生产中常用到乳酸片球菌和戊糖片球菌。

（1）乳酸片球菌　呈圆形或椭圆形，呈成对或四链式排列，革兰染色阳性，无芽孢，兼性厌氧。生长温度范围为10~40℃，最适生长温度为32~39℃，耐盐耐酸性较好（耐食盐6%~10%），属同型发酵乳酸菌。

（2）戊糖片球菌　呈圆球形，通常成对生，不成链排列，革兰染色阳性，无芽孢，兼性厌氧。生长温度范围在25~40℃，最适生长温度为31~38℃，属同型发酵乳酸菌，耐酸耐盐性好（耐酸1.0%~2.0%）。

（二）代谢途径

在乳酸发酵过程中，发酵产物只有乳酸的称为同型发酵（Homolactic Fermentation）；发酵产物除乳酸外，还有乙醇、乙酸及二氧化碳等其他产物的，称为异型乳酸发酵（Heterolactic Fermentation）。

1. 同型乳酸发酵

引起同型发酵的乳酸菌称为同型发酵乳酸菌，主要为链球菌属、乳杆菌属、片球菌属等。同型发酵的主要基质是已糖，主要通过糖酵解（EMP）途径产生乳酸，这是最重要的糖代谢途径，在乳酸菌中存在于同型乳酸发酵菌和部分兼性异型乳酸发酵菌中。在该代谢途径中，葡萄糖为起始底物，经磷酸化后形成二磷酸果糖，再经醛缩酶分解成磷酸二羟丙酮和3-磷酸甘油醛，这两种中间代谢产物经多步反应后形成丙酮酸，丙酮酸在乳酸脱氢酶的催化下，被NADH和H^+还原为乳酸。在同型乳酸发酵中，1个葡萄糖分子经EMP途径降解为2个丙酮酸分子，后者再直接作为氢受体被还原成2个乳酸分子，并生成2个ATP（图4-4）。

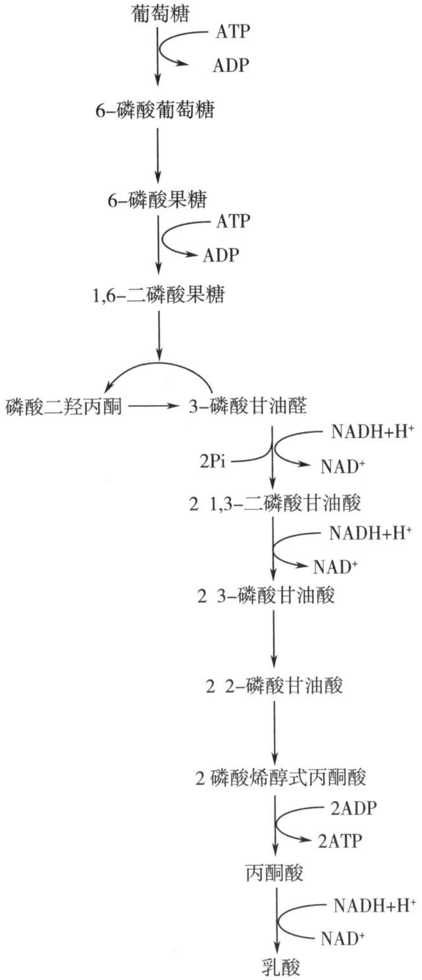

图 4-4　乳酸菌同型发酵原理（EMP 途径）

同型发酵总反应式为：

$$C_6H_{12}O_6+2ADP+2Pi \rightarrow 2CH_3CHOHCOOH+2ATP$$

2. 异型乳酸发酵

异型乳酸发酵除生成乳酸外还生成二氧化氮、乙醇、乙酸、甘露醇等。其生物合成途径有两种：戊糖磷酸（HMP）途径和双歧杆菌（HK）途径（图 4-5）。前者的代表菌株有肠膜明串珠菌、短乳杆菌、魏斯菌等，后者代表菌株为双歧杆菌。部分乳酸菌缺乏某些在 EMP 途径中重要的酶，如醛缩酶和异构酶，故其依赖 HMP 途径分解代谢葡萄糖。在这个途径中，葡萄糖经转化成 6-磷酸葡萄糖酸后，在 6-磷酸葡萄糖酸脱氢酶的催化下，裂解成 5-磷酸戊糖和二氧化碳。磷酸戊糖进一步代谢有两种结局：①磷酸戊糖经转酮-转醛酶系催化，又生成磷酸己糖和磷酸丙糖（3-磷酸甘油醛），磷酸丙糖借 EMP 途径的一些酶，进一步转化为丙酮酸，称为不完全 HMP 途径；②由 6 个葡萄糖分子参加反应，经一系列反应，最后回收 5 个葡萄糖分子，消耗了 1 分子葡萄糖（彻底氧化成二氧化碳和水），称完全 HMP 途径。理论上，1 分子葡萄糖经该途径发酵后，产生 1 分子乳酸、1 分子乙醇、1 分子二氧化碳。在双歧杆菌中，则存在特殊的异型乳酸发酵双歧杆菌途径。反应在厌氧条件下进行，反应过程中不发生脱氢反应，1 分子葡萄糖经双歧反应途径最终转化为 1 分子乳酸和 1. 5 分子乙酸，乳酸对糖的理论转化率为 50%；途径中有两个磷酸酮解酶参与，即 6-磷酸果糖酮解酶和 5-磷酸木酮糖磷酸酮解酶。

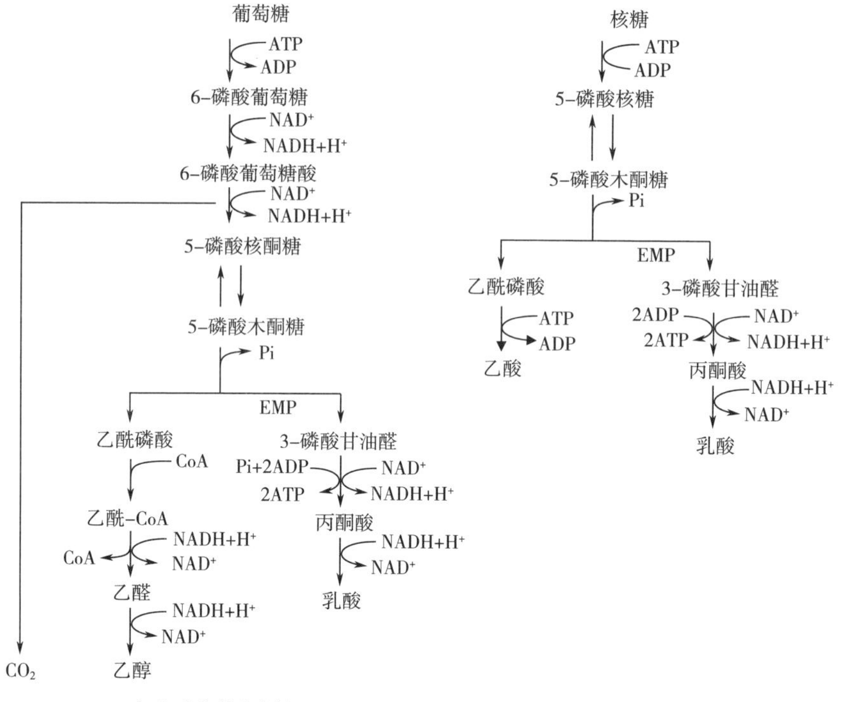

图 4-5　乳酸菌异型发酵原理

戊糖磷酸途径总反应式为：

$$C_6H_{12}O_6+ADP+Pi \rightarrow CH_3CHOHCOOH+CH_3CH_2OH+CO_2+ATP$$

双歧杆菌途径的总反应式为：

$$2C_6H_{12}O_6+5ADP+5Pi \rightarrow 2CH_3CHOHCOOH+3CH_3CH_2OH+5ATP$$

二、酵母菌

酵母菌（Yeast）是一种兼性厌氧、能发酵糖类产能的单细胞真菌。酵母菌是个通俗名称，是以芽殖或裂殖来进行无性繁殖的单细胞真菌的通称，以与霉菌区分开。酵母菌的细胞直径约为细菌的 10 倍，其大小一般为（1~5）μm×（5~30）μm。细胞形态通常有球状、卵圆状、椭圆状、柱状和香肠状等。酵母菌的菌落和细菌的菌落相似，一般较湿润、光滑、透明、黏稠、易挑取。酵母菌透明度不如细菌，酵母菌菌落颜色较单调，通常为乳白色或矿烛色，少数为粉红色或黑色，菌落隆起，边缘圆整。多数酵母菌菌落存在酒精发酵，散发出较微弱的酒香味。酵母菌生长繁殖有芽殖、裂殖和孢子繁殖三种方式，最适宜温度为 25~28℃。

酵母菌在泡菜发酵中起着重要作用，其能消耗可发酵糖，主要生成乙醇、少量甘油和一些特殊风味的醇类物质，代谢物可抑制有害菌的生长，有利于泡菜后熟阶段发生酯化反应和芳香物质的形成。酵母菌产生的乙醇也为醋酸菌进行醋酸发酵提供物质基础。酿酒酵母（*Saccharomyces cerevisiae*）、粗状假丝酵母（*Candida valida*）、近平滑假丝酵母（*Candida parapsilosis*）、汉逊酵母属（*Hansenula*）、粘红酵母（*Rhodotorula glutinis*）、异型酒香酵母（*Brettanomyces anomalus*）等被证实对泡菜发酵风味品质有益。但是，如果酵母菌的酒精发酵不加以控制，会对泡菜有一定的不良影响，如酒精量过量增加，酒味过浓，反而影响泡菜的正常风味。酵母中的产醭酵母会在浸液表面生长、产膜，也就是“生花”。“生花”是泡菜发酵过程中常见的一种现象，表现为在泡菜水表面形成一层白膜，轻者可将其除去，若风味正常则不影响食用；严重者有馊臭味，导致泡菜软烂变质，则不能食用。泡菜“生花”不仅在家庭制作泡菜的过程中发生，也常在工厂化生产时出现，对产品的品质造成影响，带来经济损失。另外，酵母生长过程中会消耗掉蔬菜发酵过程中产生的一些酸类物质，如乳酸等，使环境的 pH 升高，为一些腐败细菌［如丙酸杆菌属（*Propionibacterium*）和梭菌属（*Clostridium*）］的生长提供了良好的环境条件。已有研究表明，毕赤酵母属是导致泡菜“生花”的主要微生物之一，其分解糖的能力弱，不产生酒精，能氧化酒精，能耐高或较高体积分数酒精，也常使酒类和酱油产生“白花”，形成浮膜，为酿造工业中的有害菌。泡菜中常见的毕赤酵母有克鲁维毕赤酵母（*Pichia kluyveri*）和膜醭毕赤酵母（*Pichia membranifaciens*），能使泡菜水浑浊并降低泡菜脆度。

（一）分类

泡菜发酵中常见的酵母菌有假丝酵母属（*Candida*）、毕赤酵母属、米勒酵母属（*Millerozyma*）、伊萨酵母属（*Issatchenkia*）、酵母属（*Saccharomyces*）、德巴利酵母属（*Debaryomyces*）、哈萨克斯坦酵母属（*Kazachstania*）等。另外，汉逊酵母属（*Hansenula*）、小红酵母（*Rhodotorula minuta*）、隐球菌属（*Cryptococcus*）、球拟酵母属（*Torulopsis*）、红酵母属（*Rhodotorula*）、威克汉姆酵母属

(*Wickerhamomyces*)、接合酵母属（*Zygosaccharomyces*）等也在泡菜中时有报道。泡菜中常见酵母如表 4-2 所示。

表 4-2　　泡菜中常见酵母

属	拉丁文学名	中文名称
假丝酵母属(*Candida*)	*Candida sake*	清酒假丝酵母
	Candida rugosa	皱褶假丝酵母
	Candida parapsilosis	近平滑假丝酵母
	Candida etchellsii	埃切假丝酵母
	Candida apicola	蜂生假丝酵母
	Candida valida	粗壮假丝酵母
毕赤酵母属(*Pichia*)	*Pichia occidentalis*	西方毕赤酵母
	Pichia membranifaciens	膜醭毕赤酵母
	Pichia manshurica	曼舒里卡毕赤酵母
	Pichia kudriavzevii	库德里阿兹威毕赤酵母
	Pichia deserticola	沙漠毕赤酵母
	Pichia galeriformis	盔状毕赤酵母
米勒酵母属(*Millerozyma*)	*Millerozyma farinosa*	粉状米勒酵母
伊萨酵母属(*Issatchenkia*)	*Issatchenkia orientalis*	东方伊萨酵母
德巴利酵母属(*Debaryomyces*)	*Debaryomyces hansenii*	汉逊德巴利酵母
酵母属(*Saccharomyces*)	*Saccharomyces cerevisiae*	酿酒酵母
柯达酵母属(*Kodamaea*)	*Kodamaea ohmeri*	奥默科达酵母
红酵母属(*Rhodotorula*)	*Rhodotorula mucilaginosa*	胶红酵母
哈萨克斯坦酵母属(*Kazachstania*)	*Kazachstania exigua*	单孢酿酒酵母
	Kazachstania bulderi	—
汉逊酵母属(*Hansenula*)	*Hansenula anomala*	异常汉逊酵母

续表

属	拉丁文学名	中文名称
威克汉姆酵母属（*Wickerhamomyces*）	*Wickerhamomyces anomalus*	异常威克汉姆酵母
接合酵母属（*Zygosaccharomyces*）	*Zygosaccharomyces rouxii*	鲁氏接合酵母

1. 假丝酵母属

假丝酵母属细胞呈球形、椭圆形、圆筒形、长条形，有时为不规则形，不产生子囊孢子。通过发芽而繁殖，可形成假丝菌，少数形成厚膜孢子及真菌丝。假丝酵母菌对热的抵抗力不强，加热至60℃，1h后即可死亡，但对干燥、日光、紫外线及化学制剂等抵抗力较强。假丝酵母菌种类很多，在泡菜中出现的有热带假丝酵母（*Candida tropicalis*）和粗状假丝酵母等。

2. 酵母属

酵母属是发酵中最常见的酵母种类，细胞为球形或者卵形，直径5~10μm。其繁殖方式为多级出芽繁殖，有时形成假菌丝，发酵糖（葡萄糖、蔗糖等）产生酒精和二氧化碳。单孢酿酒酵母除用于酿造啤酒、酒精及其他的饮料酒外，还可发酵面包。酿酒酵母菌体维生素、蛋白质含量高，可作食用、药用和饲料用，还可以从其中提取核酸、谷胱甘肽、凝血质、辅酶A和三磷酸腺苷等。泡菜中常出现酿酒酵母。

3. 毕赤酵母属

毕赤酵母属细胞呈不同形状，多边芽殖，多数种形成假菌丝，利用甲醇作为唯一碳源和能源。在泡菜发酵过程中，常出现膜醭毕赤酵母，其能在泡菜液面产生干皱的膜醭，影响泡菜质量，是一种有害菌。此外，泡菜中发现有曼舒里卡毕赤酵母等。

4. 汉逊酵母属

汉逊酵母属酵母形态多样，有圆形、椭圆形、卵圆形、腊肠形等，有时细胞连接成假菌丝，芽殖或裂殖。它们能在有氧条件下迅速生长繁殖形成大量的菌醭，赋予“菌醭”味，同时还造成发酵液浑浊，不仅分解组织内有机物质，同时发酵生成的乳酸和其他酯类等代谢物质，致使产品酸度下降和腐败变质，影响产品品质风味。

5. 德巴利酵母属

德巴利酵母属细胞呈卵形、椭圆形，芽殖；发酵葡萄糖，脲酶阴性，不形成淀粉类似物，DBB反应阴性。汉逊德巴利酵母是泡菜中常见的酵母，对泡菜后熟阶段的香气形成具有重要作用。

6. 球拟酵母属

球拟酵母属酵母细胞球形、卵圆形、椭圆形，多级出芽繁殖，可发酵糖（葡萄糖、蔗糖等），具有耐受高浓度的糖和盐的特性，如杆状球拟酵母等。

7. 接合酵母属

鲁氏接合酵母能在高浓度糖和盐的溶液中生长繁殖，形成灰白色粉状的皮膜，随着时间延长，皮膜增厚变成黄褐色，对泡菜产品来说是引起败坏的有害酵母。

（二）代谢途径

蔬菜在泡渍发酵过程中，酵母利用蔬菜中的糖分作为基质，把葡萄糖转化为丙酮酸，丙酮酸由脱羧酶催化生成乙醛和二氧化碳，乙醛在乙醇脱氢酶的作用下生成乙醇，这一系列过程称为酒精发酵（图 4-6）。进行酒精发酵的微生物除酵母菌外，还有少量其他微生物的参与。

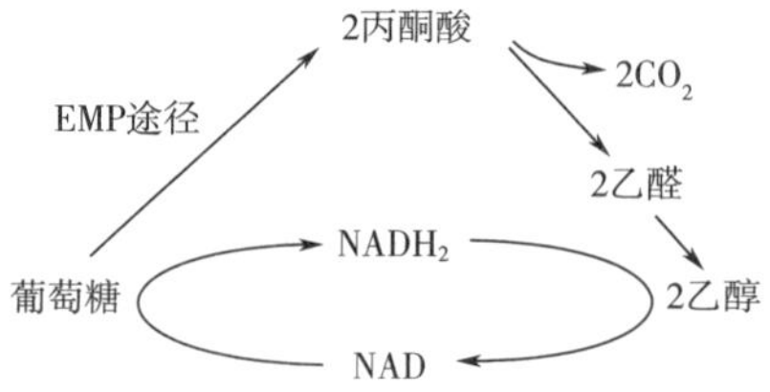

图 4-6　酵母菌酒精发酵原理

产物总反应式：

$$C_6H_{12}O_6+2ADP+2Pi \rightarrow 2CH_3CH_2OH+2CO_2+2ATP$$

三、醋酸菌

醋酸菌即醋酸杆菌（*Acetobacter*），属于醋酸单胞菌属，多为杆状（长杆或短杆），有的呈丝状、棒状、弯曲，有的呈椭圆形；革兰染色阴性；单生、成对或成链状排列，不形成孢子；细胞大小为（0.5~0.8）μm×（0.9~4.2）μm；需氧，能运动或不运动。醋酸菌生长最适温度为 28~30℃，最适 pH 为 3.5~6.5，醋酸菌对酸性环境有较高的耐受力，大多数菌株能在 pH 为 5 的条件下生长。醋酸菌是专性好氧菌，有的醋酸菌不会运动，也有具极生或周生鞭毛的运动型。

越来越多的研究表明，醋酸菌广泛存在于泡菜发酵中，其在供氧充足的条件下，迅速生长繁殖，将泡渍发酵液中的酒精氧化为醋酸和少量的其他有机酸、乙酸乙酯等，适量的醋酸和乙酸乙酯等是形成泡菜风味的重要物质。泡菜泡渍发酵中，适宜的醋酸发酵不仅无害，而且对风味形成有益，但与乳酸发酵、酒精发酵一样，过量则会带来不良的影响，例如产酸高的醋酸菌，发酵液中的醋酸含量可达5%~10%，不仅严重影响风味（刺激性酸味），而且无法食用。正常情况下，醋酸含量达0.19%~0.40%时，可增进泡菜风味，醋酸含量高于0.40%时可能影响泡菜风味。

虽然泡菜中的醋酸菌已有一些研究，但针对醋酸菌在发酵过程的数量变化和菌落结构研究的报道很少。泡菜发酵初始过程中，微生物数量体现出乳酸菌>醋酸菌>酵母菌>霉菌。熊涛等通过平板计数法研究了传统发酵泡菜优势微生物及其代谢特性，研究表明，醋酸菌在泡菜发酵的初期生长比较明显。张宗舟等以泡菜水为样本对泡菜生产的微生物区系进行了分析，研究指出，醋酸菌为泡菜发酵过程中的优势菌种之一，在泡菜发酵第7天的时候，其菌群数量为13.1×10^4~14.0×10^4CFU/mL。另外，有研究表明在蔬菜腌制过程中的醋酸菌多为杆菌，如纹膜醋酸杆菌（*Acetobacter aceti*）、黑醋酸菌（*Acetobacter nigricans*）和红醋酸菌（*Acetobacter rubrum*）等。由于是专性好氧菌，醋酸菌一般仅存在于发酵前期，在泡制过程中要及时封缸、封坛，形成缺氧环境，防止醋酸菌的过度发酵，保证泡菜产品的正常风味。

（一）分类

张宗舟等报道泡菜中的醋酸菌主要有膜醋酸杆菌、红醋酸菌和黑醋酸菌，Kim等从泡菜中筛选出了巴氏醋酸杆菌（*Acetobacter pasteurianus*），作者科研团队报道泡菜中常见的醋酸菌一般包括纹膜醋酸杆菌、奥尔兰醋酸杆菌（*Acetobacter orleanwnse*）、许氏醋杆菌（*Acetobacter schuenbachii*）、醋酸杆菌AS1.41（*Acetobacter rancens* var. turbidans）（AS.1.41）和醋酸杆菌沪酿1.01（*Acetobacter pasteurianus*）（Huniang 1.01）、巴氏醋酸杆菌等。

1. 纹膜醋酸杆菌

纹膜醋酸杆菌能产生葡萄糖酸，产醋酸最高可达8.75%，生长温度范围4~42℃，最适生长温度30℃，能耐受14%~15%的酒精，可在培养液表面形成乳白色、皱纹状的黏性菌膜，摇动时培养液变浑浊。

2. 奥尔兰醋酸杆菌

奥尔兰醋酸杆菌是法国奥尔兰地区用葡萄酒生产食醋的菌种，能产生葡萄糖酸，产酸能力较弱，产醋酸量最高达2.9%，耐酸能力强，能产生少量的酯。生长温度范围7~39℃，最适生长温度30℃。

3. 许氏醋杆菌

许氏醋杆菌是法国著名的速酿食醋菌种，也是目前酿醋工业重要的菌种之一，产酸能力强，最高产醋酸量达11.5%。对醋酸没有进一步的氧化作用，耐酸能力较弱。最适生长温度25~27.5℃，最高生长温度37℃。

4. 醋酸杆菌AS 1.41

醋酸杆菌AS 1.41属于恶臭醋酸杆菌（*Acetobacter rancens*）的浑浊变种，是我国酿醋工业常用菌种之一，细胞呈杆状，常成链排列，液体培养时则形成菌膜，产醋酸量6%~8%，产葡萄糖酸能力弱，可将醋酸进一步氧化为二氧化碳和水。最适生长温度28~30℃，最适生长pH3.5~6.5，耐酒精浓度8%。

5. 醋酸杆菌沪酿1.01

醋酸杆菌沪酿1.01属于巴氏醋酸杆菌的巴氏亚种，也是目前我国酿醋工业常用菌种之一。细胞呈杆状，常成链排列，液体培养时液面形成淡青色薄层菌膜，氧化乙醇生成醋酸的转化率达93%~95%。

6. 巴氏醋酸杆菌

巴氏醋酸杆菌大小为0.8μm×（1.2~1.4）μm，革兰染色阴性杆菌，细胞椭圆形或短杆状。绝对好气性的杆菌。形成孢子，鞭毛着生，无运动性。在pH 3.5也能很好地生长，具有形成薄皱菌膜性能。产醋力在6%左右，并伴有乙酸乙酯生成，增进醋的芳香，缩短陈酿期，但它能进一步氧化醋酸。

（二）代谢途径

醋酸菌如果在糖源充足的情况下，可以直接将葡萄糖变成醋酸；好氧型的醋酸菌进行的是好氧型的醋酸发酵，在有氧条件下，能将乙醇直接氧化为醋酸，是醋酸细菌的好氧呼吸，其氧化过程是一个脱氢加水的过程：

$$CH_3CH_2OH \rightarrow CH_3CHO \rightarrow CH_3CH(OH)_2 \rightarrow CH_3COOH$$

脱下的氢最后经呼吸链和氧结合形成水，并放出能量：

$$4H+O_2 \rightarrow 2H_2O+4.9\times10^5J$$

总反应式为：

$$CH_3CH_2OH+O_2 \rightarrow CH_3COOH+H_2O+4.9\times10^5J$$

厌氧型的醋酸细菌进行的是厌氧型的醋酸发酵，其中热醋酸梭菌能通过EMP途径分解葡萄糖，产生3分子醋酸。研究证明该菌只有在丙酮酸脱羧酶和CoM（辅酶）作用下，才能利用CO_2生成乙酸，发酵途径如图4-7所示。

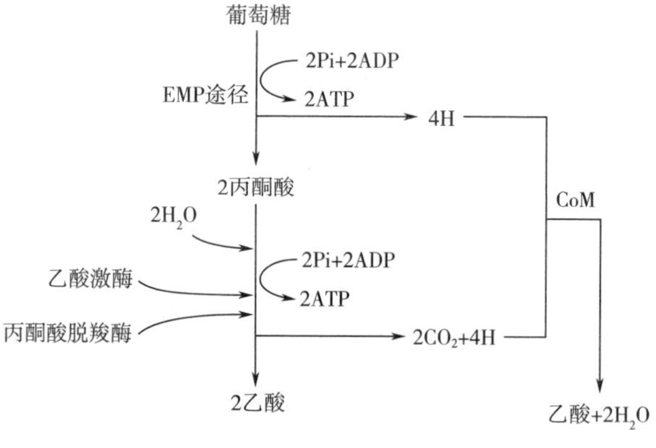

图4-7　醋酸菌厌氧发酵原理

产物总反应式为：

$$C_6H_{12}O_6+4ADP+4Pi \rightarrow 3CH_3COOH+4ATP$$

四、其他微生物

（一）霉菌

霉菌即丝状真菌，其基本单位为菌丝，呈长管状，宽度2~10μm，可不断自前端生长并分枝；无隔或有隔，具1至多个细胞核。细胞壁分为三层，外层无定形的β-葡聚糖（87nm）；中层是糖蛋白，蛋白质网中间填充葡聚糖（49nm）；内层是几丁质微纤维，夹杂无定形蛋白质（20nm）。在固体基质上生长时，部分菌丝深入基质吸收养料，称为基质菌丝或营养菌丝；向空中伸展的称为气生菌丝，可进一步发育为繁殖菌丝，产生孢子。大量菌丝交织成绒毛状、絮状或网状等，称为菌丝体。菌丝体常呈白色、褐色、灰色，或呈鲜艳的颜色（菌落为白色毛状的是毛霉，绿色的为青霉，黄色的为黄曲霉），有的可产生色素使基质着色。霉菌繁殖迅速，常造成食品、用具等霉腐变质，但许多有益种类已被广泛应用，是人类实践活动中最早认识和利用的一类微生物。

霉菌在蔬菜腌制过程中为有害菌，会导致蔬菜组织软化，口感变差，引起严重腐败，霉菌的大量繁殖也会影响蔬菜的外观。在蔬菜腌制过程中常见的霉菌主要有青霉属（*Penicillium*）、交链孢霉属（*Alternaria*）、镰孢霉属（*Fusarium*）等。杨珺等采用常规微生物培养方法，对四川榨菜后熟阶段微生物区进行研究，分离得到青霉属和曲霉属（*Aspergillus*），此外白地霉（*Geotrichum candidum*）也在泡菜中常有报道。在泡菜生产过程中由于原料自身携带或者操作不当等因素使得泡菜很容易受到霉菌的污染。目前对泡菜中霉菌研究相对较少，与其在泡菜环境中数量较少或者其在泡菜发酵中的作用有限有关。霉菌在发酵初期24h内快速生长，菌数达到10^2CFU/mL水平，此后由于发酵液pH的迅速下降和有机酸的积累，菌落数不断下降，于60h后消亡。

1. 分类

真菌的分类系统较多，比如Ainsworth分类系统（1973）、《真菌字典》（Dictionary of the Fungi）第八版（1995）等。依据美国国家生物技术信息中心（NCBI）最新生物系统，霉菌主要归属于芽枝霉门（*Blastocladiomycota*）、子囊菌门（*Ascomycota*）、球囊菌门（*Glomeromycota*）、毛霉亚门（*Mucoromycotina*）、水霉目（*Saprolegniales*）。食品中常见的霉菌代表有毛霉属（*Mucor*）、曲霉属、青霉属、镰孢霉属、根霉属（*Rhizopus*）和地霉属（*Geotrichum*）等。

（1）毛霉属　菌丝发达，分枝成蛛网状，白色，无假根。孢子囊黑色，在孢囊梗顶端形成。广泛分布于土壤、堆肥及水果、蔬菜和各种淀粉性食物上，常引起霉腐变质。大都能产生淀粉酶、蛋白酶，在酒曲中为糖化菌，使淀粉糖化，也是制作腐乳、豆豉等食品的主要菌种。如高大毛霉（*Mucor mucedo*）、总状毛霉（*Mucor racemosus*）、鲁氏毛霉（*Mucor roxianus*）等。

（2）曲霉属　发酵工业和食品加工业的重要菌种，已被利用的近60种。2000多年前，我国就用它来制酱，它也是酿酒、制醋曲的主要菌种。现代工业利用曲霉生产各种酶制剂（淀粉酶、蛋白酶、果胶酶等）、有机酸（柠檬酸、葡萄糖酸、五倍子酸等），农业上用作糖化饲料菌种。如米曲霉（*Aspergillus oryzae*）、黄曲霉（*Aspergillus flavus*）、酱油曲霉（*Aspergillus sojae*）等。曲霉广泛分布在谷物、空气、土壤和各种有机物质上。生长在花生和大米上的曲霉，有的能产生对人体有害的真菌毒素，如黄曲霉毒素 B_1 能诱发癌症，有的则引起水果、蔬菜、粮食霉腐。泡菜中发现较少，目前只在盐渍青菜中发现了黑曲霉。

（3）青霉属　多细胞，营养菌丝体无色、淡色或具鲜明颜色。菌丝有横隔，分生孢子梗也有横隔，光滑或粗糙。基部无足细胞，顶端不形成膨大的顶囊，其分生孢子梗经过多次分枝，产生几轮对称或不对称的小梗，形如扫帚，称为帚状体。分生孢子呈球形、椭圆形或短柱形，光滑或粗糙，大部分生长时呈蓝绿色。有少数菌种产生闭囊壳，内形成子囊和子囊孢子，也有少数菌种产生菌核。代表种是灰绿青霉（*Penicillium glaucum*）、特异青霉（*Penicillium notatum*）。青霉的孢子耐热性较强，菌体繁殖温度较低，饮料中常用的酸味剂（如酒石酸、苹果酸、柠檬酸）又是它喜爱的碳源，因而常常引起这些制品的霉变。

（4）镰孢霉属　一类世界性分布的真菌，它不仅可以在土壤中越冬越夏，还可侵染多种植物（粮食作物、经济作物、药用植物及观赏植物），引起植物的根腐、茎腐、茎基腐、花腐和穗腐等多种病害，寄主植物达100余种，侵染寄主植物维管束系统，破坏植物的输导组织维管束，并在生长发育代谢过程中产生毒素危害作物，造成作物萎蔫死亡，影响产量和品质，是生产上最难防治的重要病害之一。该菌产生的镰刀菌毒素（玉米赤霉烯酮、单端孢霉毒素、串珠镰刀菌素和伏马菌素等）是危险的食品污染物，对人畜健康危害十分严重。

（5）根霉属　原接合菌门，现为毛霉目、毛霉科真菌中的一个大属。菌丝无隔、多核、分枝状，有匍匐菌丝和假根，借此可在基物表面广泛蔓延，不产生定形菌落。在假根的上方长出一至数根孢囊梗，顶端长球形孢子囊。囊的基部有囊托，中间有球形或近球形囊轴。囊内产大量孢囊孢子，成熟后孢囊壁消解或破裂，释放球形或卵形等孢囊孢子。有时在匍匐菌丝上产生横隔，随即形成厚垣孢子。有性生殖时由不同性别的菌丝或匍匐菌丝上生出配子囊，配子囊双双异宗配合形成一接合孢子。广泛分布于酒曲、植物残体、腐败有机物、动物粪便和土壤中。有重要工业应用，如米根霉（*Rhizopus oryzae*）的淀粉酶可用于制曲、酿酒，华根霉（*Rhizopus chinensis*）、少根根霉（*Rhizopus arrhizus*）等可产乳酸，匐枝根霉（*Rhizopus stolonifer*）等还能转化固醇类化合物。也应用于固醇类激素、延胡索酸和酶制剂的生产。有些根霉会引起甘薯、瓜果或蔬菜霉烂。

（6）地霉属　形态特征介于酵母菌和霉菌之间，繁殖方式以裂殖为主，少数菌株间有芽生孢子。生长温度范围 5~38℃，最适生长温度为 25℃。生长 pH 范围在 3~11，最适 pH 为 5~7，具有广泛的生态适应性。代表菌株白地霉具有一定程度的表型可变性，同种内不同菌株呈现遗传多态性，菌落颜色从白色到奶油色，少数菌株为浅褐色或深褐色，质地从油脂到皮膜状。白地霉被报道为导致泡菜产膜腐败的真菌之一，同时也是乳制品中常见的腐败菌，在水果蔬菜中也有检出。

2. 代谢途径

目前有关霉菌的代谢研究相对较少，不同霉菌，代谢途径不同。以泡菜中出现的白地霉为例，张树政研究白地霉木糖代谢途径，如图 4-8 所示。

$$\text{D-木糖} + \text{TPNH} + \text{H}^+ \xrightleftharpoons{\text{木糖还原酶}} \text{木糖醇} + \text{TPN}^+$$

$$\text{木糖醇} + \text{DPN}^+ \xrightleftharpoons{\text{D-木酮糖激酶}} \text{D-木酮糖} + \text{DPNH} + \text{H}^+$$

$$\text{D-木酮醇} + \text{ATP} \xrightarrow{\text{木糖脱氢酶}} \text{5-磷酸D-木酮糖}$$

图 4-8　白地霉木糖代谢途径

（二）大肠菌群

大肠菌群并非细菌学分类命名，而是卫生细菌领域的用语，它不代表某一个或某一属细菌，而指的是具有某些特性的一组与粪便污染有关的细菌，这些细菌在生化及血清学方面并非完全一致，其定义为：需氧及兼性厌氧，在 37℃能分解乳糖产酸产气的革兰染色阴性无芽孢杆菌。一般认为该菌群细菌可包括大肠埃希杆菌（*Escherichia coli*）、柠檬酸杆菌（*Citrobacter*）、产气克雷伯菌（*Klebsiella aerogenes*）和阴沟肠杆菌（*Enterobacter cloacae*）等。

大肠菌群分布较广，在温血动物粪便和自然界中广泛存在。调查研究表明，大肠菌群细菌多存在于温血动物粪便、人类经常活动的场所以及有粪便污染的地方，人、畜粪便对外界环境的污染是大肠菌群在自然界存在的主要原因。粪便中多以典型大肠杆菌为主，而外界环境中则以大肠菌群其他型别较多。

大肠菌群中以埃希氏菌属为主，埃希氏菌属俗称典型大肠杆菌，直接或间接地来自人和温血动物的粪便。本群中典型大肠杆菌以外的菌属，除直接来自粪便外，也可能来自典型大肠杆菌排出体外7~30d后在环境中的变异。所以食品中检出大肠菌群表示食品受到人或温血动物的粪便污染，其中典型大肠杆菌为粪便近期污染，其他菌属则可能为粪便的陈旧污染。

大肠菌群是评价食品卫生质量的重要指标之一，是衡量食品卫生状况的重要微生物指标，如果大肠菌群严重超标，则可能引起肠道传染病或食物中毒。

（三）假单胞菌

假单胞菌为革兰染色阴性杆菌，是无核细菌，菌体呈杆状或略弯曲，有单端鞭毛或丛鞭毛，有荚膜，不形成芽孢，化能有机营养，严格好氧，在普通培养基上即可生长，从不发酵；部分株产生荧光色素或（和）红、蓝、黄、绿等水溶性色素；氧化酶和接触酶均为阳性（除少数菌株外）。蓝绿色或荧光色菌落，有生姜味。假单胞菌广泛分布于自然界，如土壤、水、食物和空气中，也是医学病原菌，与人类感染有关的主要有铜绿假单胞菌（*Pseudomonas aeruginosa*）、类鼻疽假单胞菌（*Pseudomonas pseudomallei*）、荧光假单胞菌（*Pseudomonas fluorescens*）等。铜绿假单胞菌是常见条件致病菌，与医院感染尤其相关；类鼻疽假单胞菌在东南亚及澳洲地区常引起人和动物的类鼻疽病；荧光假单胞菌污染血液或血制品，可导致败血症或休克。

（四）古细菌

20世纪70年代，卡尔·乌斯（Carl Woese）博士率先研究了原核生物的进化关系，考虑到产甲烷微生物的生活环境可能与生命诞生时地球上的自然环境相似，Woese将这类生物称为古细菌。据此，Woese于1977年提出，生物可分为三大类群，即真核生物、真细菌和古细菌，即生物的三域系统。作为一个类群，古细菌在生理学和形态学上都是多种多样的。它们可以是需氧的、兼性厌氧的或是严格厌氧的。营养上它们从化能无机自养到有机营养。一些是中温生物，另一些是能在100℃以上生长的超嗜热生物。古细菌形态学上也是多种多样的，一些古细菌可以通过二分裂、芽殖或其他的机制增殖。它们有的是单细胞，有的也可以形成菌丝体或团聚体。它们进行革兰染色，或是革兰染色阳性或是革兰染色阴性。它们的形状可以是球形、杆状、螺旋形、耳垂形、盘状、不规则形状或多形态的。它们直径范围为0.1~15μm，一些菌丝体能够生长到200μm长。有的古细菌具有原核生物的某些特征，如无核膜及内膜系统；也有真核生物的特征，如以甲硫氨酸起始蛋白质的合成，DNA具有内含子并结合组蛋白，RNA聚合酶和真核细胞的相似，核糖体对氯霉素不敏感；此外还具有既不同于原核细胞也不同于真核细胞的特征，如细胞膜中的脂类是不可皂化的；细胞壁不含肽聚糖，有的以蛋白质为主，有的含杂多糖，有的类似于肽聚糖，但都不含胞壁酸、D 型氨基酸和二氨基庚二酸。

第三节　典型泡菜优势微生物群系解析

一、典型泡菜微生物群系解析

（一）四川泡菜

我国泡菜以四川泡菜最为著名，四川适宜的气候条件以及丰富的蔬菜资源，使得四川泡菜品种繁多。2009—2015 年，作者科研团队以传统优质四川泡菜为研究对象，在传统微生物学方法的基础上，应用现代分子微生物技术，系统开展了四川不同地区泡菜微生物菌群结构及变化的研究，率先确定了明串珠菌属、乳杆菌属、乳球菌属等 3 个属 17 个种的乳酸菌为四川泡菜主要优势菌群。之后应用多重 PCR、高通量测序、API 等方法，进一步确定了四川泡菜中有明串珠菌属、乳杆菌属、乳球菌属、魏斯菌属、肠球菌属等 5 个属 11 个种的乳酸菌为主要优势菌群（表 4-3）。2016—2021 年，作者科研团队扩大了取样范围，在全国泡菜和酱腌菜主产区及周边进行取样，进一步深入研究了泡菜中的主要优势菌群和非优势菌群，由乳酸菌的 10 余属和 100 余种组成，这充分体现了泡菜中乳酸菌的多样性、多变性、复杂性。典型泡菜优势微生物群系见表 4-1。1999 年，作者科研团队已开始收集泡菜样本并进行菌种筛选。

表 4-3　　四川不同区域泡菜乳酸菌多样性

区域	泡菜品种	乳酸菌构成
成都	什锦泡菜	植物乳杆菌、短乳杆菌、肠膜明串珠菌、发酵乳杆菌、戊糖片球菌、清酒乳杆菌、棒状乳杆菌、布氏乳杆菌
眉山	什锦泡菜	植物乳杆菌、短乳杆菌、肠膜明串珠菌、戊糖片球菌、耐乙醇片球菌、消化乳杆菌
内江	什锦泡菜	植物乳杆菌、短乳杆菌、干酪乳杆菌、肠膜明串珠菌、嗜酸乳杆菌、戊糖片球菌、耐乙醇片球菌、乳酸片球菌、乳酸乳球菌
资中	什锦泡菜	植物乳杆菌、戊糖片球菌、干酪乳杆菌、短乳杆菌、肠膜明串珠菌、耐乙醇片球菌
西昌	什锦泡菜	植物乳杆菌、短乳杆菌、肠膜明串珠菌、干酪乳杆菌、棒状乳杆菌

续表

区域	泡菜品种	乳酸菌构成
雅安	什锦泡菜	植物乳杆菌、棒状乳杆菌、短乳杆菌、发酵乳杆菌、干酪乳杆菌
简阳	什锦泡菜	植物乳杆菌、短乳杆菌、消化乳杆菌、肠膜明串珠菌、戊糖片球菌、耐乙醇片球菌
阿坝	什锦泡菜	植物乳杆菌、短乳杆菌、肠膜明串珠菌、发酵乳杆菌
甘孜	什锦泡菜	植物乳杆菌、短乳杆菌、肠膜明串珠菌、发酵乳杆菌、戊糖片球菌、耐乙醇片球菌

另外，Cao 等多名学者研究表明，泡菜中还含有盐单胞菌属（*Halomonas*）、假单胞菌属（*Pseudomonas*）、弧菌属（*Vibrio*）、肠杆菌属（*Enterobacter*）以及少部分致病菌如沙雷菌属（*Serratia*）、葡萄球菌属等。盐单胞菌属具有一定的耐盐和分解利用葡萄糖的能力，这解释其在泡菜中存在的合理性。假单胞菌属具有很强的适应能力，在植物中广泛存在，其中一些菌种对植物有益可作为保护菌株使用，某些菌株可以产酶促进蛋白质和脂肪的水解，也能产果胶酶加速降解植物细胞壁，故其对泡菜风味物质的形成可能有一定的贡献。需要注意的是，一些蔬菜中存在的假单胞菌属的某些菌株是医学病原菌，对人类和农业及生态有害。弧菌属通常在海产品、腌肉和盐渍食品中有较高的检出率，泡菜作为一种盐渍发酵食品，在发酵过程中检测到一定量的弧菌属于正常情况，但弧菌作为一种条件致病菌，易危害食品安全和引起人类腹泻。值得说明的是，这些菌属大多因环境污染或只存在于泡菜发酵初期，会随着酸度的上升和高盐及缺氧环境而消亡，且根据文献报道，致病菌在四川泡菜中的出现概率十分低，因此消费者不必过多担心。在家庭及工业泡菜制作中应多注意清洁卫生，减少杂菌的污染。

“母水发酵”是传统四川泡菜最具特色的制备工艺之一。“母水发酵”即利用老泡菜水进行多次取出泡菜和重新泡制新菜的过程。夏娇等对自然发酵和老母水自然发酵过程中不同乳酸菌的动态变化进行了研究，其结果显示自然发酵泡菜前期活跃的菌种为乳明串珠菌、乳酸乳球菌、食窦魏斯菌；中期以食窦魏斯菌、植物乳杆菌、发酵乳杆菌为主；后期主要为植物乳杆菌、发酵乳杆菌。而老泡菜水发酵过程中乳酸菌无明显动态变化。布氏乳杆菌（*Lactobacillus buchneri*，新命名为：布氏迟缓乳杆菌，*Lentilactobacillus buchneri*）、耐乙醇片球菌（*Pediococcus ethconolidurans*）、副柯林斯乳杆菌（*Lactobacillus paracollinoides*）、那慕尔乳杆菌（*Lactobacillus namurensis*，新命名为：那慕尔促生乳杆菌，*Levilactobacillus namurensis*）保持在 10^6CFU/mL 左右，植物乳杆菌保持在 10^8CFU/mL 左右，在数量上以植物乳杆菌为主体。作者科研团队发现了泡菜母水稳态发酵现象，提出了“稳态发酵”理论并指导实践。

四川的工业化生产泡菜一般采用大型盐渍池发酵，相比传统家庭泡菜的制作，其盐度更高，含水量更低，发酵周期更长，因此其微生物群落结构与传统的家庭泡菜有一定差异。作者科研团队对工业泡菜（豇豆、萝卜、榨菜、芥菜）发酵过程的微生物群落结构的变化进行了解析，研究结果表明：发酵后期的酸菜微生物数量都小于 10^5CFU/mL，发酵程度弱；细菌以酸鱼乳杆菌（*Lactobacillus acidipiscis*，新命名为：酸鱼联合乳杆菌，*Ligilactobacillus acidipiscis*）、消化乳杆菌及芽孢杆菌为主，植物乳杆菌并不是优势菌；真菌以德巴利酵母属、毕赤酵母属、假丝酵母属为主。这些微生物均具有良好的耐酸耐盐特性，对工业泡菜后熟期的风味形成有重要作用。

（二）东北酸菜

东北酸菜是我国黑龙江、吉林、辽宁等地区的特色传统发酵蔬菜。一般在冬季或春季制作，其制作工艺为将新鲜白菜去除老帮、老叶后，经清洗后晾干，然后用2%~3%盐水浸泡在陶缸内，用重物压实防止白菜浮起，在室温条件下发酵一个月后即可食用。

多项研究一般采用传统可培养法对东北酸菜的微生物进行分离鉴定，也有少量研究采用 PCR-DGGE、高通量测序等分子生物学手段。1995 年，钟之绚和郭剑利用传统培养分离方法对酸白菜发酵存在的微生物进行初步分析，结果发现，酸白菜发酵期间存在的微生物包括细菌、霉菌、酵母菌和乳酸菌，而乳酸菌贯穿整个发酵过程，对发酵起着非常重要的作用。随后研究者们通过传统分离培养与形态学鉴定相结合方法已从发酵体系中检出乳杆菌属、克雷伯菌、嗜盐菌、醋酸菌和微球菌等菌属，但乳杆菌属是东北酸菜中的绝对优势菌属。分离常见的乳酸菌包括植物乳杆菌、短乳杆菌、清酒乳杆菌（*Lactobacillus sakei*，新命名为：清酒广泛乳杆菌，*Latilactobacillus sakei*）、肠膜明串珠菌、弯曲乳杆菌、罗伊乳杆菌（*Lactobacillus reuteri*，新命名为：罗伊黏液乳杆菌，*Limosilactobacillus reuteri*）等。根据对比可以发现，东北酸菜与四川泡菜存在相似的优势微生物菌群，但东北酸菜中的短乳杆菌、鼠李糖乳杆菌（*Lactobacillus rhamnosus*，新命名为：鼠李糖乳酪杆菌，*Lacticaseibacillus rhamnosus*）、弯曲乳杆菌、罗伊乳杆菌的检出率更高，而酸鱼乳杆菌、那慕尔乳杆菌、玉米乳杆菌等主要在四川泡菜中检出，这可能是四川地区泡菜的盐度更高所导致。另外 Miyamoto 等从东北酸菜中分离出一株哈尔滨施莱弗乳杆菌（*Lactobacillus harbinensi*）新种，武俊瑞等利用 PCR-DGGE 技术首次发现了哈米斯乳杆菌（*Lactobacillus hammesii*）和臭味乳杆菌（*Lactobacillus adoratitofui*）。还有一些研究利用 PCR-DGGE 从酸菜中分离出棒状乳杆菌（*Lactobacillus coryniformis*，新命名为：棒状腐败乳杆菌，*Loigolactobacillus coryniformis*）、戊糖乳杆菌、唾液乳杆菌、岩川乳杆菌（*Lactobacillus iwatensis*）等传统分离方法未分离鉴定的菌种。

东北酸菜与四川泡菜有类似微生物变化规律，即发酵初期以肠膜明串珠菌等异型乳酸发酵为主；发酵中期以乳杆菌的同型乳酸发酵为主，积累大量乳酸，使发酵液呈微酸性，抑制腐败微生物的生长；发酵后期蔬菜的风味形成是由于乳酸的大量积累引起的乳酸菌的反馈抑制而导致发酵结束。杨洪岩等研究了东北酸菜发酵过程细菌动态变化，其结果显示发酵初期的酸菜体系中存在不动杆菌属（*Acinetobacter*）、假单胞菌属、克雷伯菌属、柠檬酸杆菌属及乳酸菌，在发酵第 6 天，乳酸菌总量占总体的 63.8%，异型发酵乳酸菌肠膜明串珠菌占 32.9%。随后乳酸菌比例一直增加，直到发酵的 30d，所检测到的细菌全部为乳酸菌。东北酸菜自然发酵过程中微生物区系相对复杂，以往的研究只针对于发酵的某一时间点，尤其是终端产品进行研究，研究的主体为发酵体系的细菌，且多采用传统培养方法对微生物进行分离，然后利用生理生化反应对种属进行鉴定，只有少数研究将分子生态学方法应用于东北酸菜发酵体系微生物种属鉴定，所鉴定主要微生物群体为乳酸菌，且分离得到最多的为乳杆菌属，因此，对东北酸菜的真菌群落结构还缺乏深入了解。

（三）榨菜

榨菜是中国特产，以其鲜、香、嫩、脆的特点久享盛誉，在四川、浙江、重庆等地均有制作，其中涪陵榨菜最为出名，是世界三大名腌菜之一。最初由于在加工过程中使用压榨的方式压出多余的水分，故名榨菜。用于榨菜加工的原料青菜头，属于十字花科芸薹属芥菜种的变种，学名“茎瘤芥”，分布于我国各地，收藏季节短，不易保存，因此大部分用于制作榨菜。腌制榨菜以其酸鲜纯正、脆嫩爽口、解腻开胃、促消化、增进食欲而受到消费者的普遍欢迎。榨菜的加工一般要经过修整、（风干）脱水、（二次或三次）盐腌、清洗、压榨、装坛后熟发酵等工序，其中腌制工艺的重要环节是后熟过程，该阶段是微生物发酵和榨菜风味形成的重要阶段。

乳酸菌同样是榨菜发酵过程的主要优势菌群，乳酸菌和酵母菌的共同作用促成了榨菜香气的形成。燕平梅等利用 PCR-DGGE 的方法，对榨菜发酵过程中乳酸菌的多样性进行研究，结果表明榨菜中含有的乳酸菌主要是片球菌属和乳杆菌属。Liang 等通过高通量测序技术发现，榨菜中的乳酸菌呈先迅速增加后维持稳定的变化趋势，且在前期以明串珠菌属和魏斯菌属为主，中期以乳杆菌属为主，而后期则以乳杆菌属和片球菌属为主。杨珺等研究了四川榨菜后熟时期微生物区系，共分离出 9 个属的细菌，分别是链球菌属、片球菌属、乳杆菌属、气球菌属（*Aerococcus*）、醋酸杆菌属、芽孢杆菌属（*Bacillus*）、黄杆菌属（*Flavobacterium*）、孪生球菌属（*Gernella*）、葡萄球菌属。2019 年，作者科研团队从重庆市涪陵区的企业共取得 10 个盐渍榨菜样品，采用高通量测序的手段对 10 份榨菜样品的微生物菌群结构进行分析，结果显示，多数榨菜样品中细菌以乳杆菌属为主。其中，部分样品中盐单胞菌属、海杆菌属（*Marinobacterium*）、梭杆菌属（*Fusobacterium*）、雷尔菌属（*Ralstonia*）的细菌占有较高比例。真菌都以德巴利酵母属为主，部分样品还包含酿酒酵母属、核盘菌属（*Sclerotinia*）。

传统榨菜制作工艺用盐量高，制作工艺粗放，品质不稳定，且抑制了高品质乳酸菌的活性。目前随着生活方式向绿色化及健康化转变，榨菜的低盐化成为一种趋势。榨菜在低盐条件下微生物更为丰富、活性更高，在调控榨菜发酵，改善发酵品质上具有重要作用。翁佩芳等通过构建 16S rDNA 克隆文库，对低盐腌制榨菜中细菌多样性进行研究，发现乳酸菌主要来自乳杆菌属、明串珠菌属、魏斯菌属，测序结果分析表明存在的乳酸菌菌种多达 15 种。同时，也发现在不同盐浓度腌制条件下，起始阶段的优势菌具有一定的差异性，在较高盐浓度腌制条件下，乳酸菌的种类和数量相对较少。张锐等研究了榨菜低盐腌制过程微生物群落结构，结果表明，在榨菜发酵初期，肠膜明串珠菌为主要优势菌群；随着发酵环境条件的改变，出现了植物乳杆菌和短乳杆菌；在发酵后期起主导作用的微生物为植物乳杆菌和费尔斯莫尔德镇乳杆菌。

（四）大头菜

大头菜又称芜菁、芥辣、芥菜疙瘩，疙瘩菜是芥菜的一个变种，为根用芥菜，腌制后具有独特风味。大头菜在我国有着悠久的种植和加工历史，早在北魏时期，贾思勰就在《齐民要术》中对大头菜的腌制方法进行了总结。大头菜的腌制主要在四川、重庆、云南、湖北等地区。目前大头菜的生产方式大都采用传统的自然发酵，其缺点是工艺落后、乳酸菌发酵缓慢、发酵周期长、酸味弱。

湖北的襄阳大头菜具有悠久的历史，在 2007 年获得“国家地理标志保护产品”。吴进菊等采用高通量测序技术对大头菜的细菌和真菌群落进行了解析，结果表明盐厌氧菌属（*Halanaerobium*）、弧菌属、盐单胞菌属、乳杆菌属和色盐杆菌属（*Chromohalobacter*）5 个细菌属为优势菌属，在发酵过程中此消彼长。真菌的明梭孢属（*Monographella*）在发酵前期为优势菌属，发酵中期和后期以德巴利酵母属和接合酵母属为优势菌属。

近年来，随着对微生物的研究及发酵性能评价，一些传统的自然发酵产品逐渐转变为人工接种发酵的方式。杨雪等采用常规分离鉴定方法，从自然发酵的大头菜中分离出植物乳杆菌、耐酸乳杆菌、短乳杆菌，其中植物乳杆菌发酵风味较好，具有较强的产酸能力，具有应用于纯种发酵生产大头菜的潜力。吴希茜同样采用常规分离鉴定方法，从自然发酵的腌制大头菜中分离出植物乳杆菌、发酵乳杆菌、乳酸乳杆菌、嗜盐乳杆菌、乳链球菌、肠膜明串珠菌等乳酸菌。将肠膜明串珠菌、植物乳杆菌、乳酸乳球菌 3 种菌以 3∶1∶1 组成发酵剂，接种大头菜进行纯种发酵时，发酵 40d 时可实现大头菜风味、香味、滋味等感官分析指标达到最佳状态。

（五）发酵辣椒

我国是辣椒最大的生产国，辣椒的初加工主要有干制、腌制、油制、泡渍等。其中腌制辣椒就包括剁辣椒、泡辣椒、辣椒酱等发酵辣椒产品，主要分布在四川、贵州、湖南等地。自然发酵法制成的发酵辣椒产品主要是利用其天然辣椒表面附着的乳酸菌进行发酵，经过乳酸发酵以后，其味酸辣、可口，并且具有开胃的功能。

刘洋等基于高通量测序解析了四川辣椒酱发酵过程中细菌群落的多样性和演替规律。结果表明，辣椒酱自然发酵过程中在门的水平上主要有厚壁菌门、变形菌门、拟杆菌门等菌门，其中厚壁菌门的数量随着发酵时间增加逐渐增多，成为丰度最高的菌门。在属水平上主要有乳杆菌属、片球菌属、魏斯菌属、葡萄球菌属等，其中乳杆菌属随发酵过程其相对丰度不断上升。武亚婷等基于高通量测序对新疆不同地区的发酵辣椒酱进行了解析，确定主要优势细菌为乳杆菌属和肠球菌属，主要优势真菌为毕赤酵母属、有孢汉逊酵母属（*Hanseniaspora*）、威克汉姆酵母属、曲霉属等，且发现不同地区的优势微生物存在一定差异。韩俊燕对 4 个不同省份的发酵辣椒的细菌多样性进行了解析，发现各地区的发酵辣椒的优势菌种类差别不大，但相对丰度差异较大。Zhao 等采用高通量测序解析了辣椒发酵过程的真菌群落结构变化，确定有孢汉逊酵母属在发酵过程中迅速增长并在整个发酵过程中占据主导地位，其次是德巴利酵母属和毕赤酵母属。

二、泡菜微生物的演变规律

泡菜在不同发酵阶段，其发酵体系发生动态演变，如主导微生物乳酸菌的增殖与减少、代谢产物乳酸的积累等。泡菜发酵过程中不同微生物和发酵规律的动态演变，是研究泡菜的核心关键技术之一。

（一）传统泡菜微生物演变规律

1. 动态演变

泡菜的发酵方式多以自然发酵为主，泡菜的发酵过程是一个微生物群落的数量和种类不断动态演变的过程。泡菜发酵过程中呈现以乳酸菌为主导的微生物系统，同时伴有酵母菌、醋酸菌和肠杆菌，被污染的泡菜还有少量霉菌。这几类微生物在泡菜发酵过程中遵循着类似的三阶段变化规律：在发酵初期，以明串珠菌属为主，伴有魏斯菌和肠杆菌，有时还伴有其他环境微生物如假单胞菌、不动杆菌和霉菌等，该阶段的乳酸菌主要是异型乳酸发酵，又产酸又产气。

发酵中期，以植物乳杆菌为主，伴有短乳杆菌、明串珠菌属、柠檬酸杆菌属、乳球菌属等乳酸菌。乳酸菌占据优势地位，数量可达到 10^8CFU/mL。发酵后期，以戊糖乳杆菌、植物乳杆菌为主，伴有乳酸乳球菌、短乳杆菌等乳酸菌，是比较耐酸耐盐的乳酸菌，此阶段的乳酸菌数量保持稳定或略有下降，主要是同型乳酸发酵。

随着乳酸菌发酵的进行，环境酸度的增加，pH 的降低，发酵前期的肠杆菌及霉菌等杂菌快速减少，直至消亡。有研究表明 pH<4 后大肠杆菌就开始快速下降。酵母菌伴随着乳酸菌在整个发酵过程中都可以检出，但在发酵过程中不起主导作用，一般情况下，在发酵前期呈现缓慢上升，而中后期保持稳定或略有下降的趋势（图 4-9）。然而，这些微生物在泡菜各发酵阶段的分布并不严格，它们会随着原料辅料、盐浓度和发酵条件等多种因素的影响而发生变化（图 4-10）。

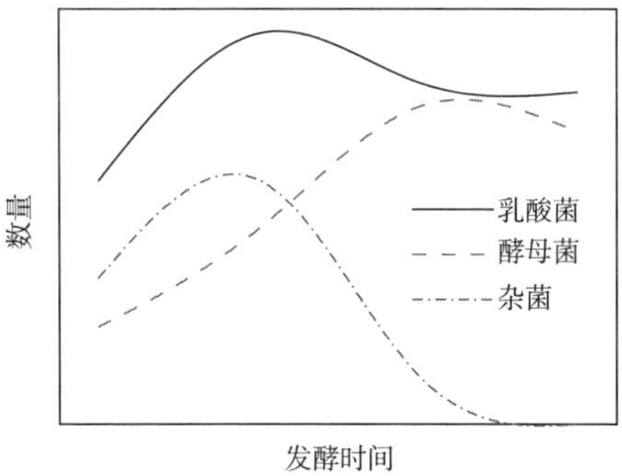

图 4-9　泡菜微生物演变规律

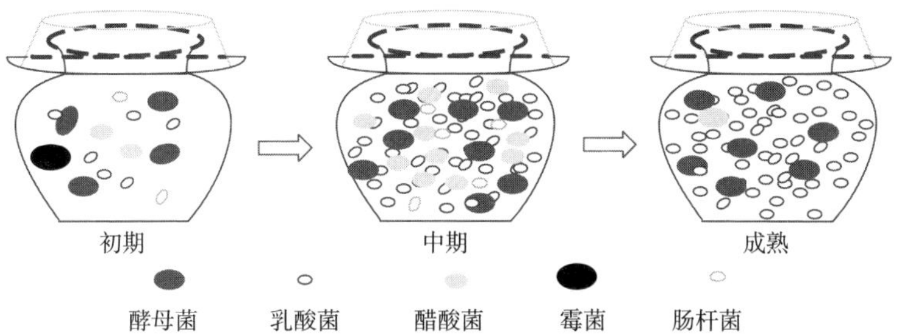

图 4-10　泡菜成熟过程微生物菌群演变模型

2. 稳态发酵

近年来，随着泡菜微生物研究的深入，泡菜发酵过程逐步探明，除了动态发酵外，在泡菜发酵过程中还存在相对稳定的发酵过程，泡菜发酵成熟后，营养物质比较恒定，泡菜内部条件基本不变，处于相对稳定的泡菜发酵体系是制作优质泡菜和稳定泡菜品质的重要保障，是泡菜发酵的关键，在这一时期呈现微生物菌群数量、菌群丰度、菌群构成、特征理化指标相对稳定，由此作者科研团队提出了“稳态发酵理论”。“稳态发酵”主要表现在以下几点：①具有相对稳定的较高的菌群数量，如细菌数量达到 10^8CFU/mL，以乳酸菌为主；②优势微生物菌群丰度和构成相对稳定；③稳定的特征代谢产物。

以老母水泡菜为例，作者科研团队动态跟踪了20代母水泡菜微生物及理化指标的动态变化，研究表明：在微生物数量上，第7代后的酵母菌和乳酸菌数量都趋于稳定；在微生物丰度和构成上，泡菜发酵初期体现出更高的微生物多样性，随着代数的增加，细菌中乳球菌属、乳杆菌属的比例不断增加，而肠杆菌属、假单胞菌属的比例不断减少，发现随着代数的增加其微生物安全性更高。将老母水泡菜分成新盐水和老盐水两个阶段，发现老盐水的菌群结构更加稳定；在特征代谢产物方面，主要表现在形成泡菜的主体风味成分和安全性指标都基本趋于稳定，pH在发酵第4代后基本维持在3.6左右，总酸则在第9代后基本维持在1.0g/100g左右；母水中的有机酸随泡菜母水的进化而不断变化，但最终趋于稳定，稳定后，泡菜母水中的乳酸、乙酸、琥珀酸和酒石酸的比例为65∶16∶3∶6；从亚硝酸盐含量来看，第1代泡菜母水的含量在3.2mg/kg，此后的含量一直低于2mg/kg。这主要是随着泡菜母水多次反复使用，底物浓度逐渐增高，缓冲能力增强，口感酸度无显著变化，因而形成了相应稳定的发酵系统，这就是稳态发酵理论的关键。

稳态发酵是加工生产高品质泡菜的核心，快速构建泡菜稳态发酵体系是关键，目前主要通过微生物和环境因子调控快速实现泡菜稳态发酵。微生物调控方式主要是利用前期已经探明的微生物发酵体系，以稳态发酵体系中优势微生物为主，通过扩培制备“直投式菌剂”实现稳态发酵体系优势菌群的快速“复制”；而环境因子调控主要是构建相对封闭的发酵体系如发酵生物反应器等，实现环境因子人工可控，这就是突破传统发酵工艺的关键。作者科研团队基于“稳态发酵”理论而配套开发了关键直投式菌剂、发酵生物反应器等实现泡菜流水线加工的技术和设备，推动了传统泡菜的现代化改造升级。

3. 同形异效

近年来随着对泡菜的深入研究，作者科研团队提出了“同形异效”理论。“同形”是指泡菜发酵稳定阶段具有类似的优势微生物菌群，“异效”是指各阶段理化特征、优势微生物的丰度数量、演变规律等存在差异，从而形成了不同泡菜。

我国的酱腌菜分为多种类型，根据含水量可以分为干态、半干态、湿态，根据加工方式可分为盐渍菜、糖醋渍菜、糟渍菜、清水菜等。作者科研团队对全国不同地区、不同类型酱腌菜的微生物及基本特性进行了研究，发现各类型泡菜的优势微生物种类相近，如植物乳杆菌、短乳杆菌、发酵乳杆菌等在各地区泡菜均有分布，但在微生物数量，菌群丰度及基本理化、感官特征都有所差异。这表明虽然不同类型酱腌菜有相似的发酵规律及发酵微生物，即“同形”，但却有各自特有的风味，即“异效”。东北酸菜与四川泡菜的制作与发酵具有很大相似性，都是以乳酸菌主导发酵，且具有类似的微生物演变规律（三段发酵），但在风味上却有很大差异。造成两者风味迥异的主因有以下几点。

（1）原料不同　东北酸菜大多采用大白菜，而四川泡菜采用的是多种不同蔬菜混合发酵。不同蔬菜原料所携带的微生物种类不同，继而造就了不同的发酵风味，另外，各种蔬菜自身的特有风味也是造成风味迥异的重要原因。

（2）容器不同　东北酸菜采用的是大缸发酵，其上层采用的是水封隔绝氧气，四川泡菜采用的是泡菜坛，属于严格密封发酵。

（3）环境不同　四川泡菜和东北酸菜分属中国南北两地，其地理位置、气候条件存在很大差异，继而导致微生物的种类、丰度存在差异，这也是造成风味差异的重要原因。泡菜的风味形成是加工工艺、微生物、环境等多因素共同作用的结果，“同形异效”理论解释了我国泡菜丰富多样的原因。

（二）工业泡菜微生物动态演变规律

工业泡菜与传统泡菜制作工艺有所不同，一般采用盐渍工艺，然后在室温下自然发酵至少 6 个月，即盐渍发酵。由于发酵周期长，且受诸多因素的影响，如蔬菜的种类、盐浓度和生产季节等，工业化泡菜微生物动态变化比较大，目前对其发酵规律的研究较少。

魏雯丽等基于宏转录组学技术解析了工业豇豆泡菜发酵过程中微生物群落结构变化，研究结果显示乳杆菌属、片球菌属、弧菌属、魏斯菌属在发酵第 1 天检测到，是工业豇豆泡菜发酵的启动微生物，参与发酵初始阶段。发酵第 15 天时，乳杆菌属有所下降，米勒酵母属有所上升。米勒酵母属是一种罕见的酵母病原体，但也有研究报道，其某些菌种具有降解生物胺的作用。发酵第 30 天时，乳杆菌属再次成为优势菌属，米勒酵母属有所下降。在第 60 天时，假丝酵母属的相对丰度迅速增加，成为主导菌属，乳杆菌属是第二优势菌。发酵第 90 天时，假丝酵母属成为绝对优势菌属，其次是子囊菌门的杉山珊瑚属（*Sugiyamaella*）和米勒酵母属，仅有少量的乳杆菌属在发酵末期被检测出；在发酵后期，假丝酵母属逐渐占据主导地位。

梁会朋等通过 MiSeq 测序和 PCR-DGGE 探究了工业泡青菜的微生物群落结构变化，研究表明，在发酵前期，乳酸菌和酵母菌数量持续增加，随着 pH 降低，乳酸菌和酵母菌的数量都有所减少。当乳酸菌和酵母菌再次适应酸性条件时，其数量再次增加，并在第 34 天达到峰值。此后的 pH 已经基本稳定，乳酸菌和酵母菌的数量在略微下降后保持稳定。发酵过程中优势细菌主要隶属于厚壁菌门、变形菌门和拟杆菌门，大多隶属于变形菌门或拟杆菌门的属［如假单胞菌属、弧菌属和盐单胞菌属、黄杆菌属、果胶杆菌属（*Pectobacterium*）、克雷伯菌属等］主要集中在前期，隶属于厚壁菌门的植物乳杆菌、清酒乳杆菌、消化乳杆菌等主要集中在后期。真菌群落分析表明，工业化青菜泡菜中的真菌主要隶属于担子菌门和子囊菌门，其中子囊菌门是绝对优势菌门。主要优势菌属为德巴利酵母、毕赤酵母和酿酒酵母，其中德巴利酵母在发酵过程中占优势。这些结果有助于进一步了解工业化青菜泡菜发酵过程中独特的微生物生态系统，并指导未来发酵过程的改进。

作者科研团队基于传统可培养法和高通量测序动态跟踪了二轮盐渍酸菜发酵一年半的微生物变化。其制作工艺为第一轮盐渍使用5%的盐，按层菜层盐的方式进行腌菜，腌渍一个月后进行翻池，调整盐浓度约12%，然后在酸菜表面盖上PE膜和防水布，用沙子密封，进入二轮盐渍，至一年半后发酵结束。动态跟踪了发酵一年半的微生物数量变化，其微生物变化主要表现如下。

在发酵第2天时，乳酸菌、细菌、酵母菌、大肠菌群、霉菌的数量分别为4.53、5.79、6.35、6.33、4.26Lg CFU/mL；发酵1个月后，乳酸菌和细菌的数量分别上升至7.09、6.04Lg CFU/mL，酵母菌的数量迅速下降，小于1.00Lg CFU/mL，霉菌和大肠菌群已经消失；在发酵第65天时，乳酸菌和细菌数量分别下降至4.33、4.15Lg CFU/mL，酵母菌上升至4.57Lg CFU/mL；此后在发酵1年的时间里乳酸菌和细菌数量维持在4.00Lg CFU/mL左右。酵母菌在发酵过程呈下降趋势，在第155天小于1.00Lg CFU/mL，然后在第215天逐渐生长起来，至发酵一年时数量为4.00Lg CFU/mL。在发酵一年半后，乳酸菌、细菌分别为3.20、4.06Lg CFU/mL，霉菌和酵母菌有少量检出。

基于传统可培养法对不同发酵时间的酸菜样品的微生物进行了分离鉴定（表4-4），研究表明，发酵初期的细菌以海胆鞘氨醇单胞菌（*Sphingomonas echinoides*）、乳明串珠菌、韩国假单胞菌（*Pseudomonas koreensis*）、成团泛菌（*Pantoea agglomerans*）为主；发酵30d后的微生物主要是植物乳杆菌、短乳杆菌、柠檬明串珠菌、肠膜明串珠菌、赫仑魏斯菌（*Weissella hellenica*）、清酒乳杆菌及芽孢杆菌等，其中柠檬明串珠菌、肠膜明串珠菌、赫仑魏斯菌、清酒乳杆菌在65d后消失，短乳杆菌在发酵95d后消失，植物乳杆菌在后期仍有检出，但并不占优势，在245d后未分离得到；戊糖乳杆菌、耐乙醇片球菌、棒状乳杆菌、那慕尔乳杆菌存在于发酵中期。酸鱼乳杆菌和消化乳杆菌是发酵中后期的主要优势菌，其中酸鱼乳杆菌在122d分离得到，至275d后消失，消化乳杆菌在发酵95d出现，至发酵结束时仍有大量检出。芽孢杆菌在整个发酵周期一直存在。因此，可以基本确定工业二轮盐渍酸菜发酵前期是以蔬菜原料自身携带的变形菌门为主，如假单胞菌、海胆鞘氨醇单胞菌等，与传统泡菜一致。随着发酵进行，大多数隶属于变形菌门的微生物都因高盐环境和总酸增加而受到抑制，而隶属于厚壁菌门的乳杆菌成为优势菌属。发酵中期以乳杆菌属和片球菌属为主，包括植物乳杆菌、戊糖乳杆菌、耐乙醇片球菌、棒状乳杆菌、那慕尔乳杆菌等，在发酵后期以酸鱼乳杆菌和消化乳杆菌为主。发酵前期的酵母以汉逊德巴利酵母为主，一直持续到发酵结束仍可检出，可能与其较高的食盐耐受能力有关。Wu 等研究表明汉逊德巴利酵母是青菜泡菜风味物质形成的重要菌属，可以分解葡萄糖产生 D-阿拉伯糖和乙酸乙酯，使泡菜风味更加协调。*Kazachstania turicensis*、酿酒酵母存在于发酵第 65 天、95 天，蜂生假丝酵母、粉状米勒酵母分别存在于发酵第 245 天和 305 天，膜醭毕赤酵母在第 245 天出现，一直到发酵一年后仍可检出。

表 4-4　　二轮盐渍酸菜发酵过程微生物分离情况

发酵时间/d	分离菌株	
	细菌	酵母菌
2	海胆鞘氨醇单胞菌、乳明串珠菌、韩国假单胞菌、成团泛菌、芽孢杆菌	汉逊德巴利酵母
32	肠膜明串珠菌、植物乳杆菌、短乳杆菌、类植物乳杆菌、赫仑魏斯菌、清酒乳杆菌、柠檬明串珠菌	汉逊德巴利酵母
65	短乳杆菌、芽孢杆菌	汉逊德巴利酵母、*Kazachstania turicensis*、酿酒酵母
95	短乳杆菌、消化乳杆菌、戊糖乳杆菌、耐乙醇片球菌、芽孢杆菌	汉逊德巴利酵母、*Kazachstania turicensis*、酿酒酵母
122	酸鱼乳杆菌、消化乳杆菌、棒状乳杆菌、那慕尔乳杆菌、芽孢杆菌	汉逊德巴利酵母
155	植物乳杆菌、消化乳杆菌、酸鱼乳杆菌	—
185	酸鱼乳杆菌、植物乳杆菌、栖米糠乳杆菌	汉逊德巴利酵母、*Hortaea werneckii*
215	酸鱼乳杆菌	—
245	植物乳杆菌、酸鱼乳杆菌	膜醭毕赤酵母、蜂生假丝酵母
275	酸鱼乳杆菌	—
305	消化乳杆菌	膜醭毕赤酵母、粉状米勒酵母、汉逊德巴利酵母
335	棒状乳杆菌、那慕尔乳杆菌	膜醭毕赤酵母、汉逊德巴利酵母
365	消化乳杆菌	膜醭毕赤酵母、汉逊德巴利酵母
520	消化乳杆菌、发酵鱼乳杆菌（*Lactobacillus plajomi*）	—

细菌和真菌的高通量测序结果如表 4-5，测序结果与传统分离培养法结果一

致。在发酵前期的细菌以明串珠菌属、片球菌属、乳杆菌属为主，中后期以乳杆菌属、盐单胞菌属、芽孢杆菌属等为主。盐单胞菌属能够耐盐，分解葡萄糖，产生多种风味物质，它的存在与工业生产泡菜“盐渍”这一步骤有关。真菌的德巴利酵母属一直存在于整个发酵周期，酿酒酵母属分别在前期和后期出现，毕赤酵母属则在发酵后期出现。

表 4-5　　二轮盐渍酸菜发酵过程高通量测序结果

发酵时间/月	主要菌属	
	细菌	酵母菌
3	明串珠菌属、片球菌属、乳杆菌属	德巴利酵母属、酿酒酵母属
6	明串珠菌属、片球菌属、乳杆菌属	德巴利酵母属、酿酒酵母属
9	色盐杆菌属、棒状杆菌属、未分属-芽孢杆菌科、葡萄球菌属、四联球菌属（*Micrococcus*）、海杆菌属（*Marinobacter*）、盐单胞菌属、乳杆菌属	德巴利氏酵母属
15	无胆甾原体属、海滑菌属（*Marinilabilia*）、色盐杆菌属、噬甲基菌属（*Methylophaga*）、四联球菌属、海杆菌属、盐单胞菌属、乳杆菌属、*Proteiniphilum*、嗜冷弯曲菌属（*Psychrophile*）、海境劳胞杆菌属（*Paraliobacillus*）	德巴利氏酵母属、毕赤酵母属
18	未分属-芽孢杆菌科、海杆菌属、盐单胞菌属、乳杆菌属	德巴利氏酵母属、酿酒酵母、毕赤酵母属、米勒酵母属、梗孢酵母属（*Moniliella*）

第四节　全国泡菜微生物群系分布

在我国不同地域，有着丰富多样的传统发酵蔬菜，由于不同的地理环境、制作工艺、发酵温度、盐度、水分等因素的影响，导致发酵过程中的微生物及其代谢产物具有差异，继而构成了各自独特的风味。

目前，国内外学者对泡菜中的微生物研究最多的是乳酸菌。20 世纪初，Pederson 等对卷心泡菜中乳酸菌进行了深入研究，并发现泡菜发酵过程首先是由肠膜明串珠菌开始。泡菜中微生物尤其是乳酸菌主导了泡菜的整个发酵过程，近年来，大量学者采用传统可培养手段及分子生物学技术研究了我国泡菜微生物，极大丰富了我们对中国泡菜微生物菌群的认识。通过可培养的微生物往往可以真实反映发酵制品中的微生物存活状态，避免死菌的影响，但是也存在一定的局限性，因为环境中大多数微生物都是不可培养的，通过可培养手段得到的微生物所占比例很小，采用免培养手段，如克隆测序、DGGE、高通量测序等方法相结合可以更加全面地解析泡菜中的微生物。如刘巧等通过 16S rDNA 分析了中国不同地区传统发酵泡菜的细菌多样性。结果显示，短乳杆菌为吉林、河南、辽宁、内蒙古地区泡菜的绝对优势菌种。于文平等利用 PCR-DGGE 对青菜泡菜工业发酵过程中微生物群落结构变化进行了分析。结果显示，工业青菜泡菜中的乳杆菌属主要为消化乳杆菌和植物乳杆菌。作者科研团队两次从全国 30 多个省、自治区、直辖市收集泡菜样品，围绕工艺、理化、菌群深入研究，初步探明了我国泡菜的微生物结构及分布。

一、东北地区

中国东北地区的典型泡菜有东北酸菜、朝鲜族辣白菜、锦州小菜等，其中东北酸菜和朝鲜族辣白菜较为出名。东北酸菜的介绍见本章第三节（典型泡菜），这里不再赘述。朝鲜族辣白菜是中国朝鲜族传统发酵食品中具有代表性的一种，是以白菜为基本原料，配以辣椒粉、蒜、姜、盐、蔗糖等基本辅料，在自然条件下低温发酵而成，以其辣、脆、酸、甜的特点广受大众喜爱。杨柳等采用高通量测序确定魏斯菌属是辣白菜中的优势菌属。孟令帅从沈阳市 7 个区朝鲜族家庭制作的 25 份辣白菜中分离得到 81 株乳酸菌，鉴定为屎肠球菌、植物乳杆菌、干酪乳杆菌、戊糖乳杆菌、短乳杆菌、坚强肠球菌（*Enterococcus durans*）。刘长根等从东北地区采集了 42 份样品，确定辣白菜的主要微生物为植物乳杆菌、肠膜明串珠菌、短乳杆菌、清酒乳杆菌、弯曲乳杆菌、类短乳杆菌、戊糖片球菌、赫仑魏斯菌、消化乳杆菌、小片球菌、韩国乳杆菌（*Lactobacillus koreensis*）等。锦州小菜是锦州的特色美食之一，是以黄瓜、青椒、小茄子、蒜等 10 种新鲜蔬菜配制优质虾油在自然条件下腌制而成，具有独特的风味特征。锦州小菜制作工艺是将腌制蔬菜洗净、淋干后，装入缸中，再向其中加入虾油、食盐、汤汁，经过腌制 3~6h 后，洗净盐卤再加入虾油腌制 7d 而成。刘境等对 27 份锦州小菜的微生物进行研究，确定植物乳杆菌、戊糖乳杆菌、弯曲乳杆菌、干酪乳杆菌、类植物乳杆菌、粪肠球菌、屎肠球菌、乳明串珠菌、链球菌、气球菌、微小魏斯菌、绿色魏斯菌是其中的主要微生物；孙慧君等对 10 份锦州小菜的微生物进行研究，确定其中的主要微生物为植物乳杆菌、希腊魏斯菌、假单胞菌、*Lactobacillus fabifermentans*、弯曲黏膜菌、热带假丝酵母、白色链珠菌；另外，李默等研究表明毕赤酵母、有孢圆酵母是其中的主要真菌；作者研究团队从辽宁地区收集了东北酸菜和锦州小菜样品，主要分离出植物乳杆菌、短乳杆菌、布氏乳杆菌等乳酸菌。

综合国内外的主要文献报道，对东北地区泡菜中的主要微生物进行了统计，主要种属信息见表4-6（报道频率由高到低顺序排列，下同）。东北地区泡菜中主要微生物为植物乳杆菌、短乳杆菌、干酪乳杆菌、清酒乳杆菌、棒状乳杆菌、弯曲乳杆菌、肠膜明串珠菌等。

表4-6　　东北地区泡菜中的主要微生物

序号	拉丁文学名	中文名称
1	*Lactobacillus plantarum*	植物乳杆菌
2	*Lactobacillus brevis*	短乳杆菌
3	*Lactobacillus casei*	干酪乳杆菌
4	*Lactobacillus sakei*	清酒乳杆菌
5	*Lactobacillus coryniformis*	棒状乳杆菌
6	*Lactobacillus curvatus*	弯曲乳杆菌
7	*Leuconosto cmesenteroides*	肠膜明串珠菌
8	*Enterococcus faecalis*	粪肠球菌
9	*Lactobacillus pentosus*	戊糖乳杆菌
10	*Lactobacillus fermentum*	发酵乳杆菌
11	*Lactobacillus reuteri*	罗伊乳杆菌
12	*Lactobacillus rhamnosus*	鼠李糖乳杆菌
13	*Streptococcus salivarius*	唾液链球菌
14	*Enterobacter*	肠杆菌
15	*Lactobacillus paracasei* subsp. *paracasei*	类干酪乳杆菌类干酪亚种
16	*Pediococcus parvulus*	小片球菌

二、华北地区

华北地区的泡菜主要有北京酱菜、天津冬菜、内蒙古酸菜、山西腌菜等。北京酱菜主要有甜酱瓜、甜酱萝卜等，“六必居酱菜”是北京著名的老字号。天津冬菜是中国发酵性蔬菜中一种以半干态发酵方式制成的腌渍品，已有数百年的历史，是选用天津特产的大白菜为主要原料，经晾晒，切块，加入食盐及大蒜泥，自然发酵腌渍而成。山西腌菜俗称“烂腌菜”，是以新鲜蔬菜为主料，包括圆白菜、芹菜、胡萝卜和辣椒等，以中低浓度的盐水腌制。康建依等采用高通量测序发现山西地区自然发酵蔬菜中魏斯菌属、明串珠菌属、乳杆菌属、泛菌属、肠杆菌属、沙雷菌属、环丝菌属（*Brochothrix*）、欧文菌属（*Erwinia*）及不动细菌属（*Acinetobacter*）等多种菌群在早期发酵阶段中存在，随着发酵进行以乳杆菌属占主导。燕平梅等从山西泡菜中分离出植物乳杆菌、发酵乳杆菌、短乳杆菌、嗜酸乳杆菌、戊糖乳杆菌、肠膜明串珠菌，并分离出热带假丝酵母和毕赤酵母等。贾永乐从内蒙古东部地区 14 份农家酸菜中分离出 84 株乳酸菌，主要为植物乳杆菌、短乳杆菌、耐酸乳杆菌、鼠李糖乳杆菌、肠膜明串珠菌、唾液链球菌、嗜热链球菌、植物乳球菌、粪肠球菌，张颖从内蒙古酸菜中分离出植物乳杆菌、发酵乳杆菌、清酒乳杆菌、消化乳杆菌。

综合国内外的主要文献报道，初步确定华北地区泡菜中的主要微生物为植物乳杆菌、短乳杆菌、发酵乳杆菌、肠膜明串珠菌等（表 4-7）。

表 4-7　　华北地区泡菜中的主要微生物

序号	拉丁文学名	中文名称
1	*Lactobacillus plantarum*	植物乳杆菌
2	*Lactobacillus brevis*	短乳杆菌
3	*Lactobacillus fermentum*	发酵乳杆菌
4	*Leuconosto cmesenteroides*	肠膜明串珠菌
5	*Pediococcus parvulus*	小片球菌
6	*Lactobacillus alimentarius*	消化乳杆菌
7	*Lactobacillus pentosus*	戊糖乳杆菌
8	*Streptococcus salivarius*	唾液链球菌
9	*Lactobacillus rhamnosus*	鼠李糖乳杆菌
10	*Lactobacillus acidophilus*	嗜酸乳杆菌
11	*Streptococcus thermophilus*	嗜热链球菌
12	*Lactobacillus sakei*	清酒乳杆菌
13	*Lactobacillus acetotolerans*	耐酸乳杆菌
14	*Enterococcus faecalis*	粪肠球菌
15	*Lactobacillus coryniformis*	棒状乳杆菌

三、华东地区

华东地区的萧山萝卜干、浙江榨菜等较为出名。地方性特色酱腌菜还有福建的腌制萝卜干、梅干菜、糟菜，江苏的安东萝卜干，以及山东的虾油酱腌菜、咸菜、日照京冬菜等。

（一）萧山萝卜干

萧山萝卜干是一道美味可口的腌渍小菜，属于浙菜系，其原料为产于杭州的“一刀种”萝卜，因其长度与菜刀相近，加工时一刀可分两半而得名。萧山萝卜干制作工艺是将“一刀种”萝卜切成条，每条带有边皮，然后摊晒，每日翻动多次，晚间苫盖以防雾浸雨淋，晒2~3d，手感柔软即可腌制。将晒好的萝卜条置容器中，放盐拌匀，用力揉搓，至盐融化为止。分批进缸，逐层压实，两日后出缸，匀薄摊晒，勤加翻动。3~4d后再加适量盐分拌匀，分层装坛，逐层压实，加盖面盐，黄泥封口。经腌渍30d后即可食用，成品无须根、斑点、青头、坏条，经年不坏，香味不散。自20世纪20年代初起，萧山萝卜干先后销往中国杭州、上海、江西、香港、澳门以及新加坡等地。2004年10月25日，原国家质检总局批准对“萧山萝卜干”实施原产地域产品保护。目前关于萧山萝卜干的微生物种群的研究相对较少，陈延等从萧山萝卜干中分离出清酒乳杆菌、乳明串珠菌；邹礼根从萧山萝卜干中分离出乳酸杆菌；刘东红等从真空包装的萧山萝卜中分离出两株产气微生物，为短乳杆菌和表皮葡萄球菌（*Staphylococcus epidermidis*）。

（二）浙江榨菜

浙江榨菜也是浙江省重要的特色优势农产品，属于半干态发酵性腌制蔬菜，其腌制方法是用榨菜嫩茎经腌制，再经压榨出汁液成微干状态，利用食盐的高渗透作用、微生物的发酵作用、蛋白质的分解作用等一系列生物化学作用和香辛料的防腐调味作用而成。燕平梅、翁佩芳等确定浙江榨菜的主要微生物为清酒乳杆菌、乳酸杆菌、弯曲乳杆菌、干酪乳杆菌、泡菜明串珠菌（*Leuconostoc kimchi*）、仁海明串珠菌（*Leuconostoc inhae*）、冷明串珠菌（*Leuconostoc gelidum*）、希腊魏斯菌、植物乳杆菌。

（三）梅干菜

梅干菜是我国南方一种含水量比较少的发酵蔬菜，主要原料为雪里蕻、芥菜等。因其营养丰富、食用价值高而深受欢迎，如浙江绍兴梅干菜。梅干菜加工工艺包括选择原料、原料处理、晾干、腌制和晾晒干燥等。目前关于梅干菜的微生物研究很少，虽然尚雪娇等对湖北恩施三份梅干菜的微生物进行分析，但对于江南一带（浙江、江苏和福建）梅干菜微生物菌系鲜见报道。刘长根等从江南一带采集了47份梅干菜，分离出的乳酸菌主要为短乳杆菌、植物乳杆菌、消化乳杆菌、戊糖片球菌、类短乳杆菌、永宁乳酸杆菌（*Lactobacillus yonginensis*）、韩国乳杆菌、小片球菌、弯曲乳杆菌、耐乙醇片球菌、类食品乳杆菌和戊糖乳杆菌。同时，对所有样品采用高通量测序，结果表明梅干菜中主要菌属为乳杆菌属、沙雷菌属、片球菌属、魏斯菌属、不动杆菌属、寡养单胞菌属（*Stenotrophomonas*）、嗜冷杆菌属（*Psychrobacter*）、盐单胞菌属、葡萄球菌属等。

（四）华东地区泡菜的主要微生物

综合国内外的文献报道，华东地区泡菜的主要微生物为植物乳杆菌、清酒乳杆菌、消化乳杆菌、香肠乳杆菌、戊糖片球菌等（表 4-8）。

表 4-8　华东地区泡菜的主要微生物

序号	拉丁文学名	中文名称
1	*Lactobacillus plantarum*	植物乳杆菌
2	*Lactobacillus sakei*	清酒乳杆菌
3	*Lactobacillus alimentarius*	消化乳杆菌
4	*Lactobacillus farciminis*	香肠乳杆菌
5	*Pediococcus pentosus*	戊糖片球菌
6	*Lactobacillus curvatus*	弯曲乳杆菌
7	*Leuconostoc lactis*	乳明串珠菌
8	*Leuconostoc inhae*	仁海明串珠菌
9	*Leuconostoc kimchi*	泡菜明串珠菌
10	*Enterococcus durans*	耐久肠球菌
11	*Leuconostoc gelidum*	冷明串珠菌
12	*Lactobacillus casei*	干酪乳杆菌
13	*Lactobacillus brevis*	短乳杆菌
14	*Lactobacillus buchneri*	布氏乳杆菌
15	*Staphylococcus pasteuri*	巴氏葡萄球菌

四、华南地区

华南地区以广东、广西两地的酸笋较为出名，此外还有其他丰富的蔬菜制品，如广西酸芥菜、酸藠头等，海南的发酵竹笋、小西瓜、白菜和豆角等。

（一）酸笋

酸笋是以竹笋为主要原料，经过漂水排气后密封，在无盐、低盐或高盐条件下自然发酵而成，是我国传统特色的发酵蔬菜制品。酸笋笋体色泽为乳白色，有鲜笋清香气，酸咸味均衡，质地清脆爽口。广东酸笋一般采取食盐腌渍的方法对新鲜采摘的竹笋进行加工，用孟宗竹笋为原料，采用食盐腌渍发酵法，制作方法为：原料竹→切根、剥壳→切块→水浸泡→盐渍（浓度8%）→发酵→成品，可以保存半年以上。广西传统酸笋制作以新鲜毛竹为原料，将其切成块状等，加入淘米水等进行发酵，不添加其他原料，密封发酵半个多月即可。随着柳州螺蛳粉产业的发展，酸笋的市场需求量也迅速增大，逐渐从家庭作坊小规模制作走向工厂大规模生产。陈正培等采用高通量测序技术对柳州地区的传统发酵酸笋的细菌多样性进行研究，其研究表明乳杆菌属、气斯卡多维亚氏菌属（*Aeriscardovia*）、不动杆菌属（*Acinetobacter*）、泛菌属（*Pantoea*）、拟杆菌属（*Bacteroides*）、拟普雷沃菌属（*Alloprevotella*）、嗜胆菌属（*Bilophila*）、普雷沃氏菌属（*Prevotella*）、阿里叶柄菌属（*Alistipes*）、罗斯氏菌属（*Roseburia*）等是酸笋中的主要微生物，其中乳杆菌属含量最高，占90%以上。陈晓东等采用宏基因组测序技术对广西6个地区的酸笋样品的微生物多样性进行检测，研究表明植物乳杆菌、发酵乳杆菌、短乳杆菌、戊糖乳杆菌、戊糖乳杆菌、*Lactobacillus phage*、*Lactobacillus rossiae*、嗜淀粉乳杆菌、解淀粉乳杆菌（*Lactobacillus conylolyticus*）、干酪乳杆菌、布氏乳杆菌、约氏乳杆菌、黏膜乳杆菌、戊糖片球菌、柠檬明串珠菌、食窦魏斯菌、融合魏斯菌（*Weissella confusa*）、类肠膜魏斯菌是其中主要微生物。

（二）其他

代道芳采用传统分离培养法从广西酸芥菜、酸藠头、酸鱼、酸肉等分离出植物乳杆菌、德氏乳杆菌、干酪乳杆菌、乳酸链球菌、盐水四联球菌。关倩倩等在采用传统分离培养方法和高通量测序技术相结合的方法，对广西6个地区农家自制酸菜的微生物群落结构进行了分析，确定植物乳杆菌、短乳杆菌、戊糖乳杆菌为优势乳酸菌，库德里阿兹威毕赤酵母和酿酒酵母为优势酵母菌。高通量测序结果显示，细菌优势菌种为发酵乳杆菌、德氏乳杆菌、鸟乳杆菌（*Lactobacillus aviarius*），真菌优势菌属为酿酒酵母属、德巴利酵母属、*Nakaseomyces*和毕赤酵母属。谷懿寰等对海南7个地区的30份不同种类的发酵竹笋、小西瓜、白菜和豆角样品的微生物多样性进行了分析，确定优势菌属为乳杆菌属、肠球菌属和片球菌属，主要优势菌种为戊糖片球菌、屎肠球菌、粪肠球菌、发酵乳杆菌、棒状乳杆菌、短乳杆菌、植物乳杆菌、那慕尔乳杆菌、福莱乳杆菌（*Lactobacillus futsaii*，新命名为：福莱伴生乳杆菌，*Companilactobacillus futsaii*）、面包乳杆菌（*Lactobacillus crustorum*，新命名为：面包伴生乳杆菌，*Companilactobacillus crustorum*）、戊糖乳杆菌、纳盖利乳酸菌（*Lactobacillus nagelii*，新命名为：内氏液体乳杆菌，*Lacitilactobacillus nagelii*）、深圳乳杆菌、酸面乳杆菌等。作者科研团队从广东地区收集了多份酸菜样品，主要分离出植物乳杆菌、发酵乳杆菌、布氏乳杆菌、那慕尔乳杆菌等乳酸菌。

（三）华南地区泡菜主要微生物

综合国内外文献报道，华南地区的主要优势微生物为植物乳杆菌、戊糖乳杆菌、短乳杆菌、发酵乳杆菌、食窦魏斯菌等（表 4-9）。

表 4-9　　华南地区泡菜主要微生物

序号	拉丁文学名	中文名称
1	*Lactobacillus plantarum*	植物乳杆菌
2	*Lactobacillus pentosus*	戊糖乳杆菌
3	*Lactobacillus brevis*	短乳杆菌
4	*Lactobacillus fermentum*	发酵乳杆菌
5	*Weissella cibaria*	食窦魏斯菌
6	*Lactobacillus casei*	干酪乳杆菌
7	*Lactobacillus buchneri*	布氏乳杆菌
8	*Lactobacillus johnsonii*	约氏乳杆菌
9	*Lactobacillus alimentarius*	消化乳杆菌
10	*Enterococcus faecium*	屎肠球菌
11	*Lactococcus lactis*	乳酸乳球菌
12	*Pediococcus lactis*	乳酸片球菌
13	*Streptococcus lactis*	乳酸链球菌
14	*Weissella confusa*	融合魏斯菌
15	*Leuconostoc citreum*	柠檬明串珠菌
16	*Lactobacillus acetotolerans*	耐酸乳杆菌
17	*Lactobacillus namurensis*	那慕尔乳杆菌
18	*Lactobacillus nagelii*	纳盖利乳酸菌
19	*Lactobacillus crustorum*	面包乳杆菌
20	*Lactobacillus futsaii*	福菜乳杆菌
21	*Lactobacillus delbrueckii*	德氏乳杆菌
22	*Leuconostoc mesenteroides*	肠膜明串珠菌
23	*Lactobacillus coryniformis*	棒状乳杆菌

五、华中地区

华中地区主要包括湖南、湖北、江西、河南地区，其中湖南剁椒、湖北襄阳大头菜、江西腌菜等是这些地区较有名的酱腌菜。湖南剁椒是以新鲜红辣椒为主要原料，以大蒜、姜为辅料，并加上白酒和盐作为调料，由乳酸菌发酵而成。赵玲艳采用454焦磷酸测序技术对湖南线椒和米椒发酵前后细菌的多样性进行了研究，确定其中的优势菌细菌属为魏斯菌属、乳杆菌属和根腐菌属（*Rhizobium*）、*Aureimonas*。钟燕青、王兰、王丽芳等先后从自然发酵辣椒中分离出植物乳杆菌、戊糖片球菌和短乳杆菌等，几株分离菌株都显示了极强的产酸能力。襄阳大头菜是以芥菜为原料，采用独特的“三腌、五卤、六晒”工艺历时18个月腌制而成，该制作工艺至今已有近2000年的历史。杨雪等采用常规分离鉴定方法，从湖北自然发酵的大头菜中分离出植物乳杆菌、耐酸乳杆菌、短乳杆菌，其中植物乳杆菌发酵风味较好，具有较强的产酸能力，具有应用于纯种发酵生产大头菜的潜力。赵慧君等基于高通量测序确定襄阳大头菜中真菌属以接合酵母属、假丝酵母属、毕赤酵母属为主。江西腌菜是采用各种新鲜蔬菜原料，经清洗后在太阳下晒5~6h，然后在8%盐度下腌制，然后将半干蔬菜放在一个有水的坛子里自然发酵6~8d而成的发酵食品。江西南丰腌菜是当地的特色产品，目前关于江西腌菜相关研究报道甚少。刘长根从南丰采集了10份有盐腌菜和8份无盐腌菜，确定植物乳杆菌和戊糖片球菌是南丰有盐腌菜的主要菌种，发酵乳酸杆和乳酸杆菌亚种是南丰无盐腌菜的主要优势菌种。

综合国内外文献报道，华南地区的主要优势微生物为短乳杆菌、植物乳杆菌、戊糖乳杆菌、发酵乳杆菌、棒状乳杆菌等（表4-10）。

表4-10　华中地区泡菜主要微生物

序号	拉丁文学名	中文名称
1	*Lactobacillus brevis*	短乳杆菌
2	*Lactobacillus plantarum*	植物乳杆菌
3	*Lactobacillus pentosus*	戊糖乳杆菌
4	*Lactobacillus fermentum*	发酵乳杆菌
5	*Lactobacillus coryniformis*	棒状乳杆菌
6	*Lactobacillus buchneri*	布氏乳杆菌
7	*Leuconostoc mesenteroides*	肠膜明串珠菌
8	*Lactobacillus delbrueckii*	德氏乳杆菌
9	*Lactobacillus casei*	副干酪乳杆菌

续表

序号	拉丁文学名	中文名称
10	*Lactobacillus amylolyticus*	解淀粉乳杆菌
11	*Lactobacillus acetotolerans*	耐酸乳杆菌
12	*Weissella confusa*	融合魏斯菌
13	*Lactobacillus alimentarius*	消化乳杆菌
14	*Lactobacillus curvatus*	弯曲乳杆菌

六、西南地区

西南地区是泡菜的主要产地之一，以四川泡菜和重庆涪陵榨菜最为典型。另外，四川省的宜宾芽菜、南充冬菜、资中冬尖，贵州省的酸菜、酸汤、独山三酸（盐酸、虾酸、臭酸）、镇远腌菜、糟菜等均是有名的地方性特色酱腌菜，有的已经成为地理标志性产品。其中，酸汤是贵州黔东南苗族、侗族人民嗜食的传统发酵食品，包括白酸汤和红酸汤两种。白酸汤的主要原料有大米、糯米、玉米等，做法是将清米汤直接放置在密闭容器内，接种老酸汤，自然发酵。“红酸汤”是以鲜蔬菜、米汤、辣椒、番茄等物质为主要原料，添加水、食盐或不加食盐及部分调味料，利用蔬菜自身所携带的微生物或加入人工培养的混合乳酸菌在厌氧条件下进行乳酸发酵，形成口感独特的倍受消费者青睐的风味食品。田亚等采用高通量测序分析贵州米酸汤微生物多样性，研究表明发酵过程中的优势细菌为酒乳杆菌（*Lactobacillus vini*，新命名为：酒液体乳杆菌，*Liquorilactobacillus vini*）、解淀粉乳杆菌（*Amylolactobacillus amylolyticus*）、干酪乳杆菌、巴氏醋酸杆菌、普雷沃菌属（*Prevotella*）、谷糠迟缓乳杆菌（*Lactobacillus farraginis*）等。王琪琪采用高通量测序分析贵州凯里酸汤的优势微生物，确定白酸汤的优势细菌为乳杆菌属、醋酸杆菌属、葡萄醋酸杆菌属（*Gluconacetobacter*），优势真菌为毕赤酵母属、假丝酵母属、双足囊菌属（*Dipodascus*）。辣椒红酸汤和番茄红酸汤的优势细菌为乳杆菌属、片球菌属和未分类属，优势真菌为哈萨克斯坦酵母属、酵母属、双足囊菌属、毕赤酵母属。张璇采用微生物形态学和生理生化鉴定发现贵州红酸汤中的优势细菌属为乳杆菌属、芽孢杆菌属和片球菌属，主要为植物乳杆菌、马里乳杆菌、德氏乳杆菌德氏亚种、类布氏乳杆菌（*Lactobacillus paraplantarum*）、果糖乳杆菌、食果糖乳杆菌、布氏乳杆菌、戊糖乳杆菌、发酵乳杆菌、短乳杆菌、弯曲乳杆菌、乳酸片球菌、凝结芽孢杆菌、菊糖芽孢杆菌、巨大芽孢杆菌、地衣芽孢杆菌等，优势酵母菌分别属于酵母属、汉逊酵母属和酒香酵母属（*Brettanomyces*）。

另外，宜宾芽菜是四川地区的特色酱腌菜，王新惠、尹礼国等研究表明乳杆菌属、假单胞菌属、嗜冷杆菌属、葡萄球菌属、芽孢杆菌等是宜宾芽菜的主要微生物。资中冬尖和南充冬菜是典型的川冬菜，董玲等采用通过 16S rDNA 多样性分析方法分析南充冬菜的细菌群落组成，确定柯柯盐湖枝芽孢杆菌（*Virgibacillus kekensis*），白色海洋球菌（*Marinococcus albus*），盐水球菌（*Salinicoccus* sp.），嗜盐乳杆菌（*Lactobacillus halophilus*）和耐盐嗜碱菌（*Halomonas*）等中度嗜盐菌是其中主要微生物，有 5%属于放线菌门（Actinobacteria），并从中分离出枝芽孢菌属（*Virgibacillus*），巨大芽孢杆菌和纤细芽孢杆菌（*Gracilibacillus saliphilus*）及一株放线菌门的菌。汪淼等采用 PCR-DGGE 分析资中冬尖发酵过程中细菌多样性，发现资中冬菜中含有大量中度嗜盐菌，如发酵盐厌氧菌（*Halanaerobium fermentans*）、唾液碱杆菌（*Alkalibacillus salilacus*）、*Bacillus pocheonensis*、盐脱硝枝芽孢杆菌（*Virgibacillus halodenitrificans*）、冰下盐单胞菌（*Halomonas subglaciescola*）、沉积物枝芽孢杆菌（*Virgibacillus sediminis*）。作者科研团队广泛收集了四川、贵州地区的泡菜样品，确定了泡菜中的乳酸菌主要为明串珠菌属、乳杆菌属、乳球菌属、魏斯菌属、肠球菌属等微生物。

综合国内外的主要文献报道，初步确定西南地区的主要微生物为植物乳杆菌、短乳杆菌、戊糖乳杆菌、发酵乳杆菌、肠膜明串珠菌等（表 4-11）。

表 4-11　　西南地区泡菜主要微生物

序号	拉丁文学名	中文名称
1	*Lactobacillus plantarum*	植物乳杆菌
2	*Lactobacillus brevis*	短乳杆菌
3	*Lactobacillus pentosus*	戊糖乳杆菌
4	*Lactobacillus fermentum*	发酵乳杆菌
5	*Leuconostoc mesenteroides*	肠膜明串珠菌
6	*Lactococcus lactis*	乳酸乳球菌
7	*Enterococcus faecalis*	粪肠球菌
8	*Lactobacillus casei*	干酪乳杆菌
9	*Lactobacillus alimentarius*	消化乳杆菌
10	*Lactobacillus buchneri*	布氏乳杆菌
11	*Lactobacillus curvatus*	弯曲乳杆菌
12	*Lactobacillus acidophilus*	嗜酸乳杆菌
13	*Staphylococcus* sp.	葡萄球菌属
14	*Pediococcus ethanolidurans*	耐乙醇片球菌
15	*Lactobacillus coryniformis*	棒状乳杆菌

续表

序号	拉丁文学名	中文名称
16	*Lactobacillus zeae*	玉米乳杆菌
17	*Weissella cibaria*	食窦魏斯菌
18	*Lactobacillus namurensis*	那慕尔乳杆菌
19	*Lactobacillus paraplantarum*	类植物乳杆菌
20	*Lactobacillus parabuchneri*	类布氏乳杆菌
21	*Lactobacillus delbrueckii*	德氏乳杆菌
22	*Lactobacillus sakei*	清酒乳杆菌
23	*Pediococcus parvulus*	小片球菌
24	*Lactobacillus farciminis*	香肠乳杆菌
25	*Pseudomonas* sp.	假单胞菌属

七、西北地区

西北地区的浆水是极具特色的发酵食品，在甘肃、关中、陕南很多地方，家家户户都有饮食浆水的习惯。浆水制作工艺简单，主要以油菜、甘蓝、芹菜等为原料，经漂烫后放入罐中，加入面汤或米汤，然后加入陈浆水作为“引子”自然发酵而成，最终形成美味可口的浆水。发酵成熟的浆水汤汁略呈乳白色，气味清香，口感酸醇，可直接舀出加入白糖饮用，其汤汁酸甜可口，加入面条也可以制作成浆水面。

贾国军分析了浆水发酵前期的主要微生物，确定乳酸菌是浆水发酵过程的典型优势菌种，主要分为明串珠菌属、乳杆菌属、乳球菌属和植物乳杆菌属；酵母菌主要为酒香酵母属、汉逊酵母属和毕赤酵母属；醋酸菌主要为醋酸杆菌属和葡糖杆菌属；芽孢菌均为芽孢杆菌属。张宗舟等对浆水中的微生物进行了分离、鉴定，研究表明浆水由乳酸菌、醋酸菌、丁酸菌、芽孢杆菌、酵母菌与霉菌多种微生物共同发酵而成，其中乳酸菌与醋酸菌主导发酵，是浆水呈味、呈香的主要菌群。浆水品质及口感因原料不同而略有差异，芹菜为最优原料。孟宪刚等对浆水中的优势好氧菌进行分离鉴定，共分出 8 株酵母菌和 1 株醋酸杆菌，其中酵母菌分属酒香酵母、瓶形酵母、假丝酵母 3 个属，表明浆水发酵过程中进行好氧发酵的主菌群为酵母菌，与同期张宗舟等的研究结果基本一致。孟宪刚等又从西北酸菜中分离出 53 株菌，对其进行一系列指标测定后选出产酸快的东方醋酸菌 AC-5、产醇的东方伊萨酵母 Y7、降解亚硝酸盐达 78.17%的干酪乳杆菌 L5 和发酵风味优良的副干酪乳杆菌 L8 作为西北浆水工业化生产复合发酵剂的原始菌株。李雪萍等采用纯培养与分子生物学技术相结合的方法，对浆水中可培养微生物结合 16S rDNA、18S rDNA 序列测定法，鉴定出庆阳环县浆水样品中主要细菌为乳酸乳球菌、嗜酸乳杆菌、明串珠菌、戊糖乳杆菌、马里乳杆菌、德氏乳杆菌、发酵乳杆菌、植物乳杆菌、消化乳杆菌、棉籽糖乳杆菌等 10 余种，主要真菌是可改善发酵风味的酿酒酵母，研究还发现浆水中存在肠杆菌和霉菌等。李雪萍等另一篇报道指出，虽然不同产地样品中兼性厌氧微生物群系具有相似性，但菌种差别却很大。张晓辉等从 3 个不同地区的浆水样品中分别提取细菌总 DNA，采用 MiSeq 技术对细菌 16Sr RNA 的 V3～V4 区进行测序分析获得其细菌多样性，结果表明，浆水中的细菌以乳杆菌为主，但不同地区样品中细菌多样性存在一定差异，3 个样品均存在致病菌或条件致病菌的污染。经过溶钙圈实验筛选和 16S rRNA 测序鉴定得到植物乳杆菌、鼠李糖乳杆菌两个属 10 株对 4 种常见致病菌具有良好抑制作用的有益菌，为接种发酵浆水的研究提供了优良菌株。Chen 等利用高通量分析 26 份浆水中的细菌时，发现梭菌门、变形菌门和蓝细菌门是主要菌门，乳杆菌科、醋酸杆菌科、假单胞菌科、肠杆菌科和芽孢杆菌科是主要的菌科，乳酸杆菌属、片球菌属、醋酸杆菌属、芽孢杆菌属和鲸蜡菌属是主要菌属。作者科研团队从新疆地区泡菜中分离出植物乳杆菌、短乳杆菌、肠膜明串珠菌等乳酸菌；从陕西地区的酸菜、浆水菜、盐渍菜、糖醋渍菜中分离出植物乳杆菌、短乳杆菌、布氏乳杆菌、德氏乳杆菌、发酵乳杆菌以及赫仑魏斯菌、融合魏斯菌、食窦魏斯菌、谲诈明串珠菌、*Leuconostoc fallax* 等多种乳酸菌。

综合国内外主要文献报道，西北地区泡菜的主要优势微生物为植物乳杆菌、发酵乳杆菌、短乳杆菌、戊糖乳杆菌、德氏乳杆菌、消化乳杆菌等（表 4-12）。

表 4-12　　西北地区泡菜主要微生物

序号	拉丁文学名	中文名称
1	*Lactobacillus plantarum*	植物乳杆菌
2	*Lactobacillus fermentum*	发酵乳杆菌
3	*Lactobacillus brevis*	短乳杆菌
4	*Lactobacillus pentosus*	戊糖乳杆菌
5	*Lactobacillus delbrueckii*	德氏乳杆菌
6	*Lactobacillus alimentarius*	消化乳杆菌
7	*Lactobacillus rhamnosus*	鼠李糖乳杆菌
8	*Lactobacillus lactis*	乳酸乳杆菌
9	*Leuconosto cmesenteroides*	肠膜明串珠菌
10	*Lactobacillus parabuchneri*	类布氏乳杆菌

续表

序号	拉丁文学名	中文名称
11	*Lactobacillus casei*	干酪乳杆菌
12	*Lactobacillus casei*	副干酪乳杆菌
13	*Lactobacillus curvatus*	弯曲乳杆菌
14	*Lactobacillus acidophilus*	嗜酸乳杆菌
15	*Lactococcus lactis*	乳酸乳球菌
16	*Lactobacillus sakei*	清酒乳杆菌
17	*Leuconostoc citreum*	柠檬明串珠菌
18	*Pediococcus ethanolidurans*	耐乙醇片球菌
19	*Lactobacillus nagelii*	纳盖利乳酸菌

通过对全国泡菜微生物的群系分布的系统总结，可以基本确定乳杆菌属是各地区泡菜共有的主要优势菌属，优良的理化特性（如耐酸耐胆盐）不仅使乳杆菌属在泡菜菌群中占据优势地位，而且在泡菜发酵过程中起着一定作用，是衡量泡菜发酵过程的指标。虽然不同地域具有不同的代表性发酵蔬菜，但都具有类似的优势微生物菌群，其差异主要表现在微生物多样性和相对丰度上。

在今后的研究中需要采取更多的分子生态学手段来不断完善微生物多样性信息，对于揭示泡菜发酵机理、风味因子的形成机制以及调控泡菜发酵具有重要意义。

八、全国泡菜取样分析

1999 年和近年来（2016—2021 年），作者科研团队从四川、贵州、云南、福建、广东、山东、辽宁、陕西、新疆等多个省市地区收集了 500 多份泡菜样品（采样信息见表 4-13），采用传统可培养法和高通量测序对全国泡菜的微生物群落结构进行了全面研究，初步确定了各地区及各类型泡菜的主要微生物。这些研究为全国泡菜微生物区系研究提供大量参考，同时对挖掘我国各民族传统特色发酵蔬菜食品、弘扬中华民族食品文化具有重要意义。

表 4-13　　作者科研团队全国泡菜采样情况

地区	泡菜种类	采样数量/份
四川及云南	盐渍菜、传统泡菜、宜宾芽菜、南充冬菜、无盐酸菜	350
贵州	传统泡菜、盐渍菜、无盐酸菜、酸汤番茄、盐酸、臭酸、虾酸、陈年道菜、镇远腌菜、糟辣椒和糟萝卜	78

续表

地区	泡菜种类	采样数量/份
重庆	涪陵榨菜	60
福建	酸菜、酸笋、泡菜、萝卜干、香砂仁、老菜脯	18
广东	萝卜干、酸菜、梅干菜、泡菜	21
山东	盐渍菜、酱菜、酱什锦菜、辣白菜	9
辽宁	锦州小菜、辣白菜、盐渍菜、东北酸菜	9
陕西	浆水菜、糖醋渍菜、泡菜、盐渍菜	11
新疆	泡菜	2

基于传统可培养法的细菌和真菌的分离情况分别见表 4-14、表 4-15。从全国样品共分离得到 233 株细菌，隶属 13 个属 53 个种，主要细菌属包含乳杆菌属、片球菌属、乳球菌属、片球菌属、魏斯菌属、明串珠菌属、假单胞菌属等，分离出数量较多的菌种为植物乳杆菌、发酵乳杆菌、布氏乳杆菌、短乳杆菌、酸鱼乳杆菌、消化乳杆菌以及芽孢杆菌。其中植物乳杆菌是分离得到最多的菌株。酵母菌共分离到 152 株，分属 11 个属 29 个种，主要酵母属包括酿酒酵母属、德巴利酵母属、毕赤酵母属、接合酵母属、拟威克酵母属、假丝酵母属等，分离出较多的有鲁氏接合酵母、库德里阿兹威毕赤酵母、双孢接合酵母、蜂生假丝酵母、假丝酵母、粉状米勒酵母、曼舒里卡毕赤酵母（*Pichia manshurica*）、在埃切假丝酵母（*Candida etchellsii*）、汉逊德巴利酵母、膜醭毕赤酵母、酿酒酵母等。从分离情况来看，植物乳杆菌在所有泡菜微生物中占绝对优势；发酵乳杆菌、布氏乳杆菌、短乳杆菌分布在绝大部分地区；酸鱼乳杆菌主要分离自南方地区。贵州地区含有丰富的泡菜、酱腌菜如无盐酸菜、酸汤番茄、独山三酸、陈年道菜、镇远腌菜、糟菜等，在其中分离出了较多类型的乳酸菌，如福菜乳杆菌、面包乳杆菌、纳盖利乳酸菌、蔷薇乳杆菌、老面乳杆菌等。鲁氏接合酵母是一种耐高渗透压的酵母菌，本次分离出的 18 株菌均来自宜宾芽菜。

表 4-14　　　　全国泡菜细菌分离情况

序号	拉丁文学名	中文名称	分离数量/株	分离源
1	*Lactobacillus plantarum*	植物乳杆菌	51	绝大部分泡菜
2	*Lactobacillus fermentum*	发酵乳杆菌	19	陕西浆水、广东酸菜、宜宾芽菜、无盐酸菜、镇远腌菜
3	*Lactobacillus buchneri*	布氏乳杆菌	16	东北酸菜、广东酸菜、四川泡菜、南充冬菜、贵州泡菜、陕西糖醋蒜
4	*Lactobacillus brevis*	短乳杆菌	14	东北酸菜、新疆泡菜、四川无盐酸菜、贵州盐渍雪菜、盐酸菜、陕西泡菜

续表

序号	拉丁文学名	中文名称	分离数量/株	分离源
5	*Lactobacillus acidipiscis*	酸鱼乳杆菌	10	贵州臭酸、南充冬菜、宜宾芽菜、四川盐菜
6	*Lactobacillus alimentarius*	消化乳杆菌	4	南充冬菜、贵州盐酸菜、盐渍酸菜
7	*Lactobacillus namurensis*	那慕尔乳杆菌	4	广东盐渍酸菜、贵州盐渍剁椒、盐酸菜、四川盐渍菜
8	*Lactobacillus futsaii*	福菜乳杆菌	3	四川盐渍酸菜、泡椒、宜宾芽菜
9	*Lactobacillus casei*	副干酪乳杆菌	3	贵州盐酸菜、新疆泡菜、四川盐渍菜
10	*Lactobacillus crustorum*	面包乳杆菌	1	贵州糟萝卜
11	*Lactobacillus delbrueckii*	德氏乳杆菌	1	陕西浆水
12	*Lactobacillus formosensis*	佛氏乳杆菌	1	广东盐渍酸菜
13	*Lactobacillus johnsonii*	约氏乳杆菌	1	宜宾白芽菜
14	*Lactobacillus zymae*	老面乳杆菌	1	贵州泡藠头
15	*Lactobacillus coryniformis*	棒状乳杆菌	1	四川盐渍菜
16	*Lactobacillus nagelii*	纳盖利乳酸菌	2	镇远腌菜
17	*Lactobacillus paralimentarius*	类消化乳杆菌	2	贵州臭酸、盐渍雪菜
18	*Lactobacillus rossiae*	罗西糠乳杆菌	2	贵州糟萝卜
19	*Lactobacillus* sp.	乳杆菌属	2	东北酸菜、南充冬菜
20	*Weissella paramesenteroides*	类肠膜魏斯菌	5	新疆泡菜
21	*Weissella confusa*	融合魏斯菌	1	陕西浆水
22	*Weissella hellenica*	赫仑魏斯菌	1	陕西盐渍雪里蕻
23	*Weissella cibaria*	食窦魏斯菌	2	陕西盐渍雪里蕻
24	*Enterococcus casseliflavus*	铅黄肠球菌	3	辽宁腌豇豆、黄瓜
25	*Enterococcus xiangfangensis*	香坊肠球菌	1	锦州小菜
26	*Leuconostoc mesenteroides*	肠膜明串珠菌	3	新疆泡菜
27	*Leuconostoc fallax*	谲诈明串珠菌	1	陕西盐渍剁椒
28	*Streptococcus thermophilus*	嗜热链球菌	1	东北酸菜
29	*Pediococcus ethanolidurans*	耐乙醇片球菌	3	四川盐渍红椒、贵州泡藠头
30	*Pediococcus parvulus*	小片球菌	1	东北酸菜
31	*Pediococcus pentosaceus*	戊糖片球菌	1	四川泡青菜
32	*Pseudomonas* sp.	假单胞菌属	1	四川盐渍酸菜
33	*Bacillus altitudinis*	高地芽孢杆菌	3	宜宾芽菜

续表

序号	拉丁文学名	中文名称	分离数量/株	分离源
34	*Bacillus aryabhattai*	阿氏芽孢杆菌	4	贵州酸菜、辽宁腌黄瓜、四川盐渍菜
35	*Bacillus cereus*	蜡样芽孢杆菌	1	广东梅干菜
36	*Bacillus haynesii*	海内芽孢杆菌	1	四川老坛酸菜
37	*Bacillus licheniformis*	地衣芽孢杆菌	7	广东萝卜干、贵州虾酸、宜宾芽菜
38	*Bacillus safensis*	沙福芽孢杆菌	2	宜宾芽菜
39	*Bacillus* sp.	芽孢杆菌属	27	陈年道菜、宜宾芽菜、贵州泡藠头
40	*Bacillus subtilis*	枯草芽孢杆菌	9	陈年道菜、宜宾芽菜
41	*Bacillus tequilensis*	特基拉芽孢杆菌	1	四川老坛酸菜
42	*Bacillus velezensis*	贝莱斯芽孢杆菌	1	宜宾白芽菜
43	*LysiniBacillus macroides*	赖氨酸芽孢杆菌	1	贵州无盐酸菜
44	*Rothiakristinae*	克氏考克菌	1	四川盐渍菜
45	*PaeniBacillus massiliensis*	马赛类芽孢杆菌	1	宜宾芽菜
46	*PaeniBacillus* sp.	类芽孢杆菌属	1	宜宾芽菜

表 4-15　全国泡菜酵母菌分离情况

序号	拉丁文学名	中文名	分离数量/株	分离源
1	*Candida thaimueangensis*	—	2	广东盐渍酸菜
2	*Candida taylorii*	—	1	贵州盐渍灯笼椒
3	*Candida* sp.	假丝酵母属	8	宜宾芽菜、四川盐渍菜
4	*Candida sergipensis*	—	3	四川老坛酸菜、贵州盐渍酸菜
5	*Candida rugosa*	皱褶假丝酵母	1	广东盐渍酸菜
6	*Candida parapsilosis*	近平滑假丝酵母	1	贵州盐渍剁椒
7	*Candida etchellsii*	埃切假丝酵母	6	四川盐渍泡菜
8	*Candida boidinii*	—	1	贵州泡菜
9	*Candida apicola*	蜂生假丝酵母	12	南充冬菜、宜宾芽菜、四川、贵州酸菜
10	*Wickerhamomy cessubpelliculosus*	亚膜威克汉姆酵母	1	贵州泡红椒
11	*Wickerhamiella versatilis*	—	1	四川盐渍萝卜
12	*Wickerhamiella* sp.	拟威克酵母属	1	四川盐渍酸菜
13	*Wickerhamiella pararugosa*	—	1	四川甘孜无盐酸菜
14	*Pichia occidentalis*	西方毕赤酵母	2	广东酸菜、咸菜

续表

序号	拉丁文学名	中文名	分离数量/株	分离源
15	*Pichia membranifaciens*	膜醭毕赤酵母	5	四川盐渍菜、贵州盐渍剁椒
16	*Pichia manshurica*	曼舒里卡毕赤酵母	7	贵州泡藠头、泡大蒜、泡椒、剁椒
17	*Pichia kudriavzevii*	库德里阿兹威毕赤酵母	16	广东酸菜、四川盐渍菜、贵州泡菜、剁椒、镇远腌菜、浆水
18	*Pichia deserticola*	沙漠毕赤酵母	1	镇远腌菜
19	*Pichia* sp.	毕赤酵母属	4	四川泡菜、盐渍菜
20	*Kazachstania exigua*	单孢酿酒酵母	5	四川泡菜、盐渍菜
21	*Kazachstania humilis*	—	2	贵州糟萝卜
22	*Kazachstania* sp.	—	5	四川盐渍菜、贵州糟萝卜、无盐酸菜
23	*Zygosaccharomyces rouxii*	鲁氏接合酵母	18	宜宾芽菜
24	*Zygosaccharomyces bisporus*	双孢接合酵母	15	四川泡菜、云南泡菜、盐渍菜、宜宾芽菜、南充冬菜、贵州盐渍菜、泡菜、无盐酸菜、盐酸菜
25	*Zygosaccharomyces bailii*	拜尔接合酵母	4	四川泡椒、南充冬菜、陕西盐渍乳瓜、糖醋蒜
26	*Zygosaccharomyces* sp.	接合酵母属	3	四川盐渍菜、南充冬菜、宜宾芽菜
27	*Millerozyma farinosa*	粉状米勒酵母	8	宜宾芽菜
28	*Issatchenkia orientalis*	东方伊萨酵母	1	四川泡椒
29	*Debaryomy ceshansenii*	汉逊德巴利酵母	7	四川盐渍菜、甘孜无盐酸菜、南充冬菜、陕西剁椒
30	*Cyberlindnera jadinii*	杰丁塞伯林德纳酵母	1	贵州泡菜
31	*Saccharomy cescerevisiae*	酿酒酵母	3	宜宾芽菜、贵州糟辣椒
32	*Yamada zymatriangularis*	—	5	锦州小菜

基于高通量测序初步了解了各地区泡菜的微生物多样性，如表4-16、表4-17所示。α-多样性指数包括菌群多样性指数（shannon指数和simpson指数）、菌群丰度指数（Chao1和ace）及测序深度指数（coverage）。从数据来看，广东、贵州、四川的细菌多样性和丰富度较高；福建地区的真菌多样性明显高于

其他地区。

表 4-16　各地区泡菜细菌 α-多样性信息

地区	shannon	simpson	ace	Chao1	coverage
重庆	0.90	0.61	254.48	219.89	1.00
福建	1.56	0.43	306.92	290.46	1.00
广东	2.20	0.32	493.69	456.18	1.00
贵州	2.13	0.34	356.29	335.82	1.00
辽宁	1.10	0.55	268.78	193.62	1.00
四川	1.83	0.38	433.69	383.92	1.00
山东	1.54	0.46	216.21	199.53	1.00
新疆	2.05	0.22	249.20	217.25	1.00

表 4-17　各地区泡菜真菌 α-多样性信息

地区	shannon	simpson	ace	Chao1	coverage
重庆	0.96	0.69	110.17	94.33	1.00
福建	2.28	0.26	162.05	158.57	1.00
广东	1.98	0.35	132.89	131.71	1.00
贵州	1.82	0.35	134.10	137.15	1.00
辽宁	0.89	0.65	138.27	109.49	1.00
四川	1.63	0.44	116.28	113.02	1.00
山东	1.66	0.41	82.56	82.59	1.00
新疆	0.91	0.47	100.14	117.33	1.00

细菌的高通量测序结果表明：在门水平，各地区均以厚壁菌门为主，其次是变形菌门，两者在各地的相对丰度值均高于 84%。另外，四川、山东地区的盐厌氧菌门（*Halanaerobiaeota*）的相对丰度较高，含量分别为 6%和 8%，贵州地区的拟杆菌门（*Bacteroidota*）的相对丰度为 10%。各地区泡菜微生物属水平上的相对丰度如表 4-18 所示。乳杆菌属是所有泡菜中含量最高的菌属，片球菌属在四川、广东、辽宁、新疆地区含量较高，罗尔斯通菌属（*Ralstonia*）在贵州、广东、山东地区较高，魏斯菌属、盐厌氧菌属、盐单胞菌属、乳球菌属、明串珠菌属在各地区均有分布，但含量相对较少。

表 4-18　　各地区泡菜细菌相对丰度（属水平）

属	四川	贵州	福建	广东	山东	辽宁	新疆	重庆
乳杆菌属	0.62	0.4	0.76	0.49	0.5	0.52	0.77	0.77
片球菌属	0.05	<0.01	<0.01	0.08	<0.01	0.37	0.11	<0.01
罗尔斯通菌	<0.01	0.18	<0.01	0.04	0.02	<0.01	<0.01	<0.01
魏斯菌属	0.03	0.02	0.01	0.06	0.07	<0.01	0.02	<0.01
盐厌氧菌属	0.06	<0.01	0.02	<0.01	0.07	<0.01	<0.01	<0.01
嗜盐单胞菌属	0.04	0.08	0.01	0.01	0.04	<0.01	<0.01	0.05
乳球菌属	<0.01	<0.01	<0.01	0.03	<0.01	<0.01	<0.01	<0.01
明串珠菌属	<0.01	<0.01	<0.01	0.03	0.02	0.01	<0.01	<0.01

真菌以子囊菌门为主，其次是担子菌门，两者在各地的相对丰度之和均高于93%，其中，新疆地区的有99.99%以上是子囊菌门。各地区泡菜真菌在属水平上的相对丰度如表4-19所示。酿酒酵母属、德巴利酵母属、毕赤酵母属、接合酵母属、威克汉姆酵母属、假丝酵母属是各地区泡菜的优势酵母属，与传统分离培养法结果一致。酿酒酵母属在辽宁、新疆地区相对丰度较高；德巴利酵母属在重庆地区相对丰度较高，占79%，广东次之；毕赤酵母属在四川、贵州、福建地区相对丰度较高；接合酵母属、威克汉姆酵母属、假丝酵母属分别在四川、新疆、广东地区泡菜样品中丰度较高。

表 4-19　　各地区泡菜真菌相对丰度（属水平）

属	四川	贵州	福建	广东	山东	辽宁	新疆	重庆
酿酒酵母属	0.1	0.16	0.03	0.14	0.15	0.37	0.53	0.03
德巴利酵母属	0.02	0.1	0.04	0.11	0.01	0.01	<0.01	0.79
毕赤酵母属	0.21	0.13	0.24	0.04	0.02	0.02	0.02	<0.01
接合酵母属	0.13	0.08	0.02	<0.01	0.42	0.16	<0.01	<0.01
威克汉姆酵母属	<0.01	0.04	<0.01	<0.01	0.04	<0.01	0.44	<0.01
假丝酵母属	0.06	0.03	0.05	0.16	0.02	<0.01	<0.01	<0.01
枝孢属	0.02	0.03	0.06	0.05	0.01	0.11	<0.01	<0.01
曲霉菌属	0.02	0.01	0.07	0.04	0.04	<0.01	<0.01	<0.01
链格孢属	0.04	<0.01	0.04	<0.01	0.02	0.06	<0.01	<0.01
伊萨酵母属	0.08	0.04	<0.01	<0.01	<0.01	<0.01	<0.01	<0.01
壁菌属	<0.01	<0.01	<0.01	0.01	0.02	0.09	<0.01	<0.01

续表

属	四川	贵州	福建	广东	山东	辽宁	新疆	重庆
Sterigmatomgees	0.04	0.04	<0.01	<0.01	<0.01	<0.01	<0.01	<0.01
黑粉酵母属	<0.01	<0.01	0.04	0.03	<0.01	0.02	<0.01	<0.01
Yamadazyma	<0.01	<0.01	<0.01	<0.01	0.06	0.06	<0.01	<0.01
阿氏丝孢酵母属	<0.01	<0.01	0.05	0.02	<0.01	<0.01	<0.01	<0.01

泡菜微生物的研究与应用尽管已经取得了良好的进展，大大丰富了人们对传统泡菜的认识，然而我国泡菜产品分布广泛、种类繁多，影响因素较为复杂，泡菜的研究还仅仅是开始。基于此，作者认为细分国内泡菜工艺、产品，夯实研究基础，拓展研究领域，促进营养、健康的传统泡菜的工业化，以现代生物技术和食品工程技术推动泡菜产品的现代化生产是未来发展的主要方向。从微生物角度，探明不同类型泡菜的微生物群落结构及动态变化是控制泡菜发酵、提高泡菜品质及保证泡菜发酵安全性的基础。而不同加工类型的泡菜由于其温度、盐度、原料品种及工艺等因素的影响，微生物群落结构、代谢途径等差异显著，探明这些群落结构的差异，构建泡菜微生物群落结构与代谢产物、质构、安全性之间的关系，泡菜微生物与人体肠道菌群、人体健康等方面的研究都将成为泡菜研发的重点。随着系统生物学、组学手段的普及应用，将为我们提供更为有效和便捷的研究手段，这些深入研究将为现代技术改造提升中国传统泡菜产业奠定基础，也是引导我国泡菜产业未来发展方向的基础。

第五节　环境因子对泡菜中微生物生长的影响

微生物生长离不开环境，生长是微生物与外界环境因子共同作用的结果。只有当外界环境条件适宜时，微生物才能进行正常的生长、繁殖。外界不适宜时，微生物的生命活动就受到抑制或引起变异甚至死亡。不同微生物对各种理化因子的敏感性不同，因此研究环境条件与微生物之间的相互关系，有助于掌握微生物的生长、繁殖规律，也可指导人们在生产及生活中有效地控制微生物的生命活动。我国泡菜的乳酸菌群落结构在属水平［图 4-11（1）］和种水平［图 4-11（2）］都有显著的差异，分别对泡菜制作过程中重要的环境因素如温度、盐度、工艺（盐渍、泡渍）、品种进行初步分析（RDA，冗余分析），如图 4-12 所示，结果显示各种因素对泡菜中优势乳酸菌的群落结构及多样性具有显著的影响，影响最大的环境因素分别是温度和盐度，占到总影响因素的 80%

（可量化的因素），而品种和工艺影响相对较少。我国泡菜加工方式多种多样，大多采用自然发酵工艺，诸多影响因素必然导致泡菜中的微生物群落结构及变化有一定的差异，有待于更深入的研究。

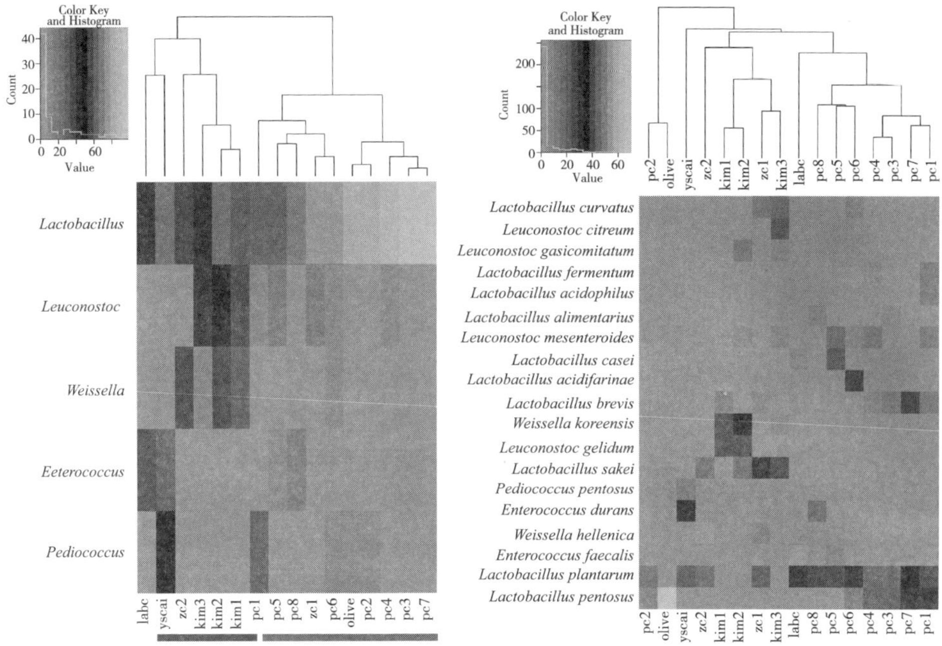

（1）属水平　　（2）科水平

图 4-11　不同泡菜乳酸菌的优势群落差异 heatmap 图

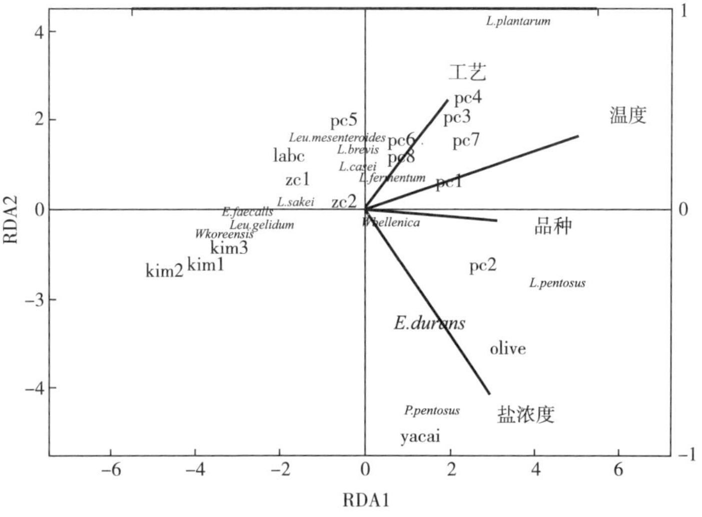

图 4-12　基于 RDA 分析不同因素对泡菜微生物群落结构的影响

一、盐度对泡菜微生物的影响

食盐在蔬菜的腌制中起着至关重要的作用，是泡菜制作过程中必需的原料。食盐的添加不仅会影响到泡菜的咸味，还会影响泡菜发酵过程中微生物的生长代谢，从而直接和间接地影响泡菜的风味。此外，食盐还具有抑制不耐盐微生物生长的作用。

（一）泡菜中食盐的作用

泡菜是蔬菜发酵食品。发酵过程中，在酶和微生物的新陈代谢活动下，逐步形成了富含生物活性物质（多肽、胞外多糖、酚类物质、神经递质、维生素）、营养元素并具有独特风味的发酵蔬菜制品。新鲜蔬菜表面的微生物种群主要是细菌和酵母，细菌中的乳酸菌只占一小部分。在发酵期间，当盐浓度和温度适宜时，乳酸菌的生长逐渐处于优势，因此大多数蔬菜都要进行乳酸发酵。

食盐对蔬菜发酵至关重要，概括起来主要包括以下几方面作用。

1. 防腐作用

食盐的主要成分氯化钠是强电解质，渗透力强，能迅速渗入蔬菜细胞内，抑制蔬菜细胞的呼吸作用和生命活动。

2. 抑菌作用

食盐能产生渗透压，一定浓度食盐溶液的渗透压力，致使微生物脱水，失去活力。一般1%浓度的食盐溶液可产生61.7kPa的渗透压力，而微生物细胞液的渗透压一般为30.7k~61.5kPa，一般细菌的渗透压也不过30k~60kPa。当食盐溶液的渗透压大于微生物细胞液的渗透压时，细胞的水分外流，从而使细胞脱水，导致细胞质壁分离，抑制了微生物的活动。

3. 益生作用

适宜的盐浓度对于原料带入的有益微生物的生长、繁殖与发酵有促进作用。

4. 增香、增味与保脆作用

食盐除使蔬菜具有适当的咸味外，可与发酵蔬菜中的游离氨基酸，特别是谷氨酸和天冬氨酸作用，增加了产品的鲜味，从而影响泡菜的风味和品质。此外，食盐可以抑制果胶酶活性，防止组织变软，保持脆度。

5. 抗氧化作用

食盐能降低泡菜汁中的氧气含量，从而抑制好氧型微生物的生长，如真菌和好氧型细菌。

食盐溶液中除食盐外还有糖类和酒精等物质，均具渗透性质，加上发酵等作用，就使得泡菜得以保藏并增加了其风味。

概括起来，食盐对于发酵蔬菜的作用在于不仅影响着发酵蔬菜中生化及微生物群落，而且关系到发酵蔬菜的最终质量和风味。

（二）食盐浓度对泡菜微生物的影响

微生物的种类不同，其耐受食盐的能力也不同，一般乳酸菌、酵母菌及霉菌的食盐耐受能力较强，而肠杆菌科细菌、假单胞菌属细菌等微生物的食盐耐受能力较差。3%浓度的食盐溶液对乳酸菌的活动有轻微影响，10%浓度以上时乳酸菌发酵作用大大减弱。美国农业部（United States Department of Agriculture，USDA）数据显示，高盐度可以显著抑制大肠埃希菌、金黄色葡萄球菌和肠炎沙门菌等常见食源性致病菌的生长；Hajmeer 等报道致病菌在高盐度条件下细胞更易受到破坏。由此可见，高浓度食盐的渗透压等作用可抑制致病菌的生长或破坏致病菌细胞达到保证微生物安全性的目的。J. Bautista-gallego 认为降低发酵蔬菜的盐度可能会增加致病菌生长的风险。另一方面也有报道，低盐环境同样可能使泡菜在一段时间内免受腐败菌和致病菌的危害。低盐条件下泡菜中的乳酸菌在发酵前期快速生长，尤其是在发酵起始阶段，其竞争性地获得主导地位，代谢产生大量的有机酸、蛋白类物质，使泡菜中腐败菌或致病菌的生长得到抑制。So 等研究显示明串珠菌属在低盐条件下长得很好，而有一些乳杆菌属在高盐条件下长得好；V. Romero-gil 等报道了温度和食盐浓度对发酵橄榄中主要微生物的影响，结果显示植物乳杆菌、戊糖乳杆菌等可耐高达 11%以上的食盐浓度；Bautista-gallego 等报道戊糖乳杆菌能够在 8.2%的食盐浓度条件下生长；Hurtado 等则认为即便是同一种菌，其各个菌株个体的耐盐性也有差异。杨晓辉等从多种泡菜中筛选出的 *Leu.* 1 和 *Leu.* 2（肠膜明串珠菌肠膜亚种）适用于低酸低盐的泡菜发酵，与自然发酵相比较，产酸速度和风味明显优于自然发酵。使用低盐发酵的泡菜虽然在一段时间内有着良好的微生物安全性，之后的安全性仍需研究。

一些学者对使用 1%～10%食盐浓度发酵的四川泡菜进行了研究，发现使用 4%～10%食盐浓度发酵的泡菜都有良好的微生物安全性，1%～3%食盐浓度发酵的泡菜在发酵 6d 后微生物安全性仍待研究。盐浓度在泡菜发酵早期影响明显，如在发酵开始的前 2 天，盐浓度越低，pH 降低越快，在发酵后期则对于 pH 变化无明显作用，但是低盐浓度引起最终产品的 pH 较低。1%～3%食盐浓度条件下，乳酸菌的繁殖代谢最快，泡菜的成熟时间加快，但不能有效抑制有害微生物的生长；4%～7%食盐浓度条件下发酵可以显著地抑制真菌、大肠杆菌、芽孢杆菌的生长；8%～10%食盐浓度条件下发酵减弱了乳酸菌的异型发酵作用，降低了乳酸菌新陈代谢速率，延迟了泡菜成熟时间。尽管 8%～10%食盐浓度抑制了对泡菜制作有害菌的生长，但发酵效果仍不如 4%～5%食盐浓度。研究结果发现，使用不同盐浓度发酵泡菜时都是植物乳杆菌和戊糖乳杆菌占优势。翁佩芳等研究发现5%食盐浓度腌制体系的中前期优势种群为乳杆菌属、明串珠菌属和魏斯菌属；7%食盐浓度腌制体系的中前期优势乳酸菌为希腊魏斯菌；腌制后期，起主导作用的种群均变成了植物乳杆菌。Liu等对自制含盐和不含盐的南丰腌菜的细菌群落结构进行研究发现，在含盐腌菜中，植物乳杆菌、戊糖乳杆菌、短乳杆菌和戊糖片球菌占优势，而无盐腌菜中主要是发酵乳杆菌、棒状乳杆菌和相关乳杆菌属菌种组成。

作者科研团队动态跟踪了低盐（2%）、中盐（5%）和高盐（8%）条件下发酵泡菜过程中乳酸菌、真菌和大肠杆菌的变化，结果显示在低盐条件下乳酸菌上升速度更快，而酵母菌在中、低盐泡菜中前期快速生长而中后期略有下降，在高盐泡菜中前期生长较为缓慢；大肠杆菌先上升后消失。低盐泡菜具有更快的发酵速度，而感官评价结果显示低盐化泡菜在感官上是可以接受的。采用传统方法、高通量测序和定量PCR方法，系统解析了不同盐度发酵泡菜的微生物多样性及主要优势菌群的动态变化。在细菌方面，对不同盐度泡菜发酵过程中分离得到的549株细菌采用RAPD分型、16S rDNA、构建系统发育树和种特异性PCR技术进行鉴定，泡菜中主导发酵的乳酸菌是植物乳杆菌和戊糖乳杆菌；采用高通量测序方法，通过构建系统发育树，发现了泡菜中细菌菌群呈现特殊的伞状结构，解析了泡菜发酵过程中微生物群落结构变化；基于统计学方法探明了泡菜发酵过程中的主要优势菌群，对比发现了不同盐度、不同发酵阶段泡菜中细菌的主要优势群落结构及其差异；基于定量PCR技术，揭示了不同盐度泡菜发酵过程中主要优势微生物群落结构动态变化；在真菌方面，对不同盐度泡菜发酵过程中分离得到的100株酵母菌，采用RAPD分型、26S rDNA、构建系统发育树和种特异性PCR技术进行鉴定，发现了泡菜中的主要真菌群落；采用高通量测序方法，解析了泡菜发酵过程中微生物群落结构变化，探明了泡菜中的主要优势菌群，基于统计学方法对比发现了不同盐度、不同发酵阶段以及不同取样位置的泡菜中主要优势真菌群落结构及其差异。研究表明盐度对泡菜发酵初期的乳酸菌群落结构具有显著影响，低盐泡菜发酵前期优势菌有明串珠菌、乳酸乳球菌，戊糖乳杆菌和肠球菌，中高盐泡菜发酵前期由植物乳杆菌、戊糖乳杆菌和魏斯菌主导；而无论何种盐浓度，发酵后期都由植物乳杆菌、戊糖乳杆菌和短乳杆菌完成。

（三）泡菜食盐含量及低盐化趋势

我国泡菜食盐含量缺乏系统的数据统计，各方报道大相径庭，作者科研团队对眉山及成都地区100多个泡菜水样品中的盐度进行测定，结果显示泡菜水的盐度为1.56%~12.66%不等，平均盐度5.55%±4.32%。这是由于各地家庭式或餐饮式做法，用盐量很不稳定，偏差也较大，而根据食用方式的不同，泡菜中的盐度差异也较大，泡辣椒等用于川菜调味类的泡菜用盐量较高，而直接食用类的如什锦泡菜含量较低。由于我国人均食盐摄入高达 12g/d，远高于 WHO 推荐的 5g/d 标准。摄入过量食盐会增加心血管疾病、骨病、高血压等疾病的风险。因此，减少人们摄盐量的工作迫在眉睫，泡菜从高盐度向低盐度转变也是必然的趋势。

近年来，世界上泡菜大部分都降低了盐用量，如韩国泡菜盐度由过去 3.5%~4.5%降低到如今的 1.5%~3.0%，欧洲盐渍橄榄由原来的 6%~10%降低到如今的 3%~6%；欧洲腌黄瓜则由原来的 10%以上降低到 6%左右；而欧洲酸菜更是降低到 1.5%以下。作者科研团队始终在为中国泡菜和酱腌菜生产及产品的降盐量而努力着，主要体现在生产工艺（分段盐渍）、低盐发酵技术、低盐保质技术、低盐产品标准等研究及应用方面。20 世纪 80 年代泡菜生产用盐量从 20%~22%到 90 年代降为 15%~20%，再到 2010 年降到 10%~15%。而泡菜产品则从 12%~15%降为 8%~12%，再降为 5%~8%，有些甚至达到 2%~3%的含盐量。所以，泡菜以前称咸菜，现在称低盐泡菜或泡菜。然而，我国整体泡菜酱腌菜的低盐化还有很长的路要走。

二、温度对泡菜微生物的影响

温度是影响微生物生长、繁殖最重要的因素之一。因为温度不仅会影响到微生物细胞膜的液晶结构，还会影响到细胞内酶的活性和蛋白质的合成，以及 RNA 的结构和转录。适宜的温度能刺激生长，不适的温度会改变微生物的形态、代谢、毒力等，甚至导致其死亡。一般温度每升高 10℃，生化反应速率增加一倍，同时营养物质和代谢产物的溶解度提高，细胞膜的流动性增大，有利于营养物质的吸收和代谢产物的排出。因此，在一定温度范围内，机体的代谢活动与生长繁殖速度随着温度的上升而增加。但当温度上升到一定程度，就会开始对机体产生不利的影响，机体的重要组成，如核酸、蛋白质等对温度较敏感，随着温度的升高可遭受不可逆的破坏，因此温度的升高会导致细胞功能急剧下降以致死亡。

各种微生物都有其生长繁殖的最低温度、最适温度、最高温度和致死温度。微生物能进行繁殖的最低温度界限称为最低生长温度，低于此温度微生物不能生长。使微生物生长速率最高的温度称最适生长温度，不同微生物的最适生长温度不同。

当环境温度低于微生物生长最低温度时，可造成微生物细胞内酶的活性降低，代谢速率降低，进入休眠状态。一般来说，微生物对低温的耐受力都很强，许多细菌甚至能在-70~-20℃下生存。此时虽然微生物的生命活动几乎停止，但其活力仍然存在，提高温度后，仍可恢复其正常生命活动。利用这个特点，在微生物学研究工作中，常采用冷藏法（如冰箱、液氮罐等）保存菌种。由于温度过低会产生冰冻使微生物细胞内的游离水形成冰的晶体造成细胞脱水，并且冰晶体对细胞还有机械损伤作用，也可能导致其死亡。因此，在用低温冰箱和液氮保存菌种时，常采用快速冷冻和在细胞悬液中加入甘油等保护剂以保护细胞。生产上常用低温保藏食品等产品，各种产品的保藏温度不同，分为寒冷温度、冷藏温度和冻藏温度。超过微生物生长的最高温度界限时，可引起微生物细胞内蛋白质凝固，酶变性失活，或细胞质膜的热裂解，因此，高温对微生物具有致死作用。各种微生物对高温的抵抗力不同，同一种微生物又因发育形态、群体数量、环境条件不同而有不同的抗热性。如：大部分细菌的营养细胞在液体中加热至60℃时经数分钟即死亡，但细菌的芽孢在沸水中数分钟甚至数小时仍能存活。高温对微生物的致死作用现已广泛用于消毒灭菌。温度与发酵进程的影响呈正相关关系，研究表明，泡菜发酵中，72h 内 35℃ 的产酸量为25℃的 1.3 倍、15℃的 3 倍。以发酵蔬菜 0.5%酸度值为成熟标准的话，35℃下泡菜在 24h 内就可以发酵成熟，而 25℃则需 48h，15℃的在 72h 内都无法达到成熟的标准。升高发酵温度，泡菜中的微生物生长速度加快，但 26℃ 的温度对于盐度 6%的泡菜液来说并不适宜，发酵过程中兼性厌氧细菌、酵母菌浓度太高，乳酸菌在发酵过程中不能形成生长优势，对泡菜的风味口感影响较大。在低温保藏条件下，泡菜中的菌落总数会有所降低，在保藏 20d 左右能达到一个最低水平菌落，总数维持在一个相对稳定的低水平；泡菜中的乳酸菌总数在保藏 10d 左右能达到最低，乳酸菌总数经过短时间的稳定后又呈线性上升趋势。

微生物按其生长温度范围可分为低温型、中温型和高温型三类。一般认为，温度越高，乳酸菌、肠杆菌和酵母菌在发酵初期增殖越快，同时肠杆菌和酵母菌的消亡时间也越短。受季节气候的影响，温度的变化影响了泡菜发酵速度，从而影响泡菜的成熟时间。一般情况下，较高温度条件下发酵速度更快，如四川泡菜发酵成熟时间 1~5d，而东北酸菜、朝鲜泡菜则需要 10d 以上。温度甚至是区分泡菜加工工艺的重要指标，如东北酸菜、朝鲜泡菜以中低温（5~20℃）发酵为主，而四川泡菜等以中温（20~37℃）发酵为主。说明温度影响了泡菜体系中的菌群结构，进而影响了泡菜中的代谢风味物质。温度差异也影响乳酸菌的生长特性，继而影响泡菜的微生物群落构成，发酵形成不同类型的泡菜，如 Cho 等报道了韩国魏斯菌和肠膜明串珠菌是一种喜冷性乳酸菌，其中韩国魏斯菌能在-1℃下生长，在 15℃条件下同时培养时，韩国魏斯菌的生长受到抑制。Guchte 等曾报道，相对于大肠杆菌，乳酸菌能够较好地适应环境温度的变化。乳酸乳球菌、嗜热链球菌、嗜酸乳杆菌、保加利亚乳杆菌、植物乳杆菌和屎肠球菌可生长在 20℃的培养基质中。杨瑞鹏和赵学慧研究不同温度和盐度对泡菜微生物区系影响，结果发现明串珠菌属适于在较低的温度中生长；熊涛等通过对不同温度下的传统四川泡菜发酵研究表明，温度越高，乳酸菌、大肠杆菌和酵母菌在发酵前期繁殖越快，同时大肠杆菌和酵母菌的消亡时间也越短。

温度也是影响乳酸菌产生乳酸的主要因素。温度的升高会使乳酸菌代谢所需的酶具有较高的活性，从而提高代谢速率，继而使乳酸菌最大程度地产生其代谢产物乳酸，且不同乳酸菌菌属产乳酸量受温度的限制也不同。例如，淀粉乳杆菌可生长在15℃，但不适宜生长在45℃，且在其最适宜温度25~35℃时，产乳酸最多；在相同培养条件下，乳酸乳球菌和鼠李糖乳杆菌分别在33~35℃、41~45℃条件下，产乳酸最多。泡菜盐水pH下降速率与温度成正比，18℃下泡菜发酵至第7天时泡菜还未完全成熟。碳源方面，温度对蔗糖的利用无显著影响；葡萄糖和果糖37℃下发酵时，它们的利用速率要显著快于另两个温度下的发酵。代谢产物方面，低温时乙醇和乙酸的含量较高，乳酸的产量与温度成正比；综上所述，37℃环境中乳酸菌的繁殖代谢最快，乳酸产量最高，能较好地抑制大肠杆菌，对葡萄糖和果糖的利用率最高，大大缩短了发酵周期。温度的改变对泡菜发酵过程中菌系的消长、微生物的代谢影响显著，不仅表现在泡菜发酵周期和各指标差异明显，更重要的是对泡菜食用安全造成一定影响。

作者科研团队对不同发酵温度条件下甘蓝泡菜液发酵过程中的菌群结构演变规律研究发现，可培养与免培养方法研究结果中的主导微生物具有一致性（图4-13、4-14）。通过免培养手段研究发现，10℃时，发酵前期乳球菌属启动发酵，发酵中期出现明串珠菌属和魏斯菌属，后期乳杆菌属主导发酵；15℃时，前期乳球菌属启动发酵，中期出现明串珠菌属，后期以乳杆菌属为主导菌；25℃时，乳球菌属启动发酵，中期出现魏斯菌属和乳杆菌属，后期以乳杆菌属主导发酵；35℃条件下，乳球菌属、魏斯菌属和乳杆菌属启动发酵，后期乳杆菌属主导发酵。

通过可培养手段研究发现，10℃条件下，乳酸乳杆菌和解鸟氨酸拉乌尔菌（*R. ornithinolytica*）启动发酵，发酵中后期以短乳杆菌和肠膜明串珠菌占数量优势；15℃条件下，以乳酸乳杆菌启动发酵，植物乳杆菌终止发酵。25℃条件下，中后期以植物乳杆菌占优势。35℃条件下，可培养中后期以植物乳杆菌占优势。

菌群的演变可能与优势菌属的特性有关。一方面是菌群的温度耐受性，许多研究表明明串珠菌属适应于较低的温度，且生长速度较快，而乳杆菌属适宜的生长发酵温度偏高；另外一方面，随着发酵的进行，pH的降低也会影响优势菌群的结构，如发酵至后期的低温组泡菜乳杆菌属占据优势，该菌群相比其他菌群具有更强的酸耐受性，而肠膜明串珠菌、乳酸乳杆菌等菌种的耐酸性较植物乳杆菌弱，发酵后期消失。此外，也有报道乳酸菌产生的细菌素等产物可以拮抗大肠杆菌等革兰染色阴性微生物，也可能是发酵中后期肠杆菌下降的因素之一。从发酵特性的角度可以看出，10℃的低温更有利于异型乳酸菌生长，代谢

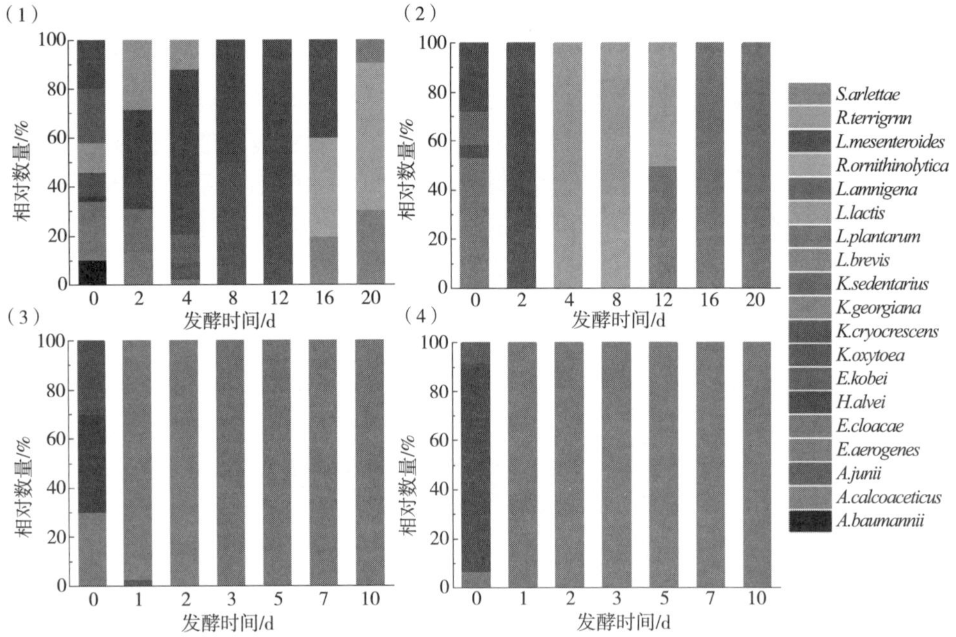

图 4-13　可培养方法分析不同温度发酵甘蓝泡菜液中细菌群落结构相对数量

（1）10℃；（2）15℃；（3）25℃；（4）35℃

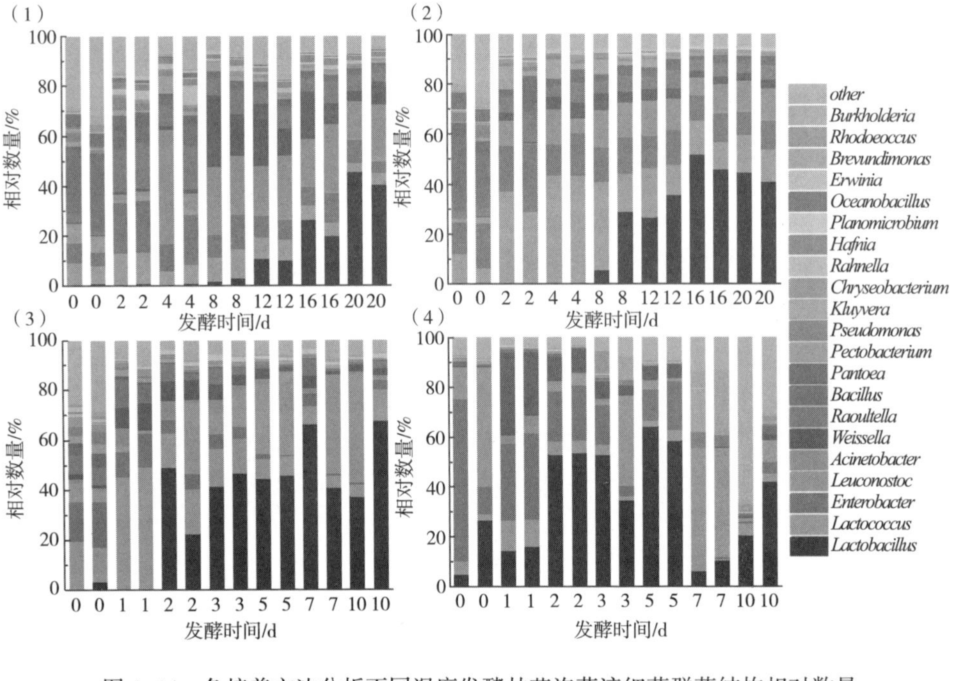

图 4-14　免培养方法分析不同温度发酵甘蓝泡菜液细菌群落结构相对数量

（1）10℃；（2）15℃；（3）25℃；（4）35℃

注：选取在所有样品中平均丰度≥0.5%的菌群。

产生乙酸、乙醇等物质，因此更有利于提升泡菜风味。从发酵成熟期可以看出，泡菜的成熟期都在植物乳杆菌作为优势乳酸菌之后，从微生物的角度观察，泡菜的成熟与植物乳杆菌的大量增殖有关，因为明串珠菌属、魏斯菌属等乳酸菌异型发酵产酸量少，而乳杆菌属于兼性异型发酵，可以产生大量的乳酸，加速泡菜成熟。

三、含水量对多态泡菜微生物的影响

水是微生物生存和新陈代谢不可缺少的物质，水可以保持微生物自身生存环境的平衡，也是微生物与微生物之间进行物质交换必要的媒介。

因此，根据发酵过程水分相对含量，泡菜可以分为湿态发酵、半干态发酵和干态发酵。一般认为，湿态发酵是指新鲜蔬菜和水一同添加进行发酵，如四川盐渍菜、东北酸菜等；半干态发酵是指加工前不添加水直接进行盐渍，如涪陵榨菜、韩国泡菜等；干态发酵是指加工前或加工后进行干燥，如萧山萝卜干、宜宾芽菜等。作者科研团队研究表明，湿态盐渍萝卜以乳酸菌为主导发酵，半干态和干态盐渍萝卜微生物影响较小，其发酵程度弱或不发酵，湿态泡菜更有利于乳酸菌快速生长和总酸的形成。

盐渍菜中微生物的数量能反映其发酵程度。作者科研团队研究表明，湿态盐渍菜乳酸菌生长迅速并占据主导，其代谢葡萄糖产酸导致耐酸较弱的微生物群落消亡；酵母菌在整个发酵过程中都可检出，但数量较低。半干态渍菜的相关研究较少，付晓红等研究表明，涪陵榨菜腌制过程中细菌和酵母菌数量的变化呈现先增加后降低的趋势，25~30d 达到峰值。朱韧等研究表明，随着发酵时间增加，京冬菜中的乳酸菌、酵母菌、大肠菌群都呈现先上升后下降的趋势，当发酵第 40d 时乳酸菌数量在高达 10^7CFU/mL 左右，之后下降至 10^5CFU/mL 左右。干态盐渍菜在这方面的研究几乎没有，因为传统观念认为其为非发酵蔬菜制品，主要是在贮藏阶段后熟形成一些风味物质。然而，邹礼根等从萧山萝卜干发酵过程中筛选出乳杆菌属；刘宗敏等也探究了接种不同乳酸菌对萝卜干风味的影响，表明干态盐渍菜虽然发酵较弱，但仍需对其微生物进行研究。

国内外关于盐渍菜中微生物菌群结构方面的研究起步相对较早且相对系统，尤其对湿态盐渍菜及其乳酸菌的相关研究较多，相关研究现状如表 4-20 所示。湿态盐渍菜在发酵初期，乳酸菌含量很低，与原料和环境中的其他微生物共存，乳球菌属、明串珠菌属、肠球菌属、片球菌属等球形乳酸菌生长迅速，代谢产酸抑制其他革兰染色阴性菌的生长；然而，这些球形乳酸菌耐酸性较弱，随着总酸浓度的上升，其生长代谢受到抑制，耐酸性较强的乳酸杆菌属开始迅速生长，最终主导发酵。目前，湿态盐渍菜的乳酸菌包括植物乳杆菌、短乳杆菌、戊糖乳杆菌、干酪乳杆菌、副干酪乳杆菌、食品乳杆菌、清酒乳杆菌、食窦魏斯菌、肠膜明串珠菌、粪肠球菌、乳酸乳球菌、戊糖片球菌等。半干态盐渍菜中的涪陵榨菜和韩国泡菜的微生物群落研究较多，其均以乳酸菌为主，而川冬菜除了乳酸菌外，还包括芽孢杆菌、假单胞杆菌、盐单胞菌等。干态盐渍菜中的宜宾芽菜主要以乳酸菌为主，而梅干菜还包括假单胞菌属、葡萄球菌属、四联球菌属等。同一发酵形态的盐渍菜，微生物群落出现差异，这可能与制作时脱水程度有关（表4-20）。

表 4-20　多态盐渍菜发酵微生物群落结构的研究现状

类型	研究人员	研究对象	微生物群落结构研究
湿态盐渍菜	张其圣	四川泡白菜	发酵前期以乳酸乳球菌和食窦魏斯菌为主，发酵中、后期以植物乳杆菌、戊糖乳杆菌为主
	申文熹	四川泡白菜	发酵前期的优势菌为乳酸乳球菌、肠膜明串珠菌，发酵后期则由戊糖乳杆菌主导
	赵楠	四川泡菜	盐水泡菜卤优势菌群为明串珠菌属、乳球菌属、乳杆菌属，而老泡菜卤为乳杆菌属、片球菌属
	曹佳璐	四川老泡菜	乳杆菌属是绝对优势菌属，耐酸乳杆菌和短乳杆菌是优势菌种
半干态盐渍菜	姚英政	川冬菜	未腌制冬菜中的优势菌群为假单胞菌和节杆菌，腌制中期为乳杆菌，其中短乳杆菌相对丰度最高，腌制后期微生物种类极少，优势菌群为芽孢杆菌
	董玲	川冬菜	分离得到了假单胞杆菌、盐单胞菌、嗜冷杆菌、节杆菌、乳杆菌、盐水球菌、海球菌、枝芽孢杆菌
	王冉	川冬菜	筛选鉴定17株乳酸菌，包括戊糖片球菌、肠球菌等
	付晓红	涪陵榨菜	主要为肠膜明串珠菌、清酒乳酸杆菌、乳酸乳球菌
	Kim、Jung	韩国泡菜	明串珠菌属、乳杆菌属以及魏斯菌属为主要菌群
	Lee	韩国泡菜	食窦魏斯菌、柠檬明串珠菌、清酒乳杆菌、弯曲乳杆菌等为发酵过程中的主要乳酸菌群
干态盐渍菜	尹曦	宜宾芽菜	乳杆菌、坚强肠球菌、戊糖片球菌为优势菌
	尚雪娇	梅干菜	优势乳酸菌为乳杆菌属、魏斯菌属，其余还包括假单胞菌属、葡萄球菌属、鞘脂单胞菌属、嗜冷杆菌属、四联球菌属和棒状杆菌属等

另外，在泡菜制作过程中，蔬菜与水的比例不同，也会影响微生物群落结构的差异，这里最典型的例子就是四川工厂泡菜与四川家庭泡菜。家庭泡菜一般菜水比为1∶2，而工厂泡菜主要依靠盐的渗透作用，把蔬菜细胞中的游离水

渍出来，其菜水比一般为 1：（0.50～0.65），根据菜品种而有所不同。田伟等对四川传统泡菜与工厂泡菜发酵过程中的微生物群落结构进行解析，结果表明四川传统泡菜样品中所得到的 129 个克隆子均鉴定为乳酸菌，分布于乳杆菌属和片球菌属，所占比例分别为 88.4%和 10.1%。戊糖乳杆菌、植物乳杆菌和乳酸片球菌是其中的优势菌种，分别占 50.4%、16.3%和 10.1%，类食品乳杆菌、无盐泡菜乳杆菌（*Lactobacillus sunkii*，新命名为：无盐泡菜迟缓乳杆菌，*Lentilactobacillus sunkii*）、短乳杆菌、*Lactobacillus kisonensis*、耐酸乳杆菌、那慕尔乳杆菌是其中的次优势菌。

作者科研团队对湿态、干态、半干态三种发酵形态的盐渍萝卜进行研究，发现三种盐渍萝卜的微生物群落以细菌为主。湿态盐渍萝卜发酵前期以明串珠菌属、魏斯菌属等为主，发酵后期以乳杆菌属为主。半干态、干态盐渍萝卜主要以泛菌属、假单胞菌属、罗森伯格菌属（*Rosenbergiella*）、明串珠菌属、谷氨酸杆菌属（*Glutamicibacter*）、欧文菌属（*Erwinia*）等为主（图 4-15）。

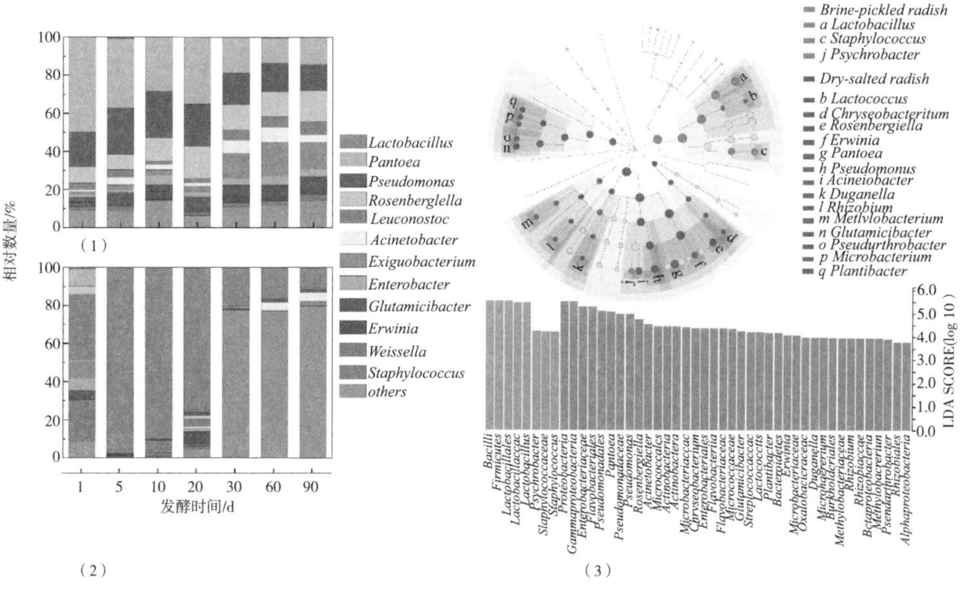

图 4-15　干态（1）和湿态（2）萝卜中的细菌群落特征以及这两种腌制萝卜之间的差异（3）

四、辅料对泡菜微生物的影响

生姜、大蒜、花椒、酱、糖液、醋、酒等是四川泡菜加工过程中的常用辅料，不仅起着调味作用，还具有不同程度的抑菌能力。

生姜具有抗菌作用，其中生姜酚、姜油酮是杀菌的主要成分，尤其对污染食物的沙门菌作用更强。车芙蓉曾报道了鲜姜汁在果蔬复合汁饮料中抑菌效果的研究，证明鲜姜汁对大肠菌群、啤酒酵母、青霉菌有较明显的抑菌效果。曾莹利用滤纸片法比较了生姜在内的几种香料植物提取液的抗菌力，证明生姜水提取液对金黄色葡萄球菌、大肠埃希杆菌和汉逊酵母属有一定的抗菌作用。宁正祥等测定29种新鲜果蔬对亚硝酸盐的消除作用，结果表明生姜能阻断*N*-亚硝基化合物的生成，具有一定程度的抗衰老和保健作用。

大蒜被誉为“天然广谱抗生素”，含蒜氨酸、大蒜辣素和大蒜新素，在细胞破碎时，蒜氨酸在蒜氨酸酶的作用下分解为具有强烈杀菌作用的蒜素，大蒜辣素和大蒜新素是大蒜中的主要抗菌成分，大蒜对多种球菌、霉菌有明显的抑制和杀菌作用。

辣椒含有的辣椒素是一种挥发油，呈现辣味，其含量为0.1%~0.9%。制作泡菜时，辣椒作为一种辛辣调味料常被添加到泡菜中，不但可以使泡菜产生辣味，呈现诱人的色泽，而且还能增进进食者的食欲，促进消化，并且一定程度上还能促进泡菜发酵乳酸菌的生长。1%~2%的辣椒对肠膜明串珠菌和植物乳杆菌的生长具有明显的促进作用，而且对肠膜明串珠菌的促进作用要高于植物乳杆菌。辣椒中的辣椒碱也具有较强的抑菌、杀菌作用。

花椒中的花椒素是一类酰胺化合物，具有一定的抑菌、杀菌作用。

张婷等研究了辣椒、花椒、大蒜和生姜对低盐四川泡菜发酵过程中有害菌的抑制作用及其对乳酸菌生长的影响，结果显示，辣椒、大蒜、花椒、生姜4种香辛料单独作用时，对乳酸菌的生长均没有明显的抑制作用，辣椒对乳酸菌的生长有微弱的促进作用。而对四川低盐泡菜发酵过程中酵母菌、芽孢菌的生长均具有不同程度的抑制作用，其对芽孢菌的抑菌能力大小为：辣椒>大蒜>花椒>生姜；对酵母菌的抑菌能力大小为：辣椒>大蒜>生姜>花椒。

酱和糖液具有高渗透压的作用，使原料或微生物脱水，能有效地抑制有害微生物的生长和繁殖。此外，高浓度的糖液有隔绝氧气的能力，从而抑制了好氧微生物的活动。

醋的主要成分为醋酸，醋酸呈弱酸性，可以降低环境的pH，能对部分细菌产生抑制作用。柴政等研究表明0.6%食醋对泡白菜中亚硝酸盐产生有较好的抑制效果。

酒中所含的乙醇通过使蛋白质变性、凝固而起到杀菌作用。酒和泡菜水里的醋酸还能生成酯类，增加泡菜的香味。

桂皮、小茴香、丁香、白胡椒中的桂皮醛、茴香醚、丁香酚、胡椒碱等成分都属于抗菌物质。郭爱莲等实验证明丁香、花椒、大蒜有一定的杀菌作用，特别是丁香，对大肠埃希杆菌、枯草芽孢杆菌、绿脓杆菌有较大的杀伤作用。大蒜对金黄色葡萄球菌、大肠杆菌、绿脓杆菌也有较大杀伤作用。但它们对霉菌的杀伤作用相对较小。

在泡菜制作过程中，蔬菜原料表面附着的真菌、肠杆菌、假单胞菌等有害微生物，如果大量繁殖，则会产生大量不愉快风味物质，影响泡菜产品的感官品质，而且这些微生物还能还原硝酸盐产生亚硝酸盐等有害物质，影响泡菜的安全性。在泡菜制作过程中添加适量的辅料能有效抑制真菌、肠杆菌科细菌、假单胞菌属细菌等有害微生物的生长，减少有害菌的代谢产物，提高泡菜产品的质量，而且与真菌、肠杆菌科细菌等微生物相比较，乳酸菌对辅料的抑菌作用不太敏感。辅料除了通过抑制微生物的生长来减少亚硝酸盐的积累外，它自身的有效功能成分巯基化合物还能与亚硝酸盐反应，生成硫代亚硝酸酯类化合物，从而有效阻碍了亚硝酸盐与生物胺作用生成强致癌性亚硝胺。

刘近周报告大蒜提取液可阻断大肠杆菌、肠球菌对二乙基亚硝胺、二丁基亚硝胺合成的促进作用，并有阻断大肠杆菌还原硝酸盐为亚硝酸盐的作用。徐清萍等研究 11 种香辛料对乳酸菌生长及抑菌性能的影响，结果表明，香辛料浓度为 20mg/mL 时，丁香对嗜酸乳杆菌的增殖抑制作用最明显，其次为香叶；八角对乳酸乳球菌的增殖抑制作用最明显。白芷、高良姜、白胡椒、花椒、芫荽子对嗜酸乳杆菌、乳酸乳球菌的生长影响较小。高良姜能明显提高嗜酸乳杆菌发酵液对大肠杆菌的抑菌性；辣椒能明显提高嗜酸乳杆菌发酵液对金黄色葡萄球菌的抑菌性；丁香则明显降低嗜酸乳杆菌发酵液对大肠杆菌的抑菌活性。香叶的添加有利于提高乳酸乳球菌发酵液对大肠杆菌的抑菌活性，花椒的添加有利于提高乳酸乳球菌对金黄色葡萄球菌的抑菌性。白芷、高良姜、生姜等多数香辛料的添加会降低乳酸乳球菌发酵液对大肠埃希杆菌 O157：H7 和金黄色葡萄球菌的抑菌性。嗜酸乳杆菌、乳酸乳球菌发酵液对大肠埃希杆菌 O157：H7 和金黄色葡萄球菌的抑菌活性主要受 pH 的影响，抑菌活性成分主要为有机酸类或受酸度影响的物质。泡菜等相关生产发酵过程中通过选择适宜的乳酸菌菌种及香辛料，能起到有效防止致病菌污染的作用，更有利于实现生产的安全性控制。

第五章　泡菜微生物功能与安全性研究

第一节　泡菜微生物的益生功能性

泡菜中含有丰富的乳酸菌，主要包括明串珠菌属、乳杆菌属、乳球菌属、肠球菌属等，对发酵蔬菜的品质发挥着多重作用，可以增进营养价值、改善食品风味等。此外，它的菌体、细胞提取物和胞外分泌物都有益生作用，其益生作用主要表现在调节肠道菌群、抗氧化、产 γ-氨基丁酸、抑制杂菌生长、降解农药残留、吸附或阻隔重金属等方面。

一、调节肠道菌群

人体胃肠道中的常规微生物群数量庞大，正常情况下在肠道内处于微生态动态均衡状态，对人体的健康起着至关重要的作用。当这种平衡状态趋于紊乱而逐渐失衡时，会引发疾病或使原有病情加重，严重者甚至会导致器官障碍和器官衰竭。故肠道微生物的正常生长发育对于维持人体健康具有极其重要的意义。当人体处于健康状态时，肠道中拟杆菌门和厚壁菌门处于优势地位，占菌群数量的90%以上，其中包括拟杆菌属、梭状芽孢杆菌、普氏菌属、真杆菌属、瘤胃球菌属和乳杆菌属等。正常情况下肠道内菌群间维持着共生或拮抗的关系，这是宿主肠道菌群能够处于微生态均衡的主要原因。在数量庞大且复杂的肠内菌群中，各菌群之间按照相对的比例不断重新组合，它们相互依存，在量和质上形成一定的生态平衡。当优势菌群如类杆菌或乳酸杆菌的数量减少，有害菌群如绿脓杆菌的数量增加或是优势菌群之间的相对比例变化波动较大，导致肠道菌群失调。身体的稳态和肠道的免疫功能都在不同程度上依赖于菌群的平衡，这种平衡遭到破坏时则会导致相关疾病。肠道菌群的失调则是由多方面的因素所导致的，如宿主的年龄、生活方式、饮食习惯、自身的免疫力和抗生素的使用等。

人体肠道内的细菌可分为有益菌与有害菌两类，在有益菌占优势的情况下，机体状况良好被称为肠道菌群平衡。在有害菌占优势情况下，宿主机体抵抗力弱，容易引起机体病变，当泡菜中具有肠道定植功能的乳酸菌进入肠道后会立即存活并繁殖，并对有害菌和病原菌的滋生起到抑制的作用，从而达到调节肠道微生态和预防肠道感染的作用。

1. 乳酸菌通过调节免疫反应来调节肠道菌群

乳酸杆菌作为益生菌的代表，部分乳酸菌具有激活吞噬细胞和自然杀伤细胞或抑制过度的非正常免疫反应功能。乳酸杆菌调节肠道炎症主要通过 NF-KB 和 MAPKs 信号途径，激活免疫细胞，产生大量免疫因子，行使免疫调节功能，达到抵抗炎症的目的。大量研究表明，乳酸菌不仅能够通过发酵降低食物过敏原的致敏性，而且有可能通过调控肠道菌群平衡在宿主免疫系统的发育和调节中发挥作用，从而改变过敏性疾病的发病风险。众多研究证明，胃肠道、呼吸道和皮肤的微生物群与过敏性疾病相互关联，肠道菌群与食物过敏的联系尤为密切，菌群的多样性和（或）功能的破坏，可能在食物过敏的发展中起重要作用。

2. 乳酸菌黏附性占位来调节肠道菌群

乳酸菌可以通过调控肠道菌群平衡和细菌定植等实现调节肠道的作用。乳杆菌是一种重要肠道内原籍菌，能通过与肠上皮表面特异性的受体结合，有序地定植在肠上皮表面，构成有层次的厌氧菌菌膜，并与其他厌氧菌一起构成膜菌群。它们一方面起占位性保护作用，保护肠黏膜免受其他病原菌的黏附与入侵；另一方面通过产生有机酸、过氧化氢等其他物质抑制病原菌的黏附、生长和繁殖，从而发挥屏障效应。在正常生理条件下，杯状细胞不断产生黏蛋白以维持黏膜屏障，但杯状细胞的功能可被多种因素（如微生物、微生物毒素和细胞因子等）破坏，影响黏膜屏障的完整性。乳酸菌可通过增加黏蛋白的产生，增强紧密连接，调节影响细胞增殖和存活的信号通路增强肠道上皮屏障的结构和功能。乳酸菌作为机体代谢重要的益生菌，不仅可以提高机体对食物的转化吸收，而且其活性代谢物可以抑制肠道内有害菌的生长，调节肠道微生物平衡。

3. 乳酸菌通过产多糖来调节肠道菌群

乳酸菌活菌所产生的胞外多糖能够增进健康、维持肠道菌群平衡，膳食中的多糖作为一种益生素对肠道有益菌的定植和对肠道的调节起到重要的作用。多糖可以加强菌体在肠黏膜表面的黏附性能从而使菌体更容易定植于肠道内。Vinderola 等报道瑞士乳杆菌能调节肠道内的组织，提高宿主的健康。

4. 乳酸菌通过利用糖发酵产酸来调节肠道菌群

乳酸菌主要定植于大、小肠内利用糖类发酵（大肠中 40%~50%的碳水化合物被各种微生物利用）产生乳酸（0.2%~1.0%）、乙酸、丙酸和丁酸等有机酸及其他代谢产物，这利于加快肠道的蠕动和宿主消化酶的分泌，加强食物的消化吸收，预防发生便秘，还可以降低肠道的 pH，从而阻止病原菌在肠道内定植。乳酸菌还能合成 B 族、K 族维生素等补充人体需要。四川泡菜特有泡渍发酵的生产工艺技术，决定了它含有丰富的活性乳酸菌，因此食用泡菜有益于调节人体肠道微生态，维持肠道功能正常。

二、抗氧化

近年来的研究发现，化学性质活跃的氧自由基能够攻击细胞膜上的脂肪酸，产生过氧化物，这些物质毒性很强，会侵害体内的核酸、蛋白质等而引起一系列对细胞的破坏作用，人体内氧自由基积累越多，衰老的进程就越快，氧化是肌肤衰老的最大元凶。老年斑是自由基脂质过氧化产生脂褐素，沉积在皮肤上的一种表现，如果沉积在脑细胞内，则是阿尔茨海默病的原因之一。氧自由基还与许多衰老相关的疾病有关系，比如动脉硬化症、高血压、骨关节炎、白内障以及帕金森病等。

乳酸菌是发酵类食品中最为常见的微生物之一，在发酵食品的品质形成中具有重要作用，其越来越多的生理功能和特性也逐渐被学者们发现，抗氧化特性就是其中一种。乳酸菌在体外具有类似抗氧化剂的特性，能够产生超氧化物歧化酶（SOD）。超氧化物歧化酶是一种含有金属元素的酶，可以清除体内代谢过程中产生的过量的超氧阴离子自由基，有提高机体免疫力、延缓衰老、抗疲劳、调节机体胃肠道、降低血清胆固醇、抑制肠道内腐败菌生长繁殖和腐败产物的产生等功效。虽然乳酸菌抗氧化体系不全面，但是乳酸菌进化出独特的抗氧化体系可抑制活性氧对自身的损伤，比如胞内各类抗氧化物质、氧化还原调节系统以及氧化损伤修复系统。三者相互作用，通过抑制各种活性氧（ROS）和自由基的生成，清除已形成的治性氧和自由基等作用，以及保护生物大分子免受氧化损伤及对受损生物大分子的修复。例如硫氧还蛋白基因的表达可提高超氧化物歧化酶和过氧化氢酶（CAT）等抗氧化酶的活性，在一定条件下，硫氧还蛋白还可促进氧化型谷胱甘肽（GSSG）向还原型谷胱甘肽（GSH）的转变。乳酸菌产生的乳酸使肠道内的腐败菌及致病菌的孳生受到了抑制，在一定程度上减少了这些有害菌所产生的硫化氢、靛基质等致癌物及其他的有毒物质，进而减慢了机体的衰老过程。现有抗氧化特性的乳酸菌主要分离自传统发酵食品、宿主胃肠道系统和自然环境等，具有十分复杂的微生态系统菌。

乳酸菌发酵具有对食品抗氧化能力的提升和改善作用，经肠膜明串珠菌、嗜酸乳酸杆菌等乳酸杆菌发酵后，发酵蔬菜制品的自由基清除能力、脂质过氧化抑制能力得到了明显的提高。中国传统泡菜中含有大量的乳酸菌，四川、新疆等地的泡菜中均具有较高体外抗氧化活性的乳酸菌，其发酵的蔬菜本身含有多种抗氧化物质，如维生素 C、类胡萝卜素、类黄酮以及酚酸等，它们连同乳酸菌赋予了发酵蔬菜的抗氧化活性。王萍和朱祝军研究了不同基因型叶用芥菜腌渍前后抗氧化性能的改变，发现维生素 C 与抗氧化活性的相关性较弱，酚类物质在腌制叶用芥菜抗氧化活性中起重要作用。Kim 等研究了泡菜对小鼠大脑中抗氧化酶活性和自由基产生的影响，认为泡菜尤其是芥菜叶泡菜有延缓衰老的作用。Kusznierewicz 等研究了加热和发酵对甘蓝抗氧化活性变化的影响，结果表明发酵不但不会降低甘蓝的抗氧化活性，反而使总酚的含量增加，清除自由基的能力也增强。Fang 等研究了发酵芥菜过程中酚酸和抗氧化活性的变化，发现发酵芥菜过程中酚酸的含量有所增加，发酵对保存芥菜本身的抗氧化活性非常有利。

还有大量体内外实验表明，乳酸菌具有显著的抗氧化活性，例如 Lin 等研究发现，包括嗜酸乳杆菌、嗜热链球菌等在内的 19 株乳酸菌对抗坏血酸的自动氧化均有抑制作用；Ama nmidou 等发现，清酒乳杆菌具有抗氧化活性；张冬梅等在对萝卜泡菜抗氧化活性研究中发现乳酸菌数量对抗氧化活性影响较大；王刚、任大勇、吴祖芳先后从不同乳酸菌发酵食品中筛选出了多种具有不同抗氧化能力的乳酸菌。泡菜作为一种以乳酸菌发酵为主的发酵蔬菜制品，与其既具抗氧化活性又兼有优良发酵性能乳酸菌的相关研究还少见报道，有关泡菜中一类优势菌群——魏斯菌属的研究也甚少见报道，仅有近两年金红星、付莎莉、商婷婷等先后从不同泡菜中分离并鉴定出了几株食窦魏斯菌，范志平等对分离自泡萝卜中的一株食窦魏斯菌 R3，进行了生长特性初步分析。然而高抗氧化活性的乳酸菌虽然重要，但只有该类型的菌种能够通过肠胃消化系统，定植在人体的肠道中并持续发挥其抗氧化作用，才能真正的实现益生功效。

三、产 γ-氨基丁酸

γ-氨基丁酸（GABA）具有重要的生理活性，是人体中枢神经系统中三大抑制性神经递质之一，可缓解焦虑、降血压、利尿、安眠镇定、调节心律失常等，因此具有重要保健作用。乳酸菌近年来作为一种食品安全级（Generally Recognized As Safe，GRAS）的微生物在食品工业中的应用非常广泛且历史悠久，乳酸菌在人和动植物体内定植并产生大量有益健康的成分，被誉为重要的、必不可少的益生菌。

乳酸菌制品的保健功效使其具有巨大的市场潜力。以日本为例，据 2002 年日本健康营养学会统计，1999 年日本批准的 19 大类 171 种健康食品中，乳酸菌类产品销售总额所占份额高达 82.1%，遥遥领先于其他品种。日本大阪生物环境科学研究所的森下日出旗筛选得到高产 γ-氨基丁酸的植物乳杆菌 M-10（*Lactobacillus plantarum* M-10），该菌在米糠成分的存在下能增强产 γ-氨基丁酸的能力。1997 年，日本学者 Hayakawa 对 8 株短乳杆菌进行筛选，发现其中 IFO

10025在5%谷氨酸为底物下，能积累产生10g/L的γ-氨基丁酸。2003年，日本学者掘江典子筛选出一株乳酸菌株，其最高能积累γ-氨基丁酸达到35g/L左右。与日本相比，国内的研究起步较晚。我国江南大学的江波等对生物发酵生产γ-氨基丁酸进行了研究，用乳酸菌或乳酸菌和酵母菌混用作为菌种，以L-谷氨酸钠为转化底物，添加碳源、氮源以及无机盐组成发酵培养基，利用发酵法生物转化制备γ-氨基丁酸。发酵后经检测，γ-氨基丁酸在发酵液中的浓度高达300~500mg/100mL。另外，江南大学的刘清等通过对GRAS认证的乳酸菌的筛选，得到一株可高产谷氨酸脱羧酶的菌株，并且对该菌株的发酵培养基与发酵条件进行了优化。结果表明：采用优化后的培养基，发酵液中γ-氨基丁酸含量可达3.10g/L以上。曾林等对四川泡菜中产γ-氨基丁酸乳酸菌进行筛选，得到12株乳杆菌属菌株；刘文丽从泡菜中筛选出1株产γ-氨基丁酸短乳杆菌PDl-2。这些报道涉及的乳酸菌多为短乳杆菌、鼠李糖乳杆菌和植物乳杆菌等。孙擎等从四川泡菜中分离筛选出一株高产γ-氨基丁酸的屎肠球菌，同时，该菌株还具有良好的耐酸和耐盐特性，以及较强的降胆固醇能力。

四、抑菌作用

乳酸菌的发酵主要是糖发酵，在糖发酵过程中产生多种有机酸。这些有机酸主要包括乳酸、乙酸、柠檬酸以及苯乳酸等，均具有一定的抑菌作用。其中乳酸和乙酸为乳酸菌产生的两大主要有机酸，在水溶液中二者都能够部分电离释放氢离子，但在相同浓度下乳酸则具有更强的抑菌能力。柠檬酸虽然在乳酸菌有机酸代谢产物中的比例相对较低，但从结构上讲，它既含有羟基，又含有羧基，故其拥有醇和酸的双重性质，具有良好的金属离子螯合作用和抗氧化协同作用。苯乳酸是近年来发现的一种新型天然防腐剂，其稳定性高，抑菌谱广，可抑制部分细菌和真菌的生长繁殖。

前期研究认为乳酸、醇类的积累抑制了有害菌的生长代谢，近些年对包括发酵蔬菜在内的发酵食品研究揭示，相当数量的乳酸菌可产生对其他微生物有拮抗或杀灭作用的蛋白质或多肽类物质——细菌素（Bacteriocin），某些乳酸菌细菌素甚至对与其种属关系较远的微生物仍有拮抗作用，这对于食品安全控制具有重要意义。大部分发酵蔬菜为非加热方式食用，细菌素虽会进入人体食道，但由于易被肠道内蛋白酶降解，因此细菌素不会对肠道内正常的微生物菌群产生不利影响。将合成细菌素的乳酸菌用于蔬菜发酵已有成功应用，如Harris等在制作德国发酵甘蓝过程中，利用能产生乳酸链球菌肽的乳酸乳球菌NCK401菌株和抗乳酸链球菌肽的肠膜明串珠菌NCK293菌株混合培养发酵。在12d试验期内乳酸链球菌肽产量维持恒定，可有效抑制甘蓝上可能残存的有害菌，而肠膜明串珠菌的生长则几乎不受影响，可在蔬菜汁液中迅速繁殖，产生有机酸和二氧化碳。近年来，Lemos 等从数百个食品来源的乳酸菌株中，筛选发现肠球菌能够产生抗多种菌的细菌素，Lasta 分离并鉴定了乳球菌产生的一种 27 肽细菌素 T46，均是优秀的食品级抑菌物质。

五、降解农药残留

化肥、农药和激素的大量使用导致部分区域的土壤和水体中累积了大量的有毒物质，经植物吸收后富集在农产品中，通过生物循环和食物链被人体摄入，最终影响消费者的身体健康。去除农药的常规方法有超声波技术、吸附、洗涤、水解、氧化分解和光化学降解等。近年来微生物降解以种类多、数量多，且降解过程不易造成二次污染等优点而备受关注。毒死蜱（Chlorpyrifos）是全球广泛使用的一种杀虫剂，Cho 等研究了泡菜发酵过程中清酒乳杆菌、植物乳杆菌、短乳杆菌等对毒死蜱的降解作用，结果表明发酵 3d 降解率可达 83. 3%，发酵 9d 可完全降解毒死蜱。Harishankar 等研究了几种肠道细菌对毒死蜱的降解效率，发现肠道中乳酸杆菌对毒死蜱的降解优势更明显。Zhao 等研究了几株乳酸菌对 7 种有机磷杀虫剂在脱脂牛乳中的降解作用，42℃ 条件下保加利亚乳杆菌和植物乳杆菌对供试杀虫剂具有更强的降解能力。迟涛等研究发现 3 株植物乳杆菌及其组合菌株对酸菜中的乐果、久效磷均具有降解促进作用。同时，酸菜中的天然菌对有机磷农药降解也有促进作用，这说明植物乳杆菌及其组合能促进酸菜中有机磷农药的降解，天然菌株也具有相同的作用。王政研究发现，保加利亚乳杆菌和鼠李糖乳杆菌对农药降解的推动作用较为明显，而嗜酸乳杆菌和干酪乳杆菌的推动作用则相对较弱。经比较分析得出，由保加利亚乳杆菌和嗜热链球菌构成的组合菌的降解促进作用较其他四类单一菌种相比能力较强。证明了乳酸菌内含有的磷酸酯酶活性越高，其降解有机磷农药残留的能力就越强。由此能够看出磷酸酯酶对于有机磷农药的降解具有重要作用。

泡菜的主要原料是蔬菜，其农药残留问题对于泡菜安全性产生了不良影响。因此，开展泡菜发酵过程中多种农药残留变化规律的分析研究，对于改进泡菜加工工艺，提高泡菜食品安全性具有重要的理论和实践意义。作者科研团队对泡菜在发酵过程 13 种农药残留水平进行跟踪测定，发现泡菜发酵后期（食用期），农药残留都有所降解。结果显示，大白菜发酵前期，本次实验所研究的农药，除乐果和乙酰甲胺磷这两种物质，未检出农药残留，其余 11 种农药残留水平未出现明显变化；发酵后期（15d），农药残留除对硫磷外均未检出，对硫磷残留量也极低，说明大白菜在发酵后期农药残留大量降解，提高了食品安全性。对于此次研究的 13 种农药残留，除未检出的两种，其余农药在保证泡菜原材料农药残留水平符合标准的前提下，发酵工艺对泡菜食品安全性不会产生不良影响。

六、吸附或阻隔重金属

重金属非常难以被生物体解除，相反却能够在食物链的传递作用下，逐渐大量富集，最终流入食物链的顶端。重金属暴露会导致机体氧化应激损伤，破坏肠道屏障，改变肠道通透性，使得重金属可以通过肠道屏障被机体吸收。而且，由于重金属离子本身结构的特异性，易于和蛋白质分子的高级结构发生共价络合，导致其原有生物活性的减弱甚至丧失；或者累积到机体的某一器官，当含量达到一定的程度，会导致机体的慢性中毒，严重危害人类健康。对于解决我们身边重金属危害问题，相对于成本较高、工作量较大的传统物理和化学方法来处理土壤和水体中的重金属污染，近些年发展迅速的肠道修复则是一种更加资源节约型和环境友好型的方法。

随着微生物对重金属吸附研究的不断深入，对重金属有良好抗性和吸附能力的乳酸菌相继被报道。乳酸菌作为人及动物肠道的益生菌，对机体具有多方面的保健作用，这些报道为研究应用于人体、动物体的新型生物吸附剂提供了思路。一些研究表明，乳酸菌能够促进体内重金属的排出，但目前国内外对于能吸附重金属的乳酸菌的研究还相对较少，处于起步阶段。乳酸菌作为 GRAS 认证的安全食品，其去除重金属特性受到越来越多科研人员的重视。乳酸菌主要依靠细胞表面吸附作用将未经代谢的游离重金属离子通过正负电荷结合到细胞壁表面，细胞壁主要由肽聚糖、磷壁酸和中性多糖等组成，磷壁酸和多糖形成的网状结构有利于黏着和吸附重金属。乳酸菌细胞表面的蛋白质拥有大量带负电荷的官能团，能够有效结合金属阳离子。乳酸菌代谢产生的乳酸所形成的酸性环境对重金属络合物具有增溶作用，乳酸菌代谢形成的多糖、多肽和核酸等大分子物质表面带有 COO^-、HPO_4^-和 OH^-等基团，可与金属离子发生静电吸附作用。Avail-Jaliskelliinen 等研究发现短乳杆菌细胞表面的 S-Layer 蛋白具有结合 Cd^{2+}的能力。Topcu 等分离得到两株屎肠球菌（*Enterococcus faecium* EF031 和 *Enterococcus faecium* M74），其中 EF031 对铅的去除率达到 66.9%~98.9%，对镉的去除率达 77.3%~98.1%，M74 对铅的去除率能够达到 42.9%~93.1%，对镉的去除率达 53.5%~91.0%，并且接种 1h 就可去除整个过程 60%的铅和镉。这些研究结果表明了乳酸菌在一定条件下对于重金属铅和镉具有优秀的抗性和吸附能力。

1. 乳酸菌对铅的阻隔机理

目前国内外大量研究表明，乳酸菌的某些生理特性使其具有预防和缓解铅中毒的能力，但应用乳酸菌缓解铅暴露毒性能力的研究还较少。目前，主要研究分为如下四个方面：一是乳酸菌能在体外吸附包括铅离子在内的重金属离子，且具有菌株特异性；二是铅会导致机体抗氧化酶失活，同时产生活性氧，导致机体损伤，已有大量研究表明，乳酸菌具有优良的抗氧化性，因此其可以缓解铅带来的多种疾病引起的机体氧化损伤；三是锌、钙、镁离子等二价阳离子能与铅竞争性吸收，使机体对铅的吸收降低，而乳酸菌也具有促进这些微量元素吸收的功能；四是有研究发现，铅中毒伴随腹痛、腹泻、厌食、呕吐等症状，由此推测肠道微生物可能是铅中毒的一个靶点，而乳酸菌又具有优良的调节肠道的功能，进而缓解肠道疾病。Halttunen 等分离、筛选得到 3 株乳酸菌，分别为长双歧杆菌（*Bifidobacterium longum*）、发酵乳杆菌和乳酸双歧杆菌（*Bifidobacterium lactis*），3 株乳酸菌均能够有效去除重金属铅和镉，其中长双歧杆菌 46 对铅的最大去除量达到 175. 7mg/g · 干物质量。于上富通过响应面法对一株具有吸附铅离子能力的德氏乳杆菌 KLDS1. 0207 的吸附条件进行优化，结果表明，当 pH 为 6、菌种添加量为 4. 2g/L、初始铅离子质量浓度为 9. 6mg/L 时，铅离子去除率最高为 95. 17%。徐颖研究双歧杆菌和鼠李糖乳杆菌对铅的吸附性，结果表明，初始铅离子浓度为 50mg/L，吸附最佳条件是 pH 6、初始湿菌添加量 1g/L，双歧杆菌和鼠李糖乳杆菌对铅的吸附率分别为 97. 44%和 96. 87%。田丰伟发现植物乳杆菌 CCFM8661 对铅有很好的吸附效果。于上富对 10 株乳杆菌进行了铅离子吸附研究，其中德式乳杆菌保加利亚亚种 KLDS1. 0207 具有高吸附铅离子，该菌株铅离子去除率达 79. 18%。Hideki Kinoshita 研究了乳酸菌对重金属的生物吸附作用。研究发现在不同的 pH 条件下 11 株乳酸菌对酸敏感，而且通过不同条件的吸附，镉、铅、砷、汞的金属浓度都有不同程度的降低。

2. 乳酸菌对镉的阻隔机理

乳酸菌对水、粮食、水果和蔬菜等食品中的镉具有清除作用，主要包括魏斯菌属、乳杆菌属、片球菌属、肠球菌属和双歧杆菌属等属。众多研究表明，乳酸菌吸附与结合镉离子后，在宿主肠道发挥促排作用，乳酸菌可以在肠道吸收镉之前抢先与其结合，并通过粪便排出体外。因而，减少人体对镉的吸收，并通过增强紧密连接的表达，保护肠道屏障的完整性，维持肠道通透性，进行双重保护，减少镉在肠道的吸收率。同时，镉暴露同样会导致机体抗氧化酶失活，同时产生活性氧自由基，导致机体氧化损伤，这也是镉造成机体损伤最主要的机制。而众所周知，乳酸菌具有良好的抗氧化性，有大量研究以及数据支持。因此，乳酸菌具有缓解镉毒性对机体进行氧化损伤修复的特性。Halttunen 等研究发现菌株长双歧杆菌 46 能够清除水中 54. 7mg/g（以干质量计）的镉。Zhai 应用植物乳杆菌 CCFM8610 对水果和蔬菜汁中镉清除效果研究，结果表明，植物乳杆菌 CCFM8610 处理后对苹果、番茄和黄瓜汁镉的清除率分别为 82. 28%、74. 59%和 82. 87%。陈宇凌等从四川自制泡菜汁中筛选出 1 株高耐镉乳酸菌 ZY-6，经鉴定为绿色魏斯菌，固体最高耐镉质量浓度为 1000mg/L，液体最高为 900mg/L。在含 50mg/L 的镉溶液中吸附率为 61. 78%，对其他重金属如铅、铜和锰也显示出一定的吸附能力。

3. 乳酸菌对铜的阻隔机理

铜是人体必需微量元素，对酶的活性具有独特的催化作用，但是过量累积会导致铜中毒，影响神经和内脏器官的功能。已有研究结果表明某些乳酸菌能够在体外吸附铜离子，且还有研究表明，乳酸菌在人体肠道环境中与人体竞争吸收重金属铜，减少人体肠道对铜的吸收，降低机体铜含量，从而缓解铜中毒。此外，铜致毒机理主要涉及氧化损伤，致使机体产生大量自由基和活性氧，作用于脂质、蛋白质、DNA 等，引发各种疾病。乳酸菌具有的良好被公认的抗氧化性，可以缓解铜中毒带来的多种疾病引起的机体氧化损伤。研究发现，大部分乳酸菌对铜都比较敏感。短乳杆菌最抗铜且结合量最多，适应高浓度的铜的细胞能对生长和产酸有积极作用，其他的驯化菌比原始菌结合的金属离子还少，只有厌氧条件下的驯化菌短乳杆菌是个例外。Rodriguez 对德氏乳杆菌、瑞士乳杆菌、鼠李糖乳杆菌、嗜热链球菌的实验中发现德氏乳杆菌最耐受铜，但在 30mg/L 的浓度下生长会受到抑制，而嗜热乳酸菌在 2.5mg/kg 就已受到极大的生长抑制。

4. 乳酸菌对其他重金属离子的阻隔

乳酸菌对汞、砷等其他重金属等的减除作用也有被报道。乳杆菌属和魏斯菌属等通过细胞表面吸附方式对食品中汞具有清除作用。Kinoshita 等从日本泡菜和韩国泡菜、牛和猪肠道、清酒和干酪等中分离筛选获得 11 株乳酸菌，对 MRS 培养基中汞的吸附效果分析，结果表明，清酒乳杆菌 MYU 10 和绿色魏斯菌 MYU 205 可有效清除 MRS 培养基中 0.852μg/mL 和 0.459μg/mL 的汞，平均每个细胞吸附 0.198Pg 和 0.052Pg 汞。清除砷的乳酸菌菌属主要包括乳杆菌属、葡萄球菌属和片球菌属，主要对细菌细胞表面带有负电荷的有机分子胺基化，胺基化的细胞表面带正电荷，可通过静电吸附作用清除带负电荷的砷化合物。Halttunen 等采用被胺基化的菌株嗜酸乳杆菌 NCFM、干酪乳杆菌 DSM20011 和卷曲乳杆菌 DSM20584 等吸附水中带负电荷的砷，研究发现干酪乳杆菌 DSM20011 在 pH 7.0、22℃条件下孵育 5min 可移除 38.1%的 1.0mg/L 砷（V）。

七、其他重要活性

乳酸菌作为益生菌，其产生的胞外多糖具有抗肿瘤、免疫刺激和降低血液中胆固醇的作用，原卫生部批准的肿瘤辅助抑制物中就有乳杆菌。对腌制 6 个星期的韩国大白菜泡菜的调查表明，在人体胃癌细胞 AGS 实验中其癌症抑制率为 57%~77%，而在人体肠癌细胞 HT-29 的实验中抗癌率为 62%~73%。此外，发酵蔬菜来源的乳酸菌还有抗氧化、抗衰老和抗诱变等活性。胞外多糖之外的其他成分很可能也对乳酸菌活性发挥了作用，这有待进一步揭示。此外，乳酸菌还可抑制重要致病菌沙门菌的入侵。Chiu 等从我国台湾大白菜、橄榄、黄瓜、甜菜等发酵产品中分离乳酸菌，其中的1株戊糖片球菌和1株植物乳杆菌除能抑制常见致腐致病菌外，还可抑制小鼠中沙门菌的入侵，其原因在于可黏附于小鼠小肠上皮细胞，因此该乳酸菌对于采用自然发酵的蔬菜产品安全控制具有重要意义。

第二节　泡菜微生物与风味物质的关联性

泡菜中的风味物质包括挥发性的醇类、酸类、酯类、醛类和酮类等，也包括非挥发性风味中的滋味物质，如有机酸、氨基酸、还原糖、核苷酸和多肽等。风味物质的生成与微生物群落代谢相关，其由微生物菌群及其产生的酶类分解、代谢泡菜中的糖、脂肪和蛋白质等一系列生物化学过程而形成。风味物质的种类和数量决定着泡菜的品质，综合性由人体嗅觉和味觉等感官的整体效果来评估。

一、与有机酸的关联性

有机酸是衡量泡菜风味品质的重要指标之一，也能反映泡菜的发酵程度。泡菜在微生物的作用下，产生大量的有机酸，赋予泡菜适当的酸味，同时还能改变和加强其他风味物质所产生的味感，其种类和含量对泡菜的品质至关重要。泡菜中的有机酸以乳酸和乙酸为主，并主要由乳酸菌消耗糖类代谢产生。泡菜中有机酸研究如图5-1所示，展示了国内外34篇文献中有机酸检出率，其中主要有机酸为乳酸和乙酸，还包括琥珀酸、柠檬酸、苹果酸、酒石酸、草酸、甲酸和丁酸等。

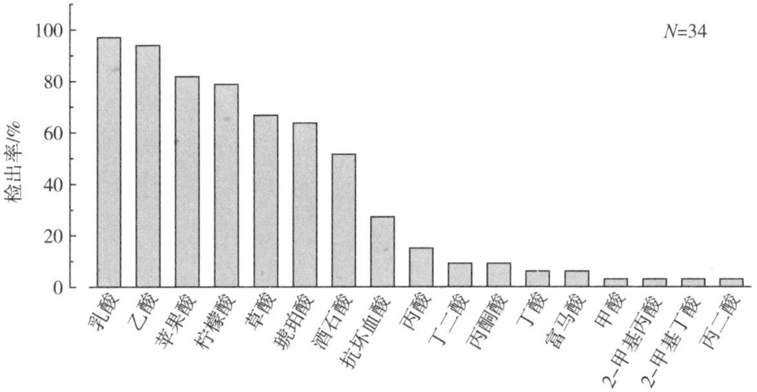

图5-1　泡菜中主要有机酸检出率（国内外34篇文献中）

有机酸的呈味与化学结构关系密切，结构差异会导致酸味、敏锐度和显味速度的不同。蔬菜本身富含草酸，但其并无酸味而有涩味；柠檬酸、酒石酸、苹果酸主要存在于水果中，酸感差异很大，在盐渍发酵泡菜中虽有检出，但含量较低；乳酸、乙酸主要由微生物生长代谢产生，随着发酵的进行，含量逐渐增加，乙酸是挥发性酸，刺激性较强（表 5-1）。

表 5-1　　　　盐渍菜有机酸与氨基酸的研究现状

研究人员	研究对象	有机酸研究
王冉	自制萝卜泡菜	主要的有机酸为乳酸、乙酸、苹果酸、琥珀酸和柠檬酸，乳酸和乙酸含量随发酵呈上升趋势
王芮东	自制甘蓝泡菜	主要有机酸含量由大到小顺序为：草酸>乳酸>抗坏血酸>酒石酸>苹果酸
赵楠	四川老泡菜	50 份老泡菜的主要有机酸为乳酸、琥珀酸和草酸
曹佳璐	四川老泡菜	126 份老泡菜的乳酸平均含量为 3.57g/L，乙酸平均含量为 2.73g/L，琥珀酸平均含量为 1.83g/L
李贞景	传统冬菜	有机酸以草酸为主，其次为乳酸、柠檬酸、琥珀酸、乙酸，未检出酒石酸
赵大云	盐渍雪里蕻	有机酸种类丰富，包括乳酸、乙酸、苹果酸、柠檬酸和丁二酸
Shim	韩国泡菜	主要有机酸为乙酸、丙酸、乳酸、丁酸和苹果酸
Hawer	韩国泡菜	发酵末期的乳酸和乙酸含量远远高于发酵初期
Lee	韩国泡菜	乳酸和琥珀酸是发酵过程中的主要有机酸

发酵食品中风味物质的形成，主要通过生物化学反应和微生物代谢或转化合成。微生物合成食品中的风味物质主要有两种途径，一是微生物通过发酵原料产生风味物质，即微生物代谢葡萄糖、蛋白质等物质合成某些风味物质，Pederson 等确定异型乳酸发酵微生物对发酵蔬菜风味形成有巨大贡献；二是前体物质经过微生物的酶或酶系催化作用转化为风味物质。

乳酸菌能利用六碳糖、五碳糖，经过分解代谢产生乳酸、乙酸、丙酸等有机酸，有些可直接作为风味物质或是重要风味物质的前体。葡萄糖先经过磷酸戊糖途径（HMP）生成乙酰磷酸和 3-磷酸甘油醛，并释放二氧化碳，乙酰磷酸在乙酸激酶（AK）作用下产生终产物乙酸，3-磷酸甘油醛的终产物为乳酸。丙酮酸脱羧形成的乙酰-辅酶 A 另外一条去路是与草酰乙酸在柠檬酸合酶催化下生成柠檬酸，进入三羧酸循环（TCA），进而生成琥珀酸、苹果酸等有机酸。此外，草酰乙酸在草酰乙酸脱羧酶（OAD）的作用下经过脱羧反应生成丙酮酸，丙酮酸可进一转化成乳酸。还可通过丙酮酸在乳酸脱氢酶（LDH）的作用下直接还原成乳酸。

乳酸菌发酵过程中将醛类（乙醛、3-甲硫基丙醛）代谢生成大量乙酸和2,3-丁二酮，发酵过程中3-甲基丁醛含量有所提高，减少了刺激性风味物质成分所占总百分比，同时也产生了许多具有芳香的酮类和酯类等物质，从而改善了发酵风味。

其中，肠膜明串珠菌因缺乏糖酵解途径中的醛缩酶和异构酶，因此其葡萄糖的降解完全依赖磷酸戊糖途径。肠膜明串珠菌发酵蔗糖产生特征性的葡聚糖黏质物；发酵葡萄糖产物为乳酸、乙醇和CO_2；发酵核糖产物为乳酸和乙酸；发酵果糖产物为乳酸、乙酸、CO_2和甘露醇。Jung等研究表明，肠膜明串珠菌作为发酵剂时，与乳酸杆菌类菌株作为发酵剂相比，明显更具新鲜感，主要是由于肠膜明串珠菌通过分解果糖产生甘露糖引起。李文斌等经多次试验证明，肠膜明串珠菌具有高产酸能力，因此对泡菜中有机酸的组成有极大影响作用。肠膜明串珠菌是优良的风味剂，可发酵柠檬酸产生特征风味物质，如用肠膜明串珠菌、植物乳杆菌等进行混合共生发酵，更可以产生优良的风味。

魏斯菌是一类存在于发酵食品中的乳酸菌，是食品风味的重要贡献者，是自然发酵泡菜前期的异型乳酸发酵优势菌，具有发酵复杂性和产物多样性的特点，能产生更多的风味物质，赋予泡菜更好风味。向文良等研究发现异型乳酸发酵食窦魏斯菌协同植物乳杆菌用于四川泡菜生产时，能够快速启动泡菜发酵，促进乳酸菌快速繁殖，增加发酵初期乳酸含量，防止腐败菌滋生。同时，食窦魏斯菌协同植物乳杆菌发酵四川泡菜，能够明显提高泡菜产品中挥发性风味物质的种类和含量，改善植物乳杆菌发酵泡菜的风味，赋予更加爽口、酸香口感。众多研究表明，食窦魏斯菌发酵泡菜中的乳酸菌含量较低，可能为食窦魏斯菌生成乙酸能力相对较弱导致的结果。但总体来说，泡菜发酵过程中有机酸含量动态变化依赖于乳酸菌的活动，因此，魏斯菌可通过对有机酸含量的调节而对风味产生很大影响。

作者科研团队对从全国收集的500多份酱腌菜样品的滋味成分进行了分析，结果显示，四川泡菜的有机酸以乳酸和乙酸为主，柠檬酸、苹果酸、酒石酸的含量较少。贵州泡菜绝大部分样品也是以乳酸为主，并含有较多乙酸。其中，泡红椒含有较多柠檬酸，糟辣椒含有较多柠檬酸与苹果酸；陈年道菜有机酸含量最丰富，以乳酸为主；臭酸、虾酸、镇远腌菜含有大量丁酸，说明这些酱腌菜中的独特“臭”味与丁酸有很大关系。广东的萝卜干和梅干菜中苹果酸含量较高。

作者科研团队研究发酵温度对甘蓝泡菜液有机酸的影响发现，温度越低，泡菜液发酵越慢，产酸越低，提高温度有利于增加乳酸和乙酸含量。除35℃发酵泡菜外，有机酸主要以乳酸为主，其对泡菜液的风味和菌群演变影响较大。10℃发酵16d后乳酸含量稳定在0.12g/100mL，表明乳酸菌生长受到抑制，在低温下乳酸代谢相关酶活性低。15℃乳酸含量一直上升，发酵20d达到0.25g/

100g。25℃和35℃发酵后期乳酸含量出现降低，这与环境体系菌群及环境体系发酵改变有关。35℃发酵泡菜液中乙酸含量在第5天达到峰值（0.3g/100g）后下降，但在发酵7d后快速增加，可能与高温体系下菌群发生改变有关。高温组泡菜在发酵后期出现微弱腐败，具有刺激性气味，乙酸及其相关微生物可能是腐败泡菜的特征指标（图5-2）。

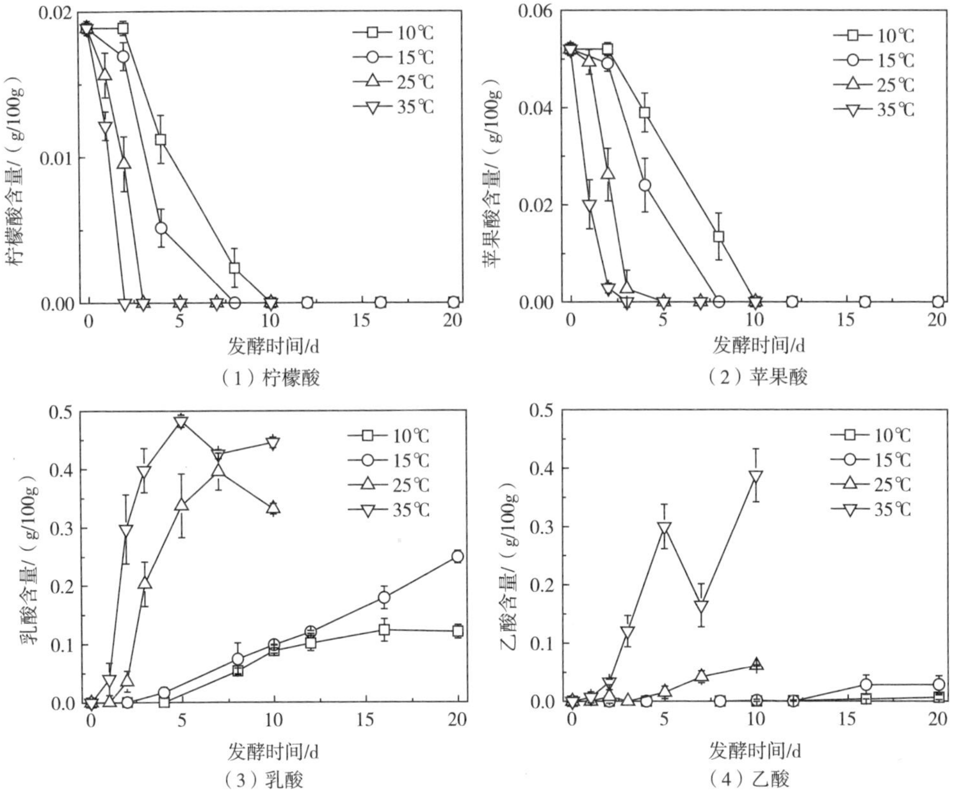

图5-2 温度对甘蓝泡菜液有机酸含量的影响

作者科研团队测定了不同水分含量泡菜（萝卜）的有机酸，根据发酵形式分为湿态、干态、半干态三种，结果显示：三种盐渍菜的有机酸种类及含量存在差异，有机酸总量呈现出干态盐渍菜>半干态盐渍菜>湿态盐渍菜，湿态盐渍菜以乳酸为主，半干态和干态盐渍菜以苹果酸和琥珀酸为主，且干态盐渍菜的琥珀酸浓度最大。推测新鲜萝卜的琥珀酸和苹果酸浓度较高，可能风干脱水处理导致半干态和干态盐渍菜的琥珀酸、苹果酸初始浓度较高，而微生物发酵较弱，导致变化趋势不大。还探究湿态、半干态、干态三种盐渍菜的有机酸与优势细菌的相关性。研究发现，湿态盐渍菜中的乳杆菌属与苹果酸和琥珀酸呈显著负相关，与乳酸呈正相关，R值（相关系数）高达0.6，但无显著性；微小杆菌属与苹果酸、琥珀酸呈显著正相关，与乳酸呈显著正相关；葡萄球菌属、魏斯菌属与苹果酸、琥珀酸呈显著正相关。半干态盐渍菜中微小杆菌属与琥珀酸呈极显著正相关；明串珠菌属与琥珀酸呈正相关，与苹果酸呈负相关。干态盐渍菜中的魏斯氏菌属、明串珠菌属与苹果酸呈正相关，与琥珀酸呈负相关。三种盐渍菜中同类菌属与有机酸的相关性存在差异，这可能是由于制作工艺不同，优势菌生长环境存在差异，在各盐渍菜中所起作用也有差异（图 5-3）。

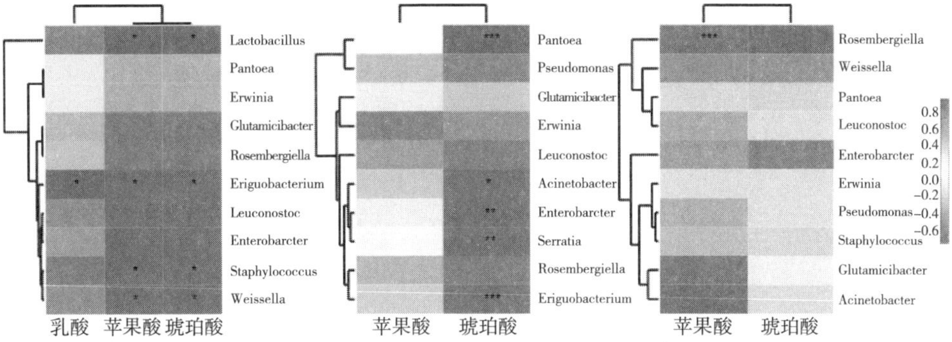

（1）湿态　　（2）半干态　　（3）干态

图 5-3 湿态、半干态和干态盐渍菜的有机酸与优势菌群的相关性分析

二、与氨基酸的关联性

蔬菜中所含蛋白质通过微生物和酶作用会生成氨基酸，1908 年日本学者提出氨基酸是食品的重要滋味物质，这也是泡菜独特风味来源之一。食品中的氨基酸大多为 L 型，根据国外研究可对其呈味进行分类，天冬氨酸（Asp）和谷氨酸（Glu）主要呈鲜味，丙氨酸（Ala）、丝氨酸（Ser）、甘氨酸（Gly）、苏氨酸（Thr）、脯氨酸（Pro）主要呈甜味，组氨酸（His）、精氨酸（Arg）、酪氨酸（Tyr）、缬氨酸（Val）、甲硫氨酸（Met）、亮氨酸（Leu）、异亮氨酸（Ile）、苯丙氨酸（Phe）、赖氨酸（Lys）主要呈苦味，胱氨酸（Cys）不呈味。

新鲜蔬菜盐渍后，其色、香、味等均发生变化，主要原因之一是蛋白质分解的结果。蛋白质与氨基酸的微生物分解代谢对于肉类、谷物等发酵食品风味化合物的形成具有重要作用，鲜味形成过程中，蔬菜组织内所含的蛋白质受微生物的作用和蔬菜本身所含蛋白质水解酶的作用而逐渐被分解为氨基酸。乳酸菌具有蛋白质的分解代谢及氨基酸代谢的酶系统，是食品风味物质形成的理论基础。发酵的食品中含有丰富的蛋白质，乳酸菌可以产生胞外蛋白酶将食物中的蛋白质水解成小分子的寡肽和氨基酸。不同的氨基酸具有不同的风味，有的为鲜味，有的则具有甜味。有些氨基酸如亮氨酸、异亮氨酸和缬氨酸呈现出令人愉悦的麦芽味、水果味或苦味；色氨酸、酪氨酸和苯丙氨酸呈现出花香味、排泄物味；甲硫氨酸、半胱氨酸呈现出熟透甘蓝味、大蒜味；谷氨酸、甘氨酸呈现出鲜味和甜味；盐渍所用的食盐与其中的谷氨酸作用，生成谷氨酸钠（即味精），更增加了鲜味。这些氨基酸本身丰富了发酵底物的风味。有些氨基酸是很多挥发性风味化合物的前体，可通过转运系统进入细胞参与氨基酸代谢，形成风味物质。氨基酸还和醇生成多种具有芳香的酯类。氨基酸与戊糖的还原产物 4-羧基戊烯醛作用生成烯醛类的香味物质。氨基酸种类不同，与戊糖作用所产生的香味也不同。

此外，蛋白质水解生成氨基丙酸，具有一定的香气。酒精发酵生成的微量酒精也具有一定的芳香。酒精与氨基酸作用所生成的酯类物质则香气更浓。有的蔬菜组织中含有黑介子苷，黑介子苷水解后产生芥子油和糖。前者是一种芳香气味的物质，后者提升了风味。蛋白质的水解还造成了盐渍蔬菜色泽的改变，由蛋白质水解所生成的酪氨酸在组织中所含的酪氨酸酶的作用下，经过一系列的氧化用，最后生成的黑色素，使加工品呈深黄褐色或黑褐色（即酶褐变）。氨基酸与还原糖作用也可生成黑色物质（即非酶褐变），这种物质又黑又香。温度越高，黑色素的形成越快。叶绿素在盐渍过程中也会逐渐变性而失去其鲜绿色泽。特别在酸性介质中，叶绿素变成黄褐色或黑褐色。

乳酸菌蛋白质代谢形成风味物质途径：在乳酸菌的氨基酸代谢过程中，氨基酸主要通过 4 种代谢途径产生挥发性香气成分，见图 5-4。

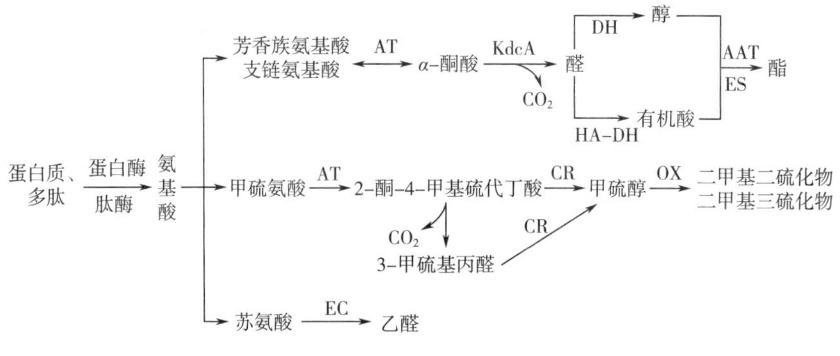

图 5-4　乳酸菌蛋白质代谢形成风味物质的主要途径

注：KdcA 为 α-酮酸脱羧酶；AT 为转氨酶；DH 为 α-酮酸脱氢酶；AAT 为醇酰基转移酶；ES 为酯酶；HA-DH 为羟酸脱氢酶；CR 为化学反应；EC 为苏氨酸醛缩酶；OX 为氧化。

1. 途径 1

氨基酸在转氨酶、裂解酶和脱氢酶等酶的作用下形成相应的 α-酮酸，在 α-酮酸脱羧酶作用下形成醛，醛有两种转化途径，其一由 α-酮酸脱氢酶还原作用形成醇；其二由羟基酸脱氢酶作用还原形成有机酸。

2. 途径 2

含硫氨基酸特别是甲硫氨酸在转氨酶的作用下生成 2-酮-4-甲基硫代丁酸，可经化学反应直接形成甲硫醇，或者脱羧形成 3-甲硫基丙醛再经化学反应形成甲硫醇，甲硫醇氧化形成具有洋葱或白菜气味的二甲基二硫化物或类似青菜气味的二甲基三硫化物。

3. 途径 3

有些氨基酸如苏氨酸、赖氨酸不经转氨作用直接由酶催化形成风味物质。羟基氨基酸如苏氨酸在苏氨酸醛缩酶（EC 4. 1. 2. X，属于一类裂解酶）作用下直接形成乙醛，乙醛具有果香清香味，是乳制品中的重要风味物质。

4. 途径 4

通过还原氨基反应或转氨基作用，糖代谢途径中的一些代谢产物可生成相应的氨基酸。如丝氨酸可生成甘氨酸（甜味）、半胱氨酸，利用天冬氨酸可以合成赖氨酸、甲硫氨酸和苏氨酸。

盐渍菜中氨基酸的研究现状如表 5-2 所示。泡菜中的氨基酸主要包括丙氨酸、天冬氨酸、缬氨酸、丝氨酸、亮氨酸、谷氨酸、异亮氨酸和苯丙氨酸等。有研究表明，在泡菜发酵过程中谷氨酸与天冬氨酸含量逐渐上升，丝氨酸与丙氨酸逐渐减少。微生物可通过代谢途径来合成各种氨基酸，使泡菜中含有不同组成的游离氨基酸。泡菜中的乳酸菌也可以利用氨基酸产生苯乳酸、乙酸苯酯和苯乙醇等风味物质。微生物的生长对氨基酸的利用不同，造成泡菜中游离氨基酸的组成也不同，因此，不同的微生物组成和演替可以赋予泡菜特有的风味。作者科研团队研究发现，温度的差异使甘蓝泡菜液中氨基酸含量差异明显。10℃发酵泡菜液以甘氨酸、苏氨酸和脯氨酸为主，15、25、35℃以丙氨酸和精氨酸为主。贾载凯等以中韩泡菜为研究对象，检测了其中游离氨基酸的种类和含量。从呈味来看，中国泡菜的甜味氨基酸是最主要的氨基酸，占氨基酸总量的 50%，其次是苦味氨基酸，占到总氨基酸的 46%，鲜味氨基酸只占 3%，没有发现涩味氨基酸。而韩国泡菜的苦味氨基酸是最主要的氨基酸成分，占氨基酸总量的 51%，甜味氨基酸次之，占比为 37%；鲜味氨基酸和涩味氨基酸分别占氨基酸总量的 3%和 6%。

表 5-2　　盐渍菜氨基酸的研究现状

研究人员	研究对象	氨基酸研究
王冉	自制萝卜泡菜	共检出 17 种氨基酸，以脯氨酸、缬氨酸、苏氨酸、丝氨酸、丙氨酸、亮氨酸、谷氨酸、天冬氨酸、异亮氨酸为主
赵楠	四川老泡菜	主要氨基酸为脯氨酸、缬氨酸、丙氨酸、亮氨酸、谷氨酸、甘氨酸、4-氨基丁酸、谷氨酰胺、天冬酰胺
李贞景	传统冬菜	共检出 13 种氨基酸，以赖氨酸和苏氨酸为主
赵大云	盐渍雪里蕻	氨基酸总含量较高，谷氨酸、天冬氨酸的含量随发酵逐渐升高

续表

研究人员	研究对象	氨基酸研究
Shim	韩国泡菜	氨基酸总含量随发酵逐渐上升，以谷氨酸、丙氨酸、缬氨酸、亮氨酸、赖氨酸等为主
刘阳	宜宾芽菜	检出 17 种游离氨基酸，发现以谷氨酸为主，这与生产过程中调味拌料有关

作者科研团队对二轮盐渍工业酸菜的滋味物质进行探究，结果显示，工业酸菜中游离氨基酸种类丰富，共检出 17 种。发酵前期，以赖氨酸、丙氨酸、谷氨酸为主；发酵后期以亮氨酸、丙氨酸、缬氨酸为主。分析了全国样品的滋味成分，结果显示，四川地区特色酱腌菜南充冬菜中，氨基酸以丙氨酸、苏氨酸、脯氨酸等呈甜味的氨基酸为主；宜宾芽菜以脯氨酸为主。贵州地区特色酱腌菜陈年道菜氨基酸含量极高，含有丰富的鲜味氨基酸（天冬氨酸和谷氨酸）及甜味氨基酸（丙氨酸）；独山县三酸中，虾酸以丙氨酸、亮氨酸为主，而盐酸、臭酸二者的氨基酸含量较低。陕西地区的糖醋蒜以谷氨酸、丝氨酸为主，鸟氨酸含量也较高；盐渍乳瓜的氨基酸含量很低；剁椒以脯氨酸为主。

作者科研团队测定了不同水分含量泡菜的氨基酸，根据发酵形式分为湿态、干态、半干态三种，结果显示：湿态盐渍菜的总游离氨基酸浓度整体最低，以精氨酸、谷氨酸、丙氨酸为主；半干态盐渍菜的总游离氨基酸浓度不断上升，以甜味氨基酸为主，脯氨酸占比最高；干态盐渍菜的总游离氨基酸浓度变化不大，以甜味氨基酸为主，发酵前 60d 以脯氨酸占比较高。此外，半干态盐渍菜的总鲜味氨基酸浓度最高，半干态与干态盐渍菜的苦味氨基酸相对较高，但苦味的呈味效果可能会受到氯化钠和酸的抑制。还探究湿态、半干态、干态三种盐渍菜的氨基酸与优势细菌的相关性，将三种盐渍菜检出的 17 种氨基酸和相对丰度前 10 的细菌进行相关性分析，结果如图 5-5 所示。湿态盐渍菜中的乳杆菌属与酪氨酸呈正相关，但 R 值只有 0.3，与其余 16 种氨基酸都呈负相关，其中与组氨酸、精氨酸和缬氨酸具有极显著性，与丝氨酸、甘氨酸、脯氨酸、亮氨酸、异亮氨酸具有显著性，且 R 值都较高，说明湿态盐渍菜中的乳杆菌属会利用大部分氨基酸进行生长；明串珠菌属和魏斯菌属与所有氨基酸呈正相关，其中明串珠菌属与丝氨酸、甘氨酸、脯氨酸具有显著性，魏斯菌属与组氨酸、精氨酸、缬氨酸具有极显著性，与丝氨酸、甘氨酸、脯氨酸、亮氨酸、异亮氨酸具有显著性；微小杆菌属与甲硫氨酸呈极显著正相关，与天冬氨酸、丝氨酸、甘氨酸、苏氨酸、脯氨酸、胱氨酸、赖氨酸呈显著正相关，湿态盐渍菜中的鲜味可能与微小杆菌属有关；葡萄球菌属与丝氨酸、甘氨酸、脯氨酸呈极显著正相关，与组氨酸、精氨酸、缬氨酸、甲硫氨酸呈显著正相关。半干态盐渍菜中的泛菌属与胱氨酸呈正相关，与其余氨基酸呈负相关，其中与赖氨酸、谷氨酸、丝氨酸、苏氨酸、脯氨酸、组氨酸呈极显著负相关，与酪氨酸呈显著负相关；微小杆菌属与脯氨酸、异亮氨酸呈极显著正相关，与谷氨酸、丝氨酸、组氨酸、赖氨酸呈显著正相关。干态盐渍菜中的泛菌属与甲硫氨酸呈显著正相关，魏斯菌与组氨酸呈显著正相关。半干态盐渍菜呈鲜甜味，主体滋味物质为氨基酸，而这些鲜味和甜味氨基酸可能与沙雷菌属、肠杆菌属、微小杆菌属和不动杆菌属关系密切。干态盐渍菜呈咸甜味，咸味是制作时添加氯化钠产生，而甜味除了自身还原糖含量高以外，可能还与甜味氨基酸（尤其是脯氨酸）有关，而这些氨基酸可能与魏斯菌属、明串珠菌属等乳酸菌属关系密切。

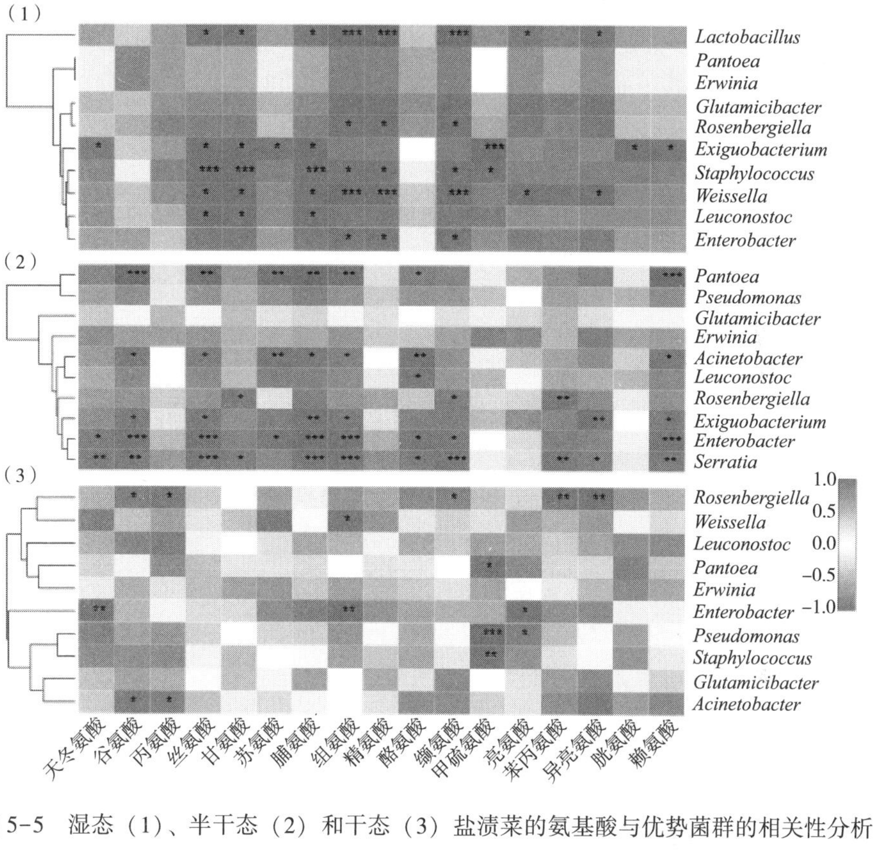

图 5-5　湿态（1）、半干态（2）和干态（3）盐渍菜的氨基酸与优势菌群的相关性分析

三、与挥发性风味的关联性

泡菜在自然发酵过程，以乳酸菌为主导的微生物利用蔬菜及原辅料中的糖类等营养物质发酵产酸。随着一系列复杂的物理、化学和生物反应的变化，不仅赋予了泡菜产品独特的色、香、味，而且增加了泡菜的营养价值，对泡菜的贮存和安全性起着重要作用。风味是评价食品质量的重要指标，很大程度上决

定了消费者的选择，也是泡菜新工艺、新产品开发的重要衡量指标。

挥发性风味物质的研究主要包括香气组分的提取、定性、定量和评价。提取方法有蒸馏萃取（SDE）、固相微萃取（SPME）、动态顶空取样（DHS）和超临界流体萃取（SFE）等，但目前风味的提取和测定的研究还没有统一的标准，每种方法都有一定缺陷，大多研究主要进行顶空固相微萃取。采用核磁共振波普技术（NMR）、紫外光谱技术（UV）、红外光谱技术（IR）、质谱技术（MS）等可以对风味物质进行定性，采用面积归一法、外标法、内标法对香气物质进行定量。泡菜风味物质的评价目前大多采用气质联用仪结合嗅辨仪（GC-O-MS）、香气活性值、电子鼻、电子舌和感官评定。在进行特征成分分析时，往往多种手段相互结合，包括多元统计学分析、风味组学中的香气重组和遗漏测试等方法。

泡菜的风味物质一部分来自蔬菜、香辛料等原辅料，另一部分来自发酵过程中的生化反应和微生物的作用。其主要来源有以下三个方面。

1. 生物合成

风味成分直接在植物生长中合成，许多蔬菜、香辛料香气成分都是由生物合成产生，这也是蔬菜、辅料等固有的滋味和香气成分，其中滋味成分包括有机酸、游离呈味氨基酸、核苷酸、糖、无机盐和芥子苷等，它们沸点较高，不易挥发，如蔬菜中的草酸、柠檬酸和苹果酸等。香气成分包括挥发性有机酸、醇类、酮类、酯类、醛类、萜烯等，在泡菜发酵过程中很多都会被保留下来，赋予泡菜特有的香气，还能抑制杂菌的生长，除去发酵过程中产生的异味等。

2. 微生物作用

泡菜发酵过程中主要以乳酸菌、酵母菌为主，发酵前期还有少量醋酸菌、肠杆菌等。其中乳酸菌发酵会产生乳酸、乙酸、甘露醇、乙醇等滋味物质，也会产生2,3-丁二醇等对泡菜有重要贡献的香气物质。酵母菌在泡菜环境中消耗原料，主要产生乙醇。醋酸菌在发酵前期产生醋酸，具有较强的刺激性，并赋予泡菜酸味和香气，促进食欲的作用。泡菜体系中还存在大肠杆菌、葡萄球菌、假单胞菌等，其中大肠杆菌可以分解葡萄糖为乳酸、乙酸、琥珀酸、乙醇等物质，但该菌群往往随着乳酸菌的生长而被抑制。

3. 酶的作用

泡菜原料芥子苷在芥子酶的作用下会被分解为异硫氰酸酯、二甲基三硫等，从而使原料具有辛辣味、刺激味和芳香味。原料中的蛋白质会被微生物乳酸菌及酶的作用降解为氨基酸，氨基酸不仅有气味作用，而且还会同其他物质形成新的风味物质，如氨基丙酸乙酯。

盐渍菜的挥发性风味主要包括酸类、醇类、烯类、醛类、酯类、醚类等，具体物质种类及含量存在较大差异，这可能与制作工艺、原辅料、发酵条件、检测方法等因素有关（表5-3）。比如，异硫氰酸烯丙酯具有强烈的催泪性和辛辣味，是芥菜类植物中的主要风味成分，已经发现其在榨菜和雪里蕻中大量存在，而泡辣椒中几乎没有异硫氰酸酯类，原料不同导致特征风味存在差异。所以，泡菜的风味与原料和发酵条件有关，原料中固有的风味成分和发酵产生的风味及合成的风味成分混合协调，不同的种类和含量都会产生不同的效果，从而使泡菜呈现独特的风味。

章献等采用气质联用技术从两种韩国泡菜中分离出 34 种共同的挥发性成分，包括乙醇、乙酸、烯类和硫醚类等物质。徐丹萍采用顶空固相微萃取结合气相色谱-质谱联用技术发现老泡菜水发酵泡菜中检出异硫氰酸烯丙酯、3-丁烯基异硫氰酸酯、1-壬醇、苯乙醇和 3-甲基异硫氰酸丁酯等 20 种化合物，自然发酵泡菜中检出异硫氰酸烯丙酯、3-丁烯基异硫氰酸酯、壬醛和 3-甲基异硫氰酸丁酯等化合物 15 种。刘春燕等研究不同乳酸菌接种发酵泡菜总共检测到 37 种挥发性物质，主要有酯、醛、酮、醇和烷烃等，发现二甲基二硫、二甲基三硫是泡菜中主要的香气成分。作者科研团队等研究不同原料泡菜发现乙醇、苯乙醇、2-乙基己醇、乙酸、丁酸和乙酸乙酯可以用于区分发酵型和不发酵型泡菜。Zhao 等研究传统泡菜发现乙酸、丙酸、乙酸乙酯、丙酸乙酯、水杨酸甲酯、甲硫醇、二硫化碳、硫羟乙酸甲酯、二甲基二硫和二甲基三硫等为主要挥发性成分。Jang 采用 GC-MS 发现韩国泡萝卜中二烯丙基硫醚、二甲基二硫、烯丙基甲基硫醚和甲基丙基二硫醚为主要挥发性成分。Yao 等采用 GC-MS 结合电子鼻发现柠檬烯、苯乙醇、苯甲醛、壬醛和异硫氰酸烯丙酯为冬菜不同发酵期中共同的挥发性成分。Kang 等研究发现韩国泡菜的主要风味物质为二甲基二硫醚和二甲基三硫醚等含硫化合物。

表 5-3　　盐渍菜挥发性风味物质的其他一些研究

研究人员	研究对象	挥发性风味研究
徐丹萍	四川泡萝卜	酯类为主要挥发性风味成分，以 1-异硫代氰酸丁酯和异硫氰酸乙酯的相对含量较高
侯晓艳	四川泡萝卜	挥发性风味物质主要是烯类、酯类和酮类
毛丙永	四川老泡菜	老卤泡菜的挥发性风味物质主要是烷烃和酯类，包括甲基环戊烷、柠檬烯、乙酸乙酯等
Xiao	泡辣椒	共检出 67 种挥发性风味物质，主要包括乙酸、2-乙基苯酚、L-芳樟醇、十三烷、丁酸丁酯和 3-蒈烯
Wu	东北酸菜	酯类物质与醛类物质为东北酸菜中最主要的挥发性成分
朱轫	京冬菜	4 个不同发酵时期（0，初、中、末）共鉴定出 264 种挥发性物质，包括 83 种烃类、54 种酯类、34 种醇类、13 种酮类、10 种醛类、9 种异硫氰酸酯类、7 种酸类等
姚英政	川冬菜	4 个不同时期冬菜中共检测出 70 种不同的挥发性物质，包括异硫氰酸烯丙酯、苯乙醇和苯甲醛等 21 种成分对冬菜的风味影响较大

续表

研究人员	研究对象	挥发性风味研究
刘明春	涪陵榨菜	不同工艺阶段产品共含45种挥发性成分，酸类、硫化物类、醛类、酯类等随发酵逐渐增加，异硫氰酸酯呈先升高后下降的变化趋势
Zhao	腌雪里蕻	三个不同样品中共鉴定到87种成分，以芥子油甙的分解产物为主，包括烯丙基、丁烯基、异丁基和苯乙基等
Hwang、Hong	韩国泡菜	主要为二甲基二硫醚、二甲基三硫醚等含硫化合物
Kim	韩国泡菜	主要为含硫化合物，特征性风味物质为硫氰酸甲酯、己醛、四氢噻吩和苯甲酸苯乙酯
黄珊	萝卜干	主要包括醇类（26种）、醛类（26种）、烷烃类（13种）、烯烃类（18种）、酯类（15种）、醚类（8种）、异硫氰酸酯类（8种）酮类（8种）、呋喃类（3种）、酚类（3种）、吡嗪类（3种）等，以醇类、醛类、烯烃类化合物数量最多
刘大群	萝卜干	经风干脱水和盐渍脱水制作的萧山萝卜干的挥发性物质存在差异，分别检出58和35种挥发性风味物质
吴华昌	宜宾芽菜	不同发酵时间芽菜的挥发性风味共鉴定出75个种，其中醇类、酸类、酯类和烷烃类等化合物为主体香味物质

Xiao等研究发现细菌对四川泡菜风味的贡献比真菌大，其中乳杆菌属、明串珠菌属、无色杆菌属（*Achromobacter*）、片球菌属与风味密切相关。He等研究不同温度发酵酸菜发现乳杆菌属、片球菌属、乳球菌属、环丝菌属（*Brochothrix*）、嗜冷杆菌属（*Psychrobacter*）、假交替单胞菌属（*Pseudoalteromonas*）、不动杆菌属和肠杆菌属与泡菜挥发性风味成分有关。

作者科研团队探究不同水分含量泡菜（萝卜）的挥发性风味物质，根据发酵形式分为湿态、干态、半干态三种，结果显示，泡菜（萝卜）挥发性成分主要为发酵过程中产生的含硫化合物和醇类。湿态的挥发性特征香气为乙酸，半干态挥发性成分主要为原料自身的含硫化合物。二甲基三硫醚、1-异硫氰酸戊酯、5-甲硫基戊腈、5-甲硫基-2-戊烯-4-炔醇、乙酸、2,3-丁二醇、庚基氢过氧化物和甲氧基苯肟为湿态和半干态的差异性标志物，其可以用于区分湿态和半干态发酵盐渍菜工艺和发酵状态。半干态的特征香气还与不动杆菌属、肠杆菌属、明串珠菌属呈正相关；干态的特征香气与魏斯菌属、肠杆菌属、明串珠菌属、*Rosenbergiella* 呈正相关。

作者科研团队还针对不同温度发酵过程中的甘蓝泡菜液进行研究，通过相关性系数分析，乳杆菌属、乳球菌属、明串珠菌属、魏斯菌属对风味的贡献差异明显，其中乳杆菌属与12种风味物质有相关，能增加甘蓝泡菜液中的异硫氰酸苯乙酯、异戊氧乙烯乙酸酯和乳酸含量（图5-6）。

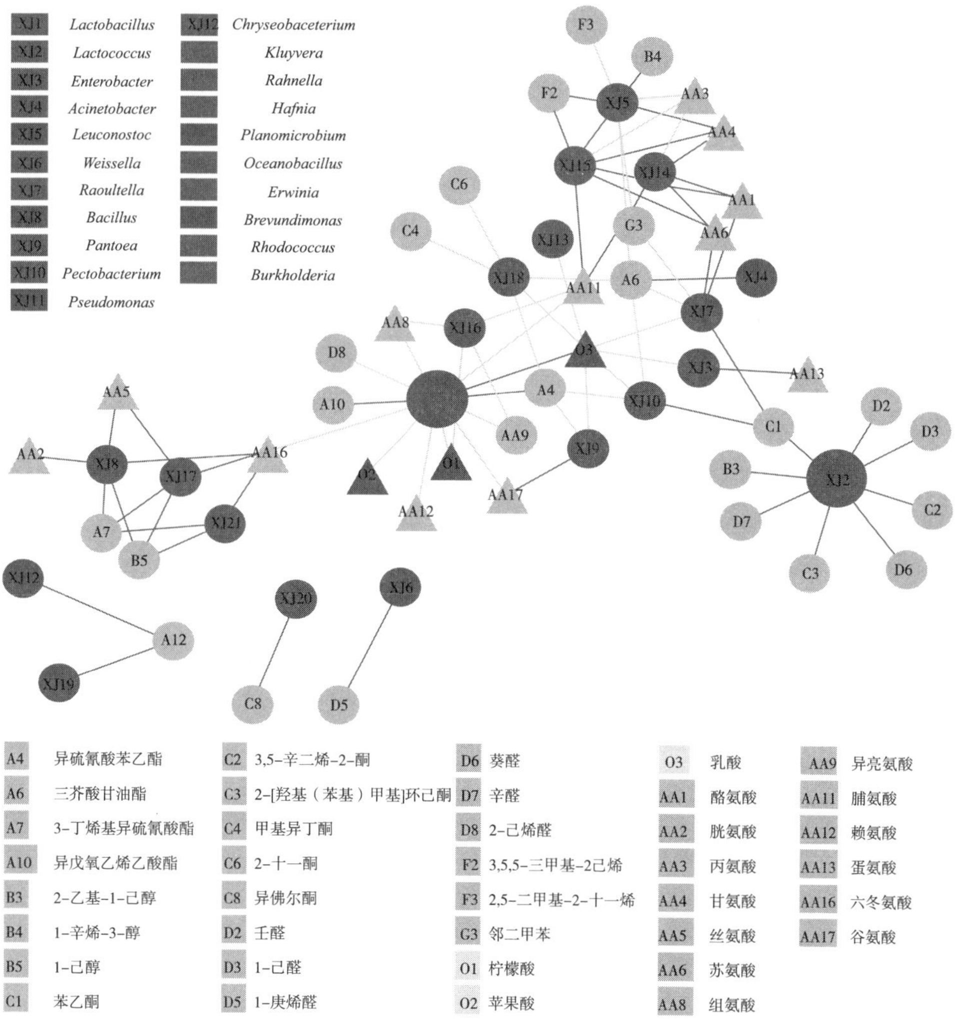

图 5-6　甘蓝泡菜液发酵过程中重要微生物与风味成分相互关系

第三节　泡菜微生物安全性研究

随着人们生活水平提高，发酵蔬菜的安全性受到广泛关注。泡菜在加工的各个生产阶段也极易受到有害微生物的污染，对消费者的健康造成威胁。亚硝酸盐、生物胺是主要关注的安全性问题。此外，泡菜中的致腐菌和致病菌同样产生许多不良影响，其中致腐菌使产品产生不良气味，甚至变质，并浪费大量营养成分。致腐菌主要包括腐败霉菌、腐败酵母和腐败细菌，其中霉菌可使蔬菜组织软化，甚至出现霉斑，影响感官；产醭酵母能在发酵液表面形成白色菌膜，严重影响感官；致腐细菌则使蔬菜发黑并生成恶臭物质如尸胺、腐胺、硫化氢、吲哚等。致病微生物则因蔬菜产地、生产环境不同而差异较大，如报道的有各种大肠杆菌致病血清型、粪链球菌、沙门菌、志贺菌等。

一、致病菌

泡菜在发酵过程中是借助附着在蔬菜表面的微生物的发酵作用进行，经研究表明，蔬菜表面的微生物种类丰富，数量巨大，这些微生物包括乳酸菌、酵母菌、醋酸菌、霉菌和有害微生物。泡菜中常见的食源性致病菌有大肠杆菌、沙门菌、志贺菌、单核细胞增生李斯特菌（*Listeria monocytogenes*）、金黄色葡萄球菌、蜡样芽孢杆菌、产气荚膜梭菌、假单胞菌。其中关于大肠杆菌和假单胞菌的报道较多，单核细胞增生李斯特菌和金黄色葡萄球菌在泡菜中的检出也有报道。

（一）泡菜中致病菌的影响

目前，关于泡菜在发酵或贮藏过程中的微生物安全性已有许多报道。这些有害微生物的生长繁殖对泡菜的产品质量危害性很大，一方面，有害菌的代谢产物会影响泡菜的风味，破坏泡菜的感官品质；另一方面，有害菌能把硝酸盐还原成为亚硝酸盐，使氨基酸脱羧反应成生物胺，所以泡菜产品累积了亚硝酸盐和生物胺，且在泡菜酸性发酵体系中这两种物质会形成亚硝基化合物，具有极强的致癌性，对人体产生严重的健康威胁；有些微生物在发酵过程中会产生毒素，如真菌毒素、肠毒素等，这些都严重影响了泡菜的安全性。

（二）泡菜中致病菌的消长规律

Inatsu 和 Cho 等报道韩国泡菜在感染致病菌情况下致病菌存活时间甚至可以贯穿于整个发酵过程中，Argyri 等报道接种的致病菌在橄榄发酵 20 多天仍可以检出。大量研究显示，致病菌的数量在泡菜发酵前期通常有一定程度增加，达到峰值后逐渐下降。多数食源性致病菌所能耐受的最低 pH 为 4. 5~5，说明短期发酵和即食泡菜中的微生物安全风险相对较高，但在泡菜后期不易生长。闫鸣霄等采用 Predictor 软件对几种常见食源性致病菌的生长趋势模拟结果显示，随着 pH 的降低和盐浓度的提高，各种食源性致病菌生长总体上明显减缓。在 pH4. 5 条件下，耐酸能力较弱的蜡状芽孢杆菌、产气荚膜梭菌和志贺菌等致病菌不能生长。在高盐浓度（10%）下，多数致病菌不能生长，但金黄色葡萄球菌和单核细胞增生李斯特菌仍可能生长，其中金黄色葡萄球菌的生长优势更明显。在中等盐浓度（5%）下，沙门菌生长速率最快，其次为金黄色葡萄球菌、大肠杆菌和单核细胞增生李斯特菌。在低盐浓度（2%）下，几种致病菌尤其是大肠杆菌生长速度明显加快。由此可知，大肠杆菌、沙门菌、金黄色葡萄球菌和单核细胞增生李斯特菌在中、低盐浓度泡菜发酵前期都有可能出现明显的生长。

（三）致病性微生物的防控措施

四川泡菜在发酵过程中，由于乳酸菌的作用，产生大量的有机酸，泡菜 pH 逐渐降低，从而对致病菌的生长产生抑制作用。所以在泡菜初期发酵阶段，采取有效的防控措施抑制有害微生物的生长十分有必要，如减少泡菜坛开盖的次数创造厌氧环境、增加食盐浓度、添加具有抑菌性的香辛料、接种纯乳酸菌，这些方法都可以促进乳酸菌的生长、乳酸的产生，从而 pH 降低会抑制有害微生物的生长繁殖。另外，改善制作环境条件，做好空间清洁消毒工作及环境温度控制也能减少有害微生物污染，作者科研团队提出，在低温（5~11℃）或冷链条件下制作及储存泡菜，既可以保持产品的质量，也可以防止有害微生物的繁殖。通过以上措施即消除致病菌的影响，从而保证四川泡菜的质量安全，尤其对于家庭制作四川泡菜，条件较为粗放，更应做好以上措施。

二、亚硝酸盐

（一）亚硝酸盐的危害

亚硝酸盐有毒性，中毒剂量为 0.3~0.5g，致死量为 3.0g，ADI 值（人体每日允许摄入量）为 0~0.2mg/kg 体重。一方面会和血液中的亚铁血红蛋白发生氧化反应，反应生成高铁血红蛋白，造成人体缺氧中毒，症状表现为口唇及指、趾断出现青紫，面色灰暗，精神萎靡，心跳加快，头晕，呕吐，出冷汗，甚至血压下降，抽搐，昏迷等，另一方面，亚硝酸盐还能够与人体中的胺类形成具备强致癌性的 *N*-亚硝基化合物亚硝胺。

亚硝酸盐广泛存在于自然环境中，是自然界中分布最广泛的含氮化合物。在泡菜生产中，人们更为关注亚硝酸盐不是其本身的毒性，而是亚硝酸盐和二级胺、三级胺结合形成的 *N*-亚硝基化合物，这种化合物具有强致癌作用。根据 GB 2762—2017《食品安全国家标准　食品中污染物限量》中对于蔬菜腌制类食品的规定，亚硝酸盐含量不得超过 20mg/kg。泡菜中的亚硝酸盐一方面来自原料，不同蔬菜及蔬菜不同部位的亚硝酸盐含量有所差异，但新鲜蔬菜的亚硝酸盐含量普遍<0.5mg/kg；另一方面主要来自原料中硝酸盐在硝酸盐还原酶的作用下还原为亚硝酸盐。蔬菜在自然生长过程中会富集硝酸盐，然后被同化为氨、氨基酸等，当富集量超过其还原同化的量就造成硝酸盐的累积，从而为泡菜在

发酵过程中硝酸盐转变为亚硝酸盐提供了前体物质。

泡菜自然发酵过程中，发酵体系中大量环境微生物均具有硝酸还原酶，可使泡菜发酵前期生成大量亚硝酸盐。大肠杆菌、白喉杆菌、金黄色葡萄球菌等将硝酸盐还原为亚硝酸盐，从而使亚硝酸盐积累起来。近年来研究发现大肠杆菌等微生物在泡菜，特别是新制泡菜发酵初期会占据一定优势。各种泡菜发酵过程中亚硝酸盐含量变化如图 5-7 所示，发酵初期亚硝酸盐含量很低，发酵到一定时间后快速增长并形成“高峰”，到成熟期逐渐下降。这与乳酸菌逐渐主导发酵有关，乳酸菌抑制了杂菌的生长，并具有亚硝酸盐还原酶，可降解泡菜中的亚硝酸盐。乳酸菌还能产生乳酸、乙酸等，使泡菜体系呈酸性，亚硝酸盐在酸性环境中（pH<4.5）不稳定，快速降解，因而发酵正常或成熟的泡菜中理论上和实际上并不具备积累亚硝酸盐的条件。

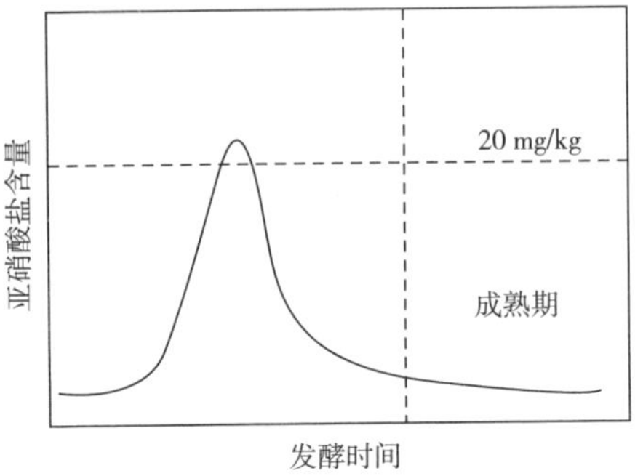

图 5-7　泡菜发酵过程中亚硝酸盐变化规律示意图

20 世纪 70 和 80 年代，中国医学科学院肿瘤防治研究所对我国食管癌流行因素进行调查，依据统计学发现了食用酸菜与食管癌死亡率的关系；同时，中国医学科学院调查发现，林县酸菜提取液及酸菜汤浓缩液喂食老鼠，历时两年，大部分老鼠发生了食管癌疾病。这些报道是首次从统计学角度与体内实验验证了林县酸菜和癌症的关系，并认为在泡菜发酵初期，蔬菜自然带入的乳酸菌发酵速度较慢，酸性环境未形成，泡菜中所含有的其他的有害菌群，如大肠杆菌、黄杆菌属等杂菌无法被抑制，因此这些杂菌中所含的硝酸还原酶会使泡菜中的硝酸盐还原成亚硝酸盐，该研究具有十分重要的意义。新泽西医学院 Yang 在中国食管癌综述中引用了我国科学家的数据，引发了广泛关注。此后，中国科学院肿瘤研究所陆士新等继续研究了真菌对食物中致癌物亚硝胺及其前体物质形成的影响，进一步证明了感染真菌为串珠镰包霉、白地霉，不但能将食物中的硝酸盐还原为亚硝酸盐，而且还能增加二级胺的含量，并促进这些前体物质合成亚硝胺。林县酸菜在过去的制作方法中，经常被真菌严重感染，而大部分感染的真菌是白地霉。林县酸菜这种不添加食盐且无厌氧密封条件的发酵方式，可能会形成有益微生物、致病微生物和腐败微生物共生的情况，由于有益微生物不能有效地占据绝对的主导优势，这和四川泡菜的制作工艺及其乳酸菌主导发酵的环境有着本质的区别，因而也就无法满足泡菜发酵所需的基本条件。

（二）市售酱腌菜亚硝酸盐含量调查

我国国家标准规定，酱腌菜中亚硝酸盐含量应不超过20mg/kg（以亚硝酸钠计）。近年来，作者科研团队和有关科学工作者对各种泡菜类产品发酵过程中的亚硝酸盐变化进行了大量的研究，结果表明，起初亚硝酸盐含量很低，发酵到一定时间后快速增长并形成亚硝峰，此后又快速下降直至较低的水平。目前，对泡菜产品中亚硝酸盐含量也有广泛的报道，作者科研团队对成都及周边地区190多份超市销售、农贸市场销售的泡菜中亚硝酸含量进行检测，结果表明，大部分市售泡菜榨菜的亚硝酸盐含量≤5.0mg/kg，远低于国家标准对其亚硝酸盐的限量（20mg/kg），日人均摄入市售泡菜、榨菜的亚硝酸盐剂量分别为0.0023~0.0049mg/kg体重和0.0025~0.0053mg/kg体重（以亚硝酸根离子计），因此日常摄入泡菜、榨菜是安全的（表5-4）。近年来，我国极少见泡菜亚硝酸盐含量超标问题报道。

从现有资料看，多数市售酱腌菜产品，尤其是主产地出产的泡菜、榨菜，亚硝酸盐含量远低于此限量。

表5-4　市售酱腌菜产品中亚硝酸盐含量

样品名称	采样地	采样数	亚硝酸盐含量/(mg/kg)
盐渍果蔬	美国	46	1~1.4（以NO_2^-计）
盐渍菜	黑龙江哈尔滨	218	3.91~4.86
东坡泡菜	四川眉山	260	1.700~2.205
泡菜	贵州贵阳	100	0.53~11.20
榨菜	重庆涪陵	12	2.34~5.23
淹腌菜	浙江海盐	103	0.03~25.1（1份样品超标）
泡菜	四川成都	190	0.56~12.50
盐腌菜	深圳罗湖	303	0.4820~2.4750
散装盐腌菜	河南新乡	206	0.02~36.78（2份样品超标）
榨菜	吉林	4	2.1~13.2

注：表中亚硝酸盐含量未经说明均以亚硝酸钠计。

作者科研团队系统性调查分析了川渝地区各类型泡菜的亚硝酸盐含量。研究发现，工厂泡菜的亚硝酸盐含量为2.15~2.90mg/kg，市售泡菜的亚硝酸盐含量在0.16~4.42mg/kg，所有样品的亚硝酸盐含量均<4.5mg/kg，远低于国家标

准对酱腌菜亚硝酸盐的限量。农家自制泡菜的亚硝酸盐含量大多在 4mg/kg 以下，但个别农家泡菜的亚硝酸盐含量>50mg/kg。农家泡菜盐渍发酵工艺粗放，可能存在亚硝酸盐过高的情况，相比之下市售泡菜产品的亚硝酸盐含量较低且更加稳定，而部分半干态和干态泡菜超出了限量标准。

泡菜发酵过程中，蔬菜原料中的硝酸盐在微生物作用下被还原，亚硝酸盐含量迅速增加。随着发酵的继续，泡菜中的亚硝酸盐被继续还原，含量迅速降低，整个盐渍发酵过程中亚硝酸盐含量形成一个峰值，这一现象被称为泡菜的亚硝峰。根据作者科研团队前期研究，农家泡菜在食盐含量为 3%~5%（m/v），常温下亚硝峰在发酵起始后 3~5d 出现；工业生产的泡菜食盐含量一般为 5%~12%（m/v），常温下亚硝峰在发酵起始后 5~15d 出现。泡菜等酱腌菜亚硝酸盐的峰值含量和亚硝峰出现时间受多种因素的影响，通过控制盐渍与发酵的环境，可有效加快亚硝酸盐的转化过程，甚至避免亚硝峰的出现。

针对食品中亚硝酸盐污染造成的健康危害，相关组织和机构在大量毒理学研究的基础上，均制定了亚硝酸盐的每日允许摄入量（Allowable Daily Intake，ADI）。前欧共体食品科学委员会在 1997 年给出了亚硝酸盐的 ADI 为 0.06mg/（kg 体重・d）（以亚硝根离子计），此剂量目前仍被欧洲食品安全局（European Food Safety Authority，EFSA）所采用。国际粮农组织/世界卫生组织食品添加剂专家委员会（Joint FAO/WHO Expert Committee on FoodAdditives，JECFA）2002 年规定亚硝酸盐的 ADI 为 0.06mg/（kg 体重・d）（以亚硝根离子计）。由于市售泡菜榨菜的亚硝酸盐含量较低，且日常摄入量较小，经由市售泡菜榨菜摄入的亚硝酸盐剂量分别仅为 0.0023~0.0049mg/（kg 体重・d）和 0.0025~0.0053mg/（kg 体重・d）（以亚硝根离子计），在各类食品中处于中低水平，远低于前述 EFSA 和 JECFA 给出的亚硝酸盐 ADI。市售泡菜榨菜亚硝酸盐含量较低，符合相关国家标准，经由市售泡菜榨菜摄入的亚硝酸盐剂量很低，造成亚硝酸盐摄入超标的风险较小，日常摄入市售泡菜榨菜是安全的。

（三）泡菜中亚硝酸盐的形成机理

新鲜蔬菜虽然一般不含亚硝酸盐，但是却含有硝酸盐。在制作酱腌菜时，由于硝酸盐还原酶细菌的存在，硝酸盐很容易被转化成亚硝酸盐，许多肠杆菌科微生物和假单胞菌具有硝酸盐还原能力，被认为是酱腌菜中亚硝酸盐生成的重要微生物之一。张海均等研究发现，泡菜亚硝酸盐含量与其所含肠杆菌呈显著的正相关，与乳酸菌呈显著负相关。作者科研团队通过泡菜、榨菜中亚硝酸盐的代谢研究发现，泡菜中亚硝酸盐的生成和降解本质上是食品原料中含氮物质在微生物作用下参与自然界氮素循环的过程。硝酸盐形式的氮在生物体内被逐步还原为氮气释放到大气中，或者被还原为氨参与生物体的合成反应。氨类物质则会经过硝化作用或氨氧化作用被氧化为硝酸盐。此外，许多生物还可通过固氮作用直接将大气中的氮气转变为氨供机体利用。反硝化作用是氮循环中最重要的生化反应途径，也是许多微生物的产能途径之一。在反硝化过程中，硝酸盐被还原为亚硝酸盐，再逐步被还原为一氧化氮、氧化亚氮，最终还原为氮气［图5-8（1）］。许多存在于盐渍菜发酵体系中的微生物，如盐反硝化枝芽孢杆菌（*Virgibacillus halodenitrificans*）、嗜盐反硝化盐单胞菌（*Halomonas halodenitrificans*）均具有通过反硝化途径代谢硝酸盐的能力。同化和异化硝酸盐还原均为硝酸盐被还原为亚硝酸盐，再被还原为铵的生化过程［图5-8（2）（3）］。但在同化硝酸盐还原作用中，生物体一般会继续利用氨合成机体代谢所需的含氮物质，而异化硝酸盐还原产生的氨则会作为代谢终产物排除细胞外。这两个代谢途径也是许多微生物解毒、合成含氮有机物及维持细胞内电子库的重要通路。除了以上几个氮代谢途径外，泡菜中还检测到一定量的亚硝酸单加氧酶，这一酶主要催化硝基烷类物质的生成亚硝酸盐和羰基化合物。研究发现，亚硝酸单加氧酶在铜绿假单胞菌和多种真菌中均存在。由此可以推测，泡菜中存在着硝基烷类的分解反应，这种反应也是亚硝酸盐的生成途径之一。总体来看，在泡菜发酵早期，微生物利用原料中丰富的硝酸盐，代谢产生亚硝酸盐，导致亚硝酸盐含量的迅速升高，随后亚硝酸盐通过各类生化途径继续被还原，其含量逐渐下降。因此，泡菜盐渍与发酵中往往存在明显的亚硝酸盐峰值。

（1）反硝化途径

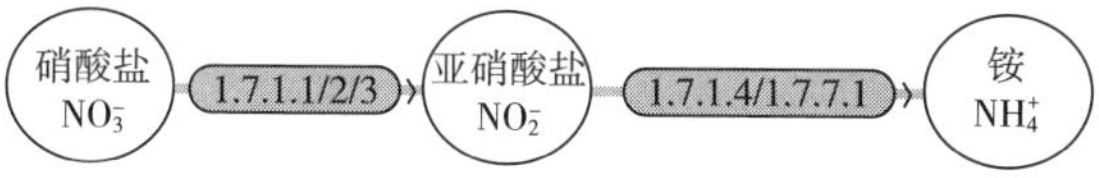

（2）同化硝酸盐还原

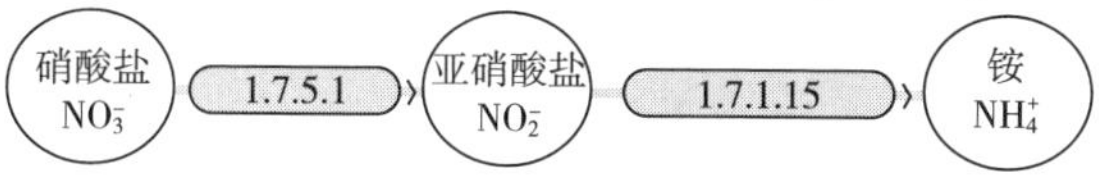

（3）异化硝酸盐还原

图5-8 泡菜中亚硝酸盐的主要转化途径

（四）泡菜中亚硝酸盐的降解机理

作者科研团队基于泡菜榨菜中亚硝酸盐的代谢研究，提出了泡菜盐渍发酵过程中亚硝酸盐的氮-氨转化理论（图5-9）。泡菜中涉及亚硝酸盐代谢的主要生化反应通路包括反硝化作用、同化硝酸盐还原、异化硝酸盐还原和亚硝酸乙酯的氧化反应。其中反硝化作用、同化硝酸盐还原、异化硝酸盐还原和亚硝酸乙酯的氧化反应为亚硝酸盐生成的主要途径，反硝化作用、同化亚硝酸盐还原、异化亚硝酸盐还原是亚硝酸盐降解的主要途径。在泡菜盐渍发酵中，亚硝酸盐通过硝酸盐的还原作用和亚硝酸乙酯的氧化被生成，然后通过还原作用生成气态含氮物质释放到外界大气中，或转化为氨供微生物代谢利用。研究表明，亚硝酸盐还原酶和酸性环境（pH<4.0）是发酵蔬菜中亚硝酸盐降解的主要原因；同时，乳酸菌产生的细菌素也在其中起着重要作用。张庆芳等对乳酸菌降解亚硝酸盐机理进行了研究，得知在发酵前期，发酵液的 pH>4.5 时，乳酸菌对亚硝酸盐的降解以亚硝酸盐还原酶降解为主。

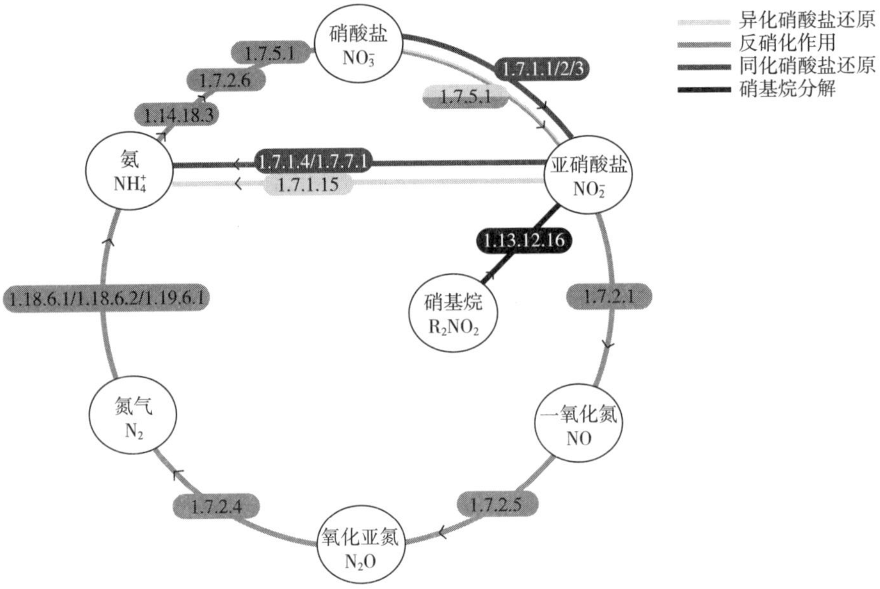

图 5-9　泡菜盐渍发酵体系中的亚硝酸盐代谢通路

阴沟肠杆菌、产酸克雷伯菌、弗氏柠檬酸杆菌等是泡菜榨菜中产生亚硝酸盐的主要潜在有害微生物，而乳酸菌可抑制有害微生物的生长，从而降低泡菜亚硝酸盐含量。王一茜等对植物乳杆菌、短乳杆菌、鼠李糖乳杆菌的产酸特性、亚硝酸盐降解能力、16S rDNA 序列及其亚硝酸盐还原酶（NiR）蛋白序列进行了研究与分析。结果表明，短乳杆菌还原亚硝酸盐能力最强，可能是该菌有亚硝酸盐还原酶基因，在亚硝酸盐的诱导下产生 NiR；该菌产酸量较低，较少的氢离子使发酵环境一直处于亚硝酸盐还原酶最适作用 pH（5.0~6.0），从而促进亚硝酸盐还原酶催化亚硝酸盐生成的氨类物质。植物乳杆菌与短乳杆菌亲缘关系较近，当环境 pH>4.5 时，它主要在亚硝酸盐还原酶作用下分解亚硝酸盐；但植物乳杆菌产酸能力较强，能快速使环境 pH 降低到 4.0 以下，从而迅速进入亚硝酸盐被氢离子还原阶段。植物乳杆菌与鼠李糖乳杆菌关系较远，没有找到亚硝酸盐还原酶基因，但鼠李糖乳杆菌产酸能力较强，其降解亚硝酸盐机理可能主要是酸降解。郑燕、张庆芳在研究乳酸菌还原亚硝酸盐机理时表明，由于产酸能力较强，乳酸杆菌降低亚硝酸盐的能力要高于球菌。作者科研团队研究发现原料、食盐含量、温度和 pH 对泡菜榨菜中的亚硝酸盐含量具有明显影响，通过接种乳酸菌、添加抗氧化物质，可显著降低泡菜榨菜中亚硝酸盐的含量。

（五）泡菜中亚硝酸盐的控制措施

改变泡菜发酵的工艺条件和配方，影响泡菜发酵过程中的微生物群落构成和泡菜初始的发酵环境，可以影响泡菜亚硝酸盐“高峰”生成。

1. 物理法

物理法降解亚硝酸盐主要是对蔬菜原料进行前处理，包括提供良好的贮藏条件，通过加热、低温或真空隔绝等方法降低原料中硝酸盐的含量和抑制某些硝酸盐还原菌的生长代谢以及硝酸盐还原酶活性，从而降低亚硝酸盐在发酵过程中的合成。邱贺媛等对青菜进行漂烫处理后研究青菜中硝酸盐和亚硝酸盐含量，结果表明，经漂烫后菜体中硝酸盐和亚硝酸盐含量逐渐降低。张胜珍等对两种野菜进行漂烫处理后发现，野菜中亚硝酸盐含量均随漂烫时间的延长而逐渐降低。Menard 等研究发现蔬菜进行热烫和漂洗后亚硝酸盐含量能降低 75%。尹丰等研究了 6 种家常菜和 6 种蔬菜在低温和常温下亚硝酸盐的变化，结果表明和室温相比，低温能够延迟叶菜亚硝峰的到来。高秀瑞等研究表明低温贮藏的蔬菜亚硝酸盐含量及其变化速率均明显低于室温贮藏。徐斌等通过冷冻干燥的方法处理 9 种山野菜后发现，9 种山野菜中亚硝酸盐含量为 0.11~0.76mg/kg，冷冻处理后的蔬菜中亚硝酸盐含量远低于室温贮藏。虽然热漂烫和冷冻处理都能够有效减少蔬菜原料中硝酸盐和亚硝酸盐的含量，但是这两种方法对蔬菜细胞的结构会有一定的破坏，导致发酵后泡菜的风味和口感变差。所以实际生产加工中物理处理法一般不作为降解亚硝酸盐的方法来使用。

2. 有机酸处理法

有机酸是指一些具有酸性的有机化合物，其广泛的存在于自然界中，Klampfl 等研究发现，新鲜蔬菜中含有草酸、苹果酸、柠檬酸、丁二酸、抗坏血酸、酒石酸、乙酸、富马酸等多种有机酸，蔬菜发酵过程中能产生大量的乳酸以及部分乙酸、酒石酸、柠檬酸和丁二酸等有机酸。酸性条件下，泡菜中的亚硝酸根会与氢离子结合形成亚硝酸，而亚硝酸会发生自身歧化反应生成二氧化氮和一氧化氮，从而消除亚硝酸盐。邹辉等研究表明草酸、柠檬酸、乳酸等对食品中亚硝酸盐有显著的降解作用。商景天等研究草酸等 7 种有机酸对亚硝酸盐的降解作用，结果表明 7 种有机酸均有良好的降解能力，当有机酸浓度为 0.07g/mL，反应 12h 时，亚硝酸盐降解率均能达到 60%以上，7 种有机酸对亚硝酸盐降解能力顺序为草酸>酒石酸>柠檬酸>苹果酸>乳酸>丁二酸>乙酸。Yang 等发现泡菜中产生最主要的有机酸是乳酸和乙酸，发酵体系内亚硝酸盐的含量在发酵 6d 时显著降低。刘青梅等研究雪里蕻和榨菜发现，当腌渍菜抗坏血酸钠添加量为 0.01%~0.04%时，亚硝酸盐可降解 16.16%~72.33%。黄苇等研究表明，抗坏血酸有很强的抗氧化性，能够将亚硝酸盐还原成一氧化氮。Yang Ho Park 等研究表明抗坏血酸对菠菜中硝酸盐还原成亚硝酸盐有明显的抑制作用。庞杰等研究表明，抗坏血酸能抑制硝酸盐的还原及加快脱氢的过程，阻断亚硝酸盐的生成。

3. 多酚类化合物处理法

多酚类化合物是指一组植物中化学物质的统称，其具有良好的抗氧化活性，降低泡菜中亚硝酸盐途径与抗坏血酸相仿，主要是直接与亚硝酸盐反应生成一氧化氮，抑制杂菌生长及硝酸盐还原酶的活性，阻断硝酸盐还原成亚硝酸盐。张海均等研究表明，石榴多酚提取物对硝酸盐还原菌和硝酸盐还原酶的活性有较强的抑制作用，同时对乳酸菌降解亚硝酸盐的能力有促进作用。李宁宁等提取山药中的多酚并研究其对亚硝酸盐的清除作用，结果表明，多酚粗提液和纯化液对亚硝酸盐的清除率分别是 56.41%和 52.53%。赵冰等研究表明茶多酚对腌制芥菜中亚硝酸盐有明显的消除作用。

4. 微生物法

自然界中能通过反硝化途径降解亚硝酸盐的菌种具有多样性，有研究发现枯草芽孢杆菌、蜡样芽孢杆菌、植物乳杆菌、干酪乳杆菌、短乳杆菌、戊糖片球菌等都有良好的亚硝酸盐消除作用，而泡菜发酵中利用的微生物主要是乳酸菌类，所以在泡菜发酵过程中引入有高效降解亚硝酸盐能力的乳酸菌是消除泡菜中亚硝酸盐的有效方法，也是国内外的研究热点之一。张庆芳等认为，乳酸菌对亚硝酸盐的降解作用主要分为两部分：一是酸降解途径，乳酸菌会代谢产生大量有机酸，使发酵体系变为酸性环境，此环境下氢离子能与亚硝酸盐直接反应从而达到消除亚硝酸盐的作用，同时酸性环境能抑制硝酸还原酶的活性，从而减少亚硝酸盐的产生；二是酶降解途径，乳酸菌通过分诱导合成亚硝酸还原酶来降解发酵体系中的亚硝酸盐，酶降解一般在 pH>4.5 时起主导作用，然而一般泡菜发酵后期，由于泡菜中产有机酸含量上升，泡菜体系中 pH 将降到 4.5 以下，会对酶降解起到抑制作用。周光燕等研究棒状乳杆菌棒状亚种、短乳杆菌、布氏乳杆菌、干酪乳杆菌干酪亚种和植物乳杆菌五种乳酸菌纯种发酵泡菜和传统的自然发酵泡菜中亚硝酸盐含量比较，结果表明五种乳酸菌都有一定降解亚硝酸盐的能力，其中植物乳酸菌对亚硝酸盐的降解能力最强，其发酵泡菜过程中亚硝酸盐的峰值仅为 28.0μg/g。Wu 等研究发现植物乳杆菌 Shanghai brewing 1.08 能有效降解亚硝酸盐，接种植物乳杆菌 Shanghai brewing 1.08 和鲁氏丝酵母复合发酵剂的腌制萝卜中亚硝酸盐的含量比自然发酵低 4.4 倍。

5. 酶法

目前，酶法降解亚硝酸盐的研究主要还是集中于研究从不同菌种提取出亚硝酸盐还原酶、研究其理化性质并对其进行基因克隆等，如韩倩、张馨月等从芽孢杆菌中提取出亚硝酸还原酶并研究其性质；吕玉涛、相苒等对乳酸菌中亚硝酸还原酶进行了提取和研究；何婷婷、罗彤晖等对其提取出的亚硝酸还原酶的基因序列进行鉴定；董维等利用 PCR 扩增技术成功克隆出亚硝酸还原酶的基因，并运用酶切技术，使其在大肠杆菌中能够诱导表达。但对于添加亚硝酸还原酶应用于实际发酵中的研究报到较少，吕玉涛等通过添加其提取出的冷冻干燥酶蛋白亚硝酸还原酶 5mg 至匀浆后的人参萝卜、雪里蕻、塑料包装腊肠和腊肉中，密封 30℃ 培养 12h 后发现，全部样品中亚硝酸盐含量降至国家标准值以下。

6. 其他方法

研究表明，泡菜发酵过程中所添加的一些香辛料如葱、姜、辣椒、蒜、洋葱等对亚硝酸盐有一定的清除作用，这可能和这些添加物中的一些天然产物有关。蒜和葱中含有巯基化合物，可以和亚硝酸盐发生反应，生成巯代亚硝酸酯基化合物，亚硝酸酯基化合物能消除 NO_2^-，降低亚硝酸盐毒性，此外，蒜和葱均含有一定量的维生素 C，均可降低蔬菜中硝酸盐含量。张庆芳等通过添加 2% 的蒜汁到白菜发酵液中进行发酵后发现，成熟后的泡菜中亚硝酸盐残留量明显减少。郑琳等通过添加 4% 的姜汁发酵甘蓝泡菜后发现亚硝酸盐含量有明显降低。李炳焕等通过大葱清液和莴苣汁的反应后发现，大葱液对蔬菜中的亚硝酸盐有一定的消除作用量。张瑞宇等发现高温预热后的苦藠在自然 pH 下对亚硝酸盐清除率可达 50% 以上。另外，南瓜、凤凰茶、黑糯玉米、橘核、香菜、薄荷叶和夏枯草等天然产物提取液都对清除亚硝酸盐和阻断亚硝胺合成有一定作用。

三、生物胺

发酵蔬菜的安全性受到广泛关注，但主要聚焦于亚硝酸盐却忽略了生物胺的存在。生物胺是一类低分子质量的含氮有机化合物，根据结构可划分为脂肪族胺（如腐胺、尸胺、精胺、亚精胺等）、芳香族胺（如酪胺、苯乙胺等）、杂环族胺（如组胺、色胺等）；根据组成可分为单胺（如组胺、酪胺、尸胺、腐胺、色胺、苯乙胺等）和多胺（如精胺、亚精胺等），具体见表 5-5。生物胺是细胞重要的活性成分，适量摄入生物胺能促进生长、增强代谢活力、清除自由基等，但过量摄入会引起偏头痛、中毒等不良反应，且生物胺可反应形成具有致癌性的亚硝胺，对人体造成一定危害。生物胺主要由微生物氨基酸脱羧而形成，因此在蔬菜发酵过程中，往往伴随着生物胺的产生，并在贮藏阶段不断积累。

表 5-5　　食品中常见的生物胺

分类方式	分类	构成
结构分类	脂肪族	腐胺、尸胺、精胺、亚精胺、胍丁胺等
	芳香族	酪胺、苯乙胺、多巴胺等
	杂环族	组胺、色胺、5-羟色胺等
构成分类	单胺	组胺、色胺、腐胺、尸胺、酪胺、苯乙胺等
	多胺	精胺、亚精胺、胍丁胺、鲱精胺等

（一）发酵蔬菜的生物胺含量

发酵蔬菜品种多样，存在原料、工艺、产地等差异，导致了不同发酵蔬菜生物胺的种类和含量差距较大，因此很难制定发酵蔬菜中生物胺的限量标准，但生物胺在发酵蔬菜中的含量对人体健康可能造成安全隐患。Liu 等测定了 378 个东北酸菜样品中的生物胺含量，发现其中酪胺的平均含量为（20.37±2.6）mg/kg，腐胺的平均含量为（159.6±2.8）mg/kg，尸胺含量为（76.9±2.6）mg/kg，酪胺含量可能对人体健康造成一定威胁。Kim 等研究发现，韩国泡菜中存在 10 种不同的胺类物质（5-羟色胺、尸胺、腐胺、苯乙胺、组胺、酪胺、亚精胺、色胺、精胺、胍丁胺），其中 5-羟色胺、腐胺、尸胺、组胺、苯乙胺含量都超过 100mg/kg，总生物胺含量超过 1000mg/kg。Hsien 等检测我国台湾零售泡菜和超市泡菜中组胺含量，有样品组胺含量分别为 89mg/kg 和 74mg/kg，超过美国食品监督药品管理局建议的 50mg/kg。瞿凤梅等分析了川渝地区 30 种市售泡菜的生物胺含量，发现腐胺的平均含量最高，其次为组胺、色胺和尸胺，腐胺的最高含量为（175.7±1.9）mg/kg，尸胺的最高含量为（149.26±7.27）mg/kg。邢茜等调查研究北京市售腌制蔬菜的生物胺含量，发现尸胺含量最高为（246.62±19.36）mg/kg，腐胺含量最高为（165.9±0.8）mg/kg，酪胺含量最高为（112.6±8.9）mg/kg。郭晓丽等对 26 种市售酱腌菜中的生物胺进行了分析，生物胺总量范围为（40.57~692.82）mg/kg，腐胺含量最高为（353.9±2.0）mg/kg，尸胺含量最高为（269.19±2.39）mg/kg。相关报道指出腐胺和尸胺是形成致癌性亚硝胺的前体物质，人体外源摄入 8~40mg 组胺会产生轻微中毒症状，超过 40mg 会产生中等中毒症状，超过 100mg 则产生严重中毒症状，而口服酪胺超过 100mg 引起偏头痛，超过 1080mg 引起中毒性肿胀，3mg 的苯乙胺会引起偏头痛，当人体外源摄入生物胺含量达到 1000mg/kg 时会对人体健康造成严重危害。

综上所述，发酵蔬菜中含量较高的生物胺为腐胺、尸胺、组胺、酪胺，且腐胺、尸胺含量最高超过 100mg/kg，可能会对人体健康造成一定威胁。因此，研究发酵蔬菜中生物胺的形成及降解机理并对其调控，是行业发展的必然趋势。

（二）生物胺生成机制

生物制造过程中生物胺的形成主要有两种途径：①由醛或酮的转氨作用生成属于脂肪族的生物胺；②由氨基酸脱羧产生，即在微生物的氨基酸脱羧酶作用下，使游离氨基酸脱羧，生成相应的生物胺，并伴随二氧化碳的产生（图 5-10）。

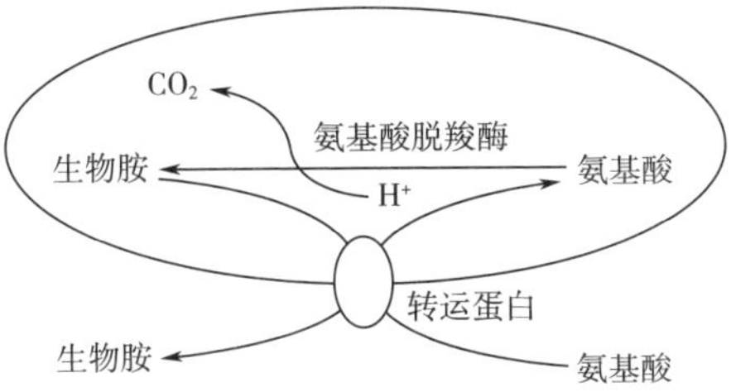

图 5-10　生物胺的氨基脱羧形成途径

食品生物制造过程中生物胺的形成以第二种途径为主。如图 5-10 所示，该途径需要 3 个条件：具有氨基酸脱羧酶活性的微生物、充足的生物胺前体物质（氨基酸）和用于氨基酸与生物胺在细胞内外输送的转运蛋白。游离的氨基酸在转运蛋白的作用下被从细胞外运送至细胞内，然后由氨基酸脱羧酶催化脱去羧基，生成相应的生物胺，生物胺再由转运蛋白输送到细胞外。在乳酸菌的基因组中，编码氨基酸脱羧酶和转运蛋白的基因通常是相邻的，有些还同调节基因以及编码蛋白质和氨酰-tRNA 合成酶的基因一起组成基因簇。

（三）微生物对生物胺形成的影响

乳酸菌代谢产生生物胺是机体的应激机制，在相对低酸和营养匮乏的条件下，乳酸菌为了维持自身生长，受胁迫机制调控而代谢产生碱性的生物胺。发酵蔬菜中生物胺的形成与自身含有的游离氨基酸相关，其次是能利用氨基酸产生生物胺的微生物，这些微生物存在于蔬菜原料或辅料中，以及在发酵及贮藏过程中从外界环境污染进入。目前，国内外报道的与发酵蔬菜中生物胺形成相关的微生物主要包括乳酸菌、酵母菌、肠杆菌、葡萄球菌、假单胞菌等。Špička 等从德国酸菜中筛选出产酪胺的微生物为布氏乳杆菌和屎肠球菌。Hsien 等研究市售泡菜中的产生物胺的微生物，从市售泡菜中筛选出 16 株与组胺形成相关的微生物，其中有 4 株头状葡萄球菌、2 株巴氏葡萄球菌、4 株阴沟肠杆菌、2 株光滑假丝酵母和 4 株褶皱假丝酵母，且都在 TSBH 培养基中产生了大量的组胺（8.7~1260mg/kg）。Jeong 等从韩国泡菜中分离得到 26 株产生物胺细菌，发现有 4 株食窦魏斯乳酸菌、3 株合魏斯乳酸菌和 1 株类肠膜魏斯菌能产生多种生物胺，且组胺和酪胺的形成能力较强。Yusuf 等从自然发酵泡菜中筛选出 47 株产腐胺、尸胺、组胺的植物乳杆菌。Jin 等研究发现韩国泡菜中产酪胺的优势菌为短乳杆菌。田丰伟等对用于蔬菜发酵的乳酸菌进行生物胺形成能力测试，发现瑞士乳杆菌、植物乳杆菌、短乳杆菌等在蔬菜汁培养基和 MRS 培养基中具有形成组胺和酪胺的能力。表 5-6 为发酵蔬菜中常见的产生物胺菌株，可以看出，不同类型发酵蔬菜中产生物胺的菌群存在差异，同一种菌株可能具有多种生物胺的形成能力，且同一种菌的不同菌株产生生物胺的能力有所差异。因此，发酵蔬菜中生物胺的形成除与微生物密切相关外，还与适合微生物生长代谢的环境因素有关。

表 5-6　　常见产生物胺菌株

生物胺	微生物
组胺	乳酸杆菌属、摩根菌属、肠杆菌属、梭菌属、微球菌属、变形杆菌属、哈夫尼菌属、发光杆菌属、植生拉乌尔菌属、产气肠杆菌属
酪胺	乳酸杆菌属、肠球菌属、乳球菌属、不动杆菌属、微球菌属
尸胺	埃希菌属、芽孢杆菌属、梭菌属、哈夫尼菌属、志贺菌属、葡萄球菌属、肠杆菌属、乳杆菌属
腐胺	埃希菌属、沙门菌属、假单胞菌属、沙雷菌属
β-苯乙胺	乳杆菌属

作者科研团队探究了四川工厂泡豇豆中主要生物胺的代谢路径与微生物和酶的关系。图 5-11 为结合 KEGG 代谢路径中 ko00480、ko00960、ko00330 注释的腐胺代谢通路图。样品中腐胺的形成路径有 3 条，与微生物利用氨基酸或其他物质通过脱羧、转胺、合成有关，涉及的酶有鸟氨酸脱羧酶（EC：4.1.1.17）、胍丁胺酶（EC：3.5.3.11）、EC：3.5.1.53 等。丰度较高具有鸟氨酸脱羧酶的微生物有嗜酸乳杆菌、*L. versmoldensis*、汉逊德巴利酵母等，具有胍丁胺酶的微生物有 *S. lignohabitans*、汉逊德巴利酵母、粉状米勒酵母等，具有 EC：3.5.1.53 的微生物有盐脱氮枝芽孢杆菌（*Virgibacillus halodenitrificans*）、士麦那盐单孢菌（*H. smyrnensis*）、汉氏盐单胞菌 HG01（*Halomonas* sp. HG01）等。样品中共有 89 种微生物含有与腐胺形成相关的酶，其中包括泡菜体系常见的产生物胺乳酸菌，如短乳杆菌含有鸟氨酸脱羧酶和琼脂脱硫酶，乳酸乳杆菌有琼脂脱硫酶，戊糖乳杆菌含有精氨酸酶，且样本的菌群结构中乳酸菌的相对丰度较高。腐胺可通过氧化、转移、合成等途径得到降解，其中相对丰度较高具有亚精胺合成酶（EC：2.5.1.16）的微生物有 *S. lignohabitans*、汉逊德巴利酵母、*H. smyrnensis* 等，具有 EC：6.3.1.11 的微生物有阴沟肠杆菌、无法鉴定到属的肠杆菌科（unclassified f Enterobacteriaceae）、桑肠杆菌（*Enterobacter mori*）等，

具有 EC：1. 4. 3. 10 的微生物有变异棒杆菌（*Corynebacterium variabile*）、金色棒状杆菌（*Corynebacterium aurimucosum*）、节杆菌 NIO-1057（*Arthrobacter* sp. NIO-1057）。样品中有 49 种微生物含有与腐胺降解相关的酶，但仅占腐胺形成关联微生物的一半，与腐胺形成和降解相关的微生物分别有 70、45 种，但只与腐胺形成、腐胺降解相关的微生物分别是 48、13 种，同时含有腐胺降解和形成相关酶的嗜酸乳杆菌、汉逊德巴利酵母、粉状米勒酵母等 8 种微生物相对丰度较高，因此推测样品中高含量的腐胺不仅与腐胺形成微生物的数目及表达能力有关，还可能与微生物实际参与的代谢途径有关。

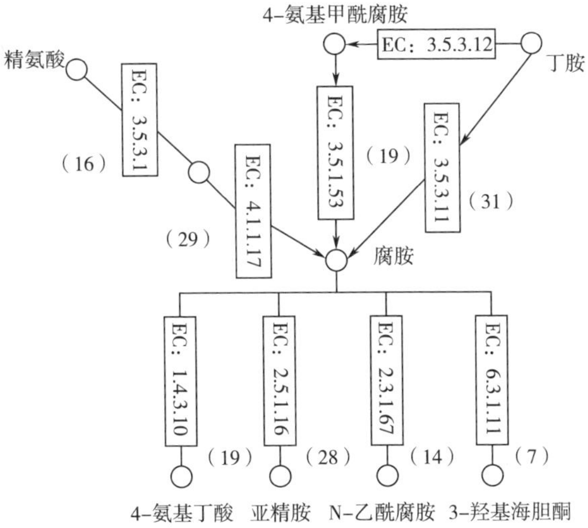

图 5-11　腐胺代谢路径

注：图中小括号内数字表示含有该类酶的微生物数量，余同。

图 5-12 所示为结合 KEGG PATHWAY 中 ko00340 注释的组胺代谢通路图。组胺只由微生物通过组氨酸脱羧酶（EC：4. 1. 1. 22）作用于组氨酸脱羧形成，样品中具有该能力的微生物有两种，即长盐单胞菌（*Halomona selongata*）和希尔加德氏乳杆菌（*Lactobacillus hilgardii*）。组胺可以通过酶氧化、基团转移、化学合成 3 条途径得到降解，但未在样品中发现有与这 3 条降解路径相关的微生物。分析可能由于样品中的微生物含有产生组胺的酶，而没有降解组胺的酶，从而导致样品中检测出高含量的组胺。

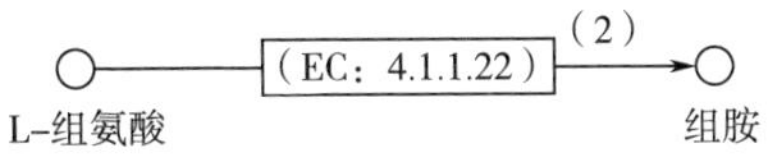

图 5-12　组胺代谢路径

图 5-13 所示为结合 KEGG 代谢路径中 ko00350、ko00680、ko00950 注释的酪胺代谢通路图。酪胺可通过酪氨酸脱羧酶（EC：4.1.1.25）作用于酪氨酸脱羧形成，样本中有两种微生物——（*Natronococcus amylolyticus*）和嗜盐球菌（*Halococcus morrhuae*）含有 EC：4.1.1.25。酪胺降解的途径只有一条，涉及的微生物有 6 种 *V. halodenitrificans*、丙酸杆菌（*Propionibacterium acidipropionici*）、盐碱球菌（*Natronococcus occultus*）等，均为通过单胺氧化酶来降解酪胺。但有报道称，生物胺本身也有抑制生物胺氧化酶活性的作用，如酪胺能抑制单胺氧化酶（EC：1.4.3.4）的活性，色胺抑制二胺氧化酶的活性，从而抑制某些生物胺的降解。Leuschner 等认为酪胺氧化酶最适 pH 为 7~8，并且还受食盐和葡萄糖添加量的影响，因此在豇豆发酵过程中，酪胺氧化酶、单胺氧化酶活性可能会受到抑制，单胺氧化酶作用于酪胺的强度受到限制，可能导致酪胺难以降解，并造成酪胺的积累。

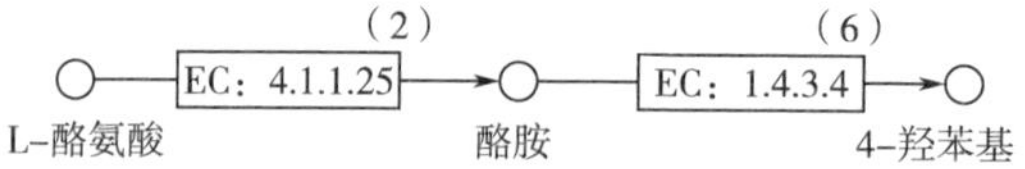

图 5-13　酪胺代谢路径

如图 5-14 所示为结合 KEGG 代谢路径中 ko00310. ko00960、ko00480 注释的尸胺代谢通路图。样品中尸胺的合成路径只有一条，且注释到尸胺合成路径的微生物 10 种皆是通过自身的赖氨酸脱羧酶（EC：4.1.1.18）作用于赖氨酸产生尸胺，其中丰度较高的微生物有阴沟肠杆菌（*E. cloacae*）、小鳟鱼大洋芽孢杆菌（*Oceanobacillus oncorhynchi*）等。尸胺主要通过氧化、转移、合成三种途径降解，关联的微生物共有 47 种，丰度较高具有 EC：2.5.1.16 的微生物有 *S. lignohabitans*、汉逊德巴利酵母、*H. smyrnensis* 等，具有伯胺氧化酶的微生物有 *S. lignohabitans*、白地霉（*G. candidum*）、汉逊德巴利酵母等，具有腐胺氨基转移酶（EC：2.6.1.82）的微生物有 *E. cloacae*、乳酸乳球菌、植生克雷伯菌等。数据显示高丰度的 *S. lignohabitans* 不仅含有 EC：2.5.1.16，还含有伯胺氧化酶（EC：1.4.3.21），*E. cloacae* 不仅含有尸胺合成酶，还含有尸胺降解酶。

除上述 8 种微生物同时与腐胺的形成及降解相关外，据宏基因数据显示，有 6 种微生物如肠杆菌（*Enterobacter asburiae*）、*E. cloacae*、催产克雷伯菌（*Klebsiella oxytoca*）、*D. hansenii*、油桃千酵母菌（*Millerozyma arinosa*）同时与腐胺、尸胺的形成与降解相关，其中包含肠杆菌，这与相关报道肠杆菌产生物胺相一致，unclassified f Enterobacteriaceae 与尸胺的形成和降解相关，霍氏肠杆菌（*E. hormaechei*）与腐胺和尸胺的形成相关，*A.* sp. NIO-1057 与腐胺和尸胺的降解相关，盐碱球菌与尸胺与酪胺的降解相关。不难发现，一种微生物可能同时与不同生物胺的形成和降解相关，这与生物胺形成菌的相关报道一致。有研究

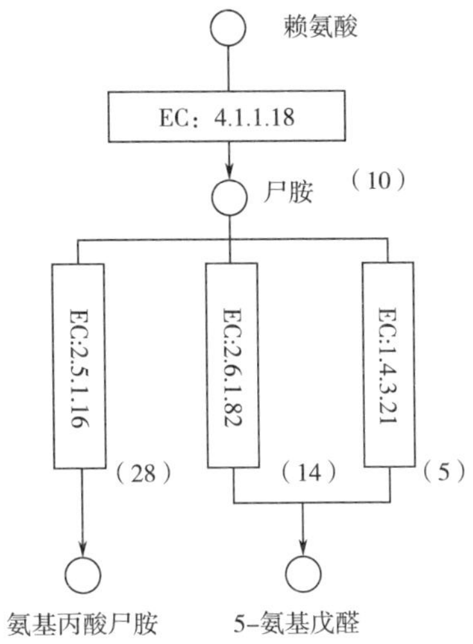

图 5-14　尸胺代谢路径

发现菌株可以选择性释放胞内生物胺来保持环境 pH 的平衡，且环境低 pH 能激活细菌的脱羧代谢途径，在低 pH 下增加生物胺产生量以提高对酸性环境的抵抗能力，此时，赖氨酸→尸胺，鸟氨酸→腐胺的产生途径相对其他生物胺产生途径更为有效。Dapkevicius 等研究表明，二胺氧化酶的最适 pH 为 7.00，在 pH 5.00~10.00 时，此酶都有活性，但当 pH 在 5.00 和 10.00 时酶活性都很低。王振等研究发现，pH4.0~5.5 的酸性环境有利于提高微生物体内的氨基酸脱羧酶活性，从而促进微生物产生生物胺，而微生物产胺氧化酶非常有限。可见样品中生物胺的含量不仅与产生物胺微生物种类、数量有关，还与参与途径时关联酶的表达能力有关。

（四）环境因素对生物胺形成的影响

1. 贮藏时间

生物胺除了在蔬菜发酵过程中产生外，在发酵蔬菜贮藏期间也能累积形成相应的生物胺。Kalac 等研究发现，德国酸菜中酪胺和腐胺的含量随着酸菜贮藏时间的增加而增大，从贮藏 4 个月到贮藏 12 个月，酪胺的含量由 85.8mg/kg 增长至 274mg/kg。Rabie 等研究发现，德国酸菜贮藏 45d 后的生物胺总量高达 1553mg/kg，组胺和酪胺的含量都高于 200mg/kg。Peñas 等也研究得出，贮藏时间对德国酸菜中生物胺含量有显著的影响，尤其是腐胺和亚精胺。Choi 等发现韩国泡菜贮藏到 56d 的组胺含量增长最大，超过 90.22mg/kg。因此，不难发现发酵蔬菜的生物胺会因贮藏时间的增加而不断积累。

2. 温度

微生物的生长代谢和氨基酸脱羧酶的活性会受温度的影响，因此发酵蔬菜中生物胺的含量与蔬菜发酵及贮藏温度密切相关。Cvetković 等研究了不同温度下发酵的甘蓝，发现发酵温度越高越有利于生物胺的形成，且腐胺和组胺受温度的影响较明显，发酵甘蓝腐胺含量介于25.56~48.08mg/kg，尸胺含量在3.58~22.35mg/kg。韩国泡菜、德国酸菜、东北酸菜的发酵温度较低，而四川泡菜、涪陵榨菜等通常采用中高温（20~37℃）发酵，这可能是其生物胺含量存在差异的原因。因为微生物体内的氨基酸脱酸酶在低温条件下依然存在活性，所以发酵蔬菜在冷藏阶段仍会积累生物胺。

3. pH

发酵体系的 pH 决定着发酵蔬菜体系的菌群构成。以四川泡菜和韩国泡菜为例，在泡菜发酵初期，发酵蔬菜原辅料表面附带的大肠菌群、假单胞菌等革兰染色阴性菌生长迅速，是这一发酵阶段生物胺形成的主要菌群。随着蔬菜发酵的进行，乳酸菌生长代谢产酸，降低了泡菜体系的 pH，环境 pH 的改变会抑制革兰染色阴性菌的生长，乳酸菌成为蔬菜发酵中后期生物胺形成的主要菌群。当 pH 降到 3.5 以下时，发酵蔬菜中生物胺的形成主要以酵母菌为主。但也有研究表明，有些微生物会在低 pH 下产生物胺以提高对酸性环境的抵抗能力。pH 能影响发酵蔬菜的菌群构成，而不同微生物的生物胺形成能力存在差异，可见，pH 是影响发酵蔬菜中生物胺含量的重要因素。

4. 含盐量

蔬菜中的水分含量和盐水比在发酵和贮藏期间的变化，对微生物的繁殖影响很大。因食盐能影响发酵蔬菜的水分活度，从而影响微生物的生长代谢及微生物体内氨基酸脱羧酶活性，达到抑制或促进微生物代谢生物胺的作用，因此食盐对发酵蔬菜生物胺的形成具有一定影响。Chander 等研究不同盐浓度对乳杆菌产生生物胺能力的影响，发现盐浓度越低越有利于生物胺的形成，相反较高的盐浓度能抑制乳杆菌的生物胺形成能力。Cvetković 等研究不同盐浓度的发酵甘蓝，在盐浓度为2%时，腐胺和尸胺的形成量较高。Hsien 等发现头状葡萄球菌（*S. capitis*）在盐浓度为10%时，能形成>1000mg/kg 的组胺。家庭自制的四川泡菜盐度较低，而工业化生产的发酵蔬菜或市售零售的四川泡菜，为方便贮藏往往盐浓度较高，因此两类不同含盐量的发酵蔬菜的生物胺含量存在差异。

（五）泡菜中的生物胺的防控方法

生物胺作为泡菜产品的潜在风险因素，是客观存在，不容小觑的。在泡菜生产过程中，除规范卫生管理、减少杂菌污染等基本要求外，应采取相应的控制措施，如改良发酵菌种、直投式功能菌发酵、接种胺氧化酶菌株、改善工艺等来降低泡菜中生物胺含量。

1. 改良菌种

泡菜中的生物胺主要由微生物的氨基酸脱羧酶作用于泡菜体系中的游离氨

基酸而形成，但同种微生物的不同菌株之间，形成生物胺的能力存在差异，如瑞士乳杆菌（*L. helveticus*）中有产生物胺和不产生物胺的菌株。Rabie 等向酸菜中接入干酪乳杆菌和植物乳杆菌调控蔬菜发酵，与对照组相比，腐胺含量降低至对照组的 1/10，且在泡菜贮藏期间没有检出组胺和酪胺。Kim 等研究发现，韩国泡菜中接入清酒乳杆菌、弯曲乳杆菌、短乳杆菌能降低生物胺的含量。有研究报道称降低发酵甘蓝中酪胺含量的有效方法是在甘蓝的发酵初期接种弯曲乳酸菌。同时，在蔬菜发酵初期接入乳酸菌，能快速降低发酵体系的 pH，进而抑制革兰染色阴性菌形成生物胺。因此，筛选及接种不产生物胺的发酵菌株来调控蔬菜发酵，能从源头上解决某些生物胺的形成，这也是目前最常用的调控泡菜体系生物胺含量的手段。

2. 直投式功能菌发酵

直投式乳酸菌发酵泡菜可以极大地缩短发酵周期，产品质量稳定，安全性高，适用于泡菜的工业化生产。直投发酵泡菜通过大量乳酸菌的直接投入，可以抑制其他有害细菌的生长，提高泡菜的安全性。周国磊采用植物乳杆菌和肠膜明串珠菌进行直投式乳酸菌发酵菌剂的制备，对其发酵泡菜的安全性进行研究，结果表明，植物乳杆菌和肠膜明串珠菌均不产生酪胺、精胺、组胺和腐胺。崔树茂研究不同温度下直投与自然发酵菊芋、黄瓜泡菜中肠杆菌数量的动态变化，结果表明，直投发酵泡菜中肠杆菌数量显著低于自然发酵泡菜，发酵第 3 天未见肠杆菌。由于直投发酵泡菜在发酵初期接入大量乳酸菌，短时间内使泡菜汁 pH 迅速降低。低 pH、总酸的积累与乳酸菌的拮抗作用等，抑制了肠杆菌的生长，从而减少了生物胺的积累。

3. 接种胺氧化酶菌株

生物胺氧化酶（单胺、二胺、多胺等）可以降解生物胺产生醛、氨和过氧化氢，可利用分泌胺类氧化酶的菌株来降解泡菜中的生物胺。因此具有胺氧化酶活性的菌株被广泛地用来阻止、减少泡菜中生物胺的积累。佟婷婷从四川泡菜中筛选出 5 株植物乳杆菌和 1 株布氏乳杆菌具有降解生物胺的能力，其中有 1 株植物乳杆菌对色胺、苯乙胺、腐胺、尸胺、组胺、酪胺、亚精胺、精胺的降解率分别为 86.74%、38.94%、63.90%、53.12%、96.69%、32.81%、85.68%、92.15%，对总胺的降解率达到 67.33%。由于目前没有标准来衡量泡菜中生物胺的毒性，所以胺氧化酶还并未大批量的投入生产，国内对于这个方面的研究与应用也很少。

4. 其他措施

泡菜中添加香辛料及其提取物（如辣椒、大蒜、生姜、肉桂、八角、丁香等），不仅能增加泡菜的风味，还对生物胺的形成具有抑制作用。朝鲜泡菜在贮存 56h 后其组胺的含量增长迅速，超过 90.22mg/kg，但加入鳐鱼后，组胺含量减少，且范围在 23.55~62.00mg/kg。Yicel 等发现加柠檬酸的土耳其泡甘蓝中生物胺含量远低于不加柠檬酸的泡甘蓝。蔬菜原产地、发酵剂、加工环境与工艺、包装材料和包装工艺对生物胺也有一定影响。可利用保鲜技术如超声波前处理技术、添加姜辣素、山梨酸钾等，有效抑制泡菜中生物胺的含量。此外，还可以调控蔬菜发酵及贮藏时的温度、盐度、pH 等，从而抑制生物胺的形成或加快生物胺的降解。

四、亚硝胺

Freund 于 1937 年首次报道了 2 例 *N*-亚硝基二甲胺（NDMA，又称二甲基亚硝胺）中毒案例，病人表现为中毒性肝炎和腹水，其后以二甲基亚硝胺给小鼠和小狗感染也出现肝脏退化性坏死。此后由 Bames 和 Magee（1954 年和 1956 年）所做的工作引起了人们对亚硝胺的注意，他们揭示了二甲基亚硝胺不仅是肝脏的剧毒物质，也是强致癌物，可以引起肝脏肿瘤，这使得人们对亚硝胺的研究成为热点。

亚硝胺是强致癌物，是最重要的化学致癌物之一，是四大食品污染物之一。食物、化妆品、啤酒、香烟中都含有亚硝胺。在熏腊食品中，含有大量的亚硝胺类物质，某些消化系统肿瘤，如食管癌的发病率与膳食中摄入的亚硝胺数量相关。例如，在习惯吃熏鱼的冰岛、芬兰和挪威等国家，胃癌的发病率非常高。我国的胃癌和食管癌高发区的居民也有喜食烟熏肉和腌制蔬菜的习惯。

（一）亚硝胺的种类及理化性质

亚硝胺是 *N*-亚硝基化合物的一种，一般结构为 R_2（R_1）N—N ═O。R_1 和 R_2 相同时，称为对称型亚硝胺，如 *N*-亚硝基二甲胺，*N*-亚硝基二乙胺（NDEA）；当 R_1 不等于 R_2 时，成为非对称性亚硝胺，*N*-亚硝基甲乙胺（NMEA）和 *N*-亚硝基甲苄胺（NMBzA）等。亚硝胺由于分子质量不同，可以表现为蒸汽压大小不同，能够被水蒸气蒸馏出来并不经衍生化直接由气相色谱测定的为挥发性亚硝胺，否则称为非挥发性亚硝胺。

（二）亚硝胺生成机制

亚硝酸盐与胺和其他含氮物质在适宜条件下经亚硝基化作用易生成亚硝胺（图 5-15）。

$$R_1R_2NH + HNO_2 \rightleftharpoons R_1R_2N—N=O + H_2O$$

$$R_2NH + N_2O_3 \longrightarrow R_2N—NO + HNO_3$$

$$R_2N + N_2O_3 \longrightarrow R_2N—NO + R$$

图 5-15　亚硝胺生成机制

N-亚硝胺的形成依赖于胺类物质、酰胺类物质、蛋白质、肽类物质和氨基酸的存在，微生物参与了 *N*-亚硝胺的形成，除了把硝酸盐还原为亚硝酸盐外，还能把蛋白质降解为胺类物质和氨基酸，微生物可以使游离氨基酸脱羧形成生物胺类物质。近年来，在发酵食品中，越来越多的研究证明生物胺类物质可能参与了亚硝胺类物质的合成（图 5-16）。

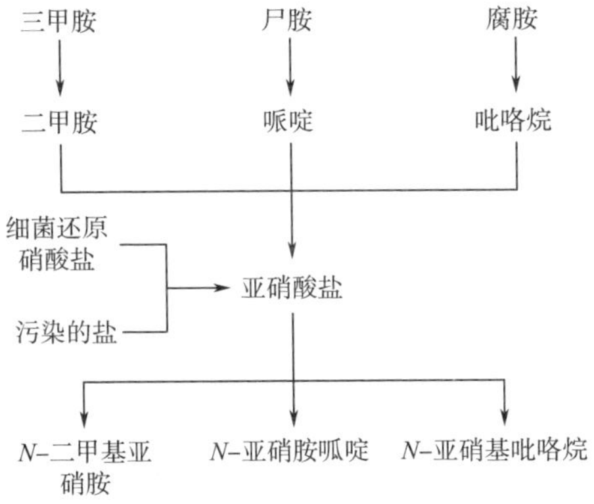

图 5-16 生物胺转化为亚硝胺的可能途径

（三）亚硝胺的致癌性

超过 300 多种亚硝胺类物质在一种或者多种动物身上显示出致癌作用。其中乙基亚硝胺、二乙基亚硝胺和二甲基亚硝胺至少对 20 种动物具有致癌活性。*N*-亚硝基化合物的致癌性存在着器官特异性，并与其化学结构有关，如二甲基亚硝胺是一种肝活性致癌物，同时对肾脏也表现有一定的致癌活性；二乙基亚硝胺对肝脏和鼻腔有一定的致癌活性，常见亚硝胺的致癌性见表 5-7。

表 5-7 一些亚硝胺的致癌性

N-亚硝胺名称	类别	作用靶器官
N-二甲基亚硝胺（NDMA）	对称二烷基亚硝胺	肝脏
N-二乙基亚硝胺（NDEA）	对称二烷基亚硝胺	肝脏、食管
N-二丁基亚硝胺（NDBA）	对称二烷基亚硝胺	肝脏、食管、膀胱
N-甲基乙基亚硝胺（NMEA）	非对称二烷基亚硝胺	肝
N-甲基戊基亚硝胺	非对称二烷基亚硝胺	食管
N-甲基苯基亚硝胺	非对称二烷基亚硝胺	食管
N-甲基-*N′*硝基-*N*-亚硝基胍（MNNG）	酰基、烷基亚硝酰胺	前胃、神经
N-吡咯烷亚硝胺（NPYR）	环状 *N*-亚硝胺	肝脏

续表

N-亚硝胺名称	类别	作用靶器官
N-哌啶烷亚硝胺	环状 N-亚硝胺	肝脏、食管
N-甲基-N-乙酸基亚硝胺	其他亚硝胺	食管
N-亚硝胺名称	类别	作用靶器官

（四）亚硝胺的含量

美国已将零售食品中 *N*-亚硝基吡咯烷（NPYR）的最高水平设定为 10μg/kg BW/d，加拿大的 *N*-亚硝基二甲胺（NDMA）的最高水平也相同。中国已经制定了海产品中的 NDMA 含量不超过 4μg/kg，肉类产品中不超过 3μg/kg，而泡菜并没有相关的限量标准。关于泡菜中亚硝胺的文献报道并不多，Park 等发现泡菜中的 *N*-亚硝胺含量相对较低，为 0~1.79ng/g，但卢等发现泡菜样品中亚硝胺总含量>150ng/g，与腊肠和咸鸭蛋相似，高于熟酱牛肉和啤酒。这两项研究之间 *N*-亚硝胺含量的较大差异可能与盐渍蔬菜的性质，如蔬菜种类、制备方法等有关。作者科研团队从四川省各市区收集了 406 个泡菜样品，采用气相色谱-串联质谱联用检测了 7 种挥发性亚硝胺含量，其中亚硝胺总量平均值为 0.56μg/kg。同时，分析了工艺、原料种类、区域、包装方式对亚硝胺含量的影响，发现工艺和包装方式对泡菜中亚硝胺形成有显著影响，因此改进泡菜工艺和包装方式将值得进一步探讨。

（五）亚硝胺防控措施

预防亚硝胺对人体健康的危害，需从泡菜整个加工过程着手解决。

1. 原料筛选控制

尽量筛选硝酸盐积累较少的专用蔬菜品种或蔬菜原料，减少过量施用氮肥等导致蔬菜中亚硝酸盐积累的问题。

2. 发酵控制

加速泡菜发酵、使优势微生物占据主导，阻断硝酸盐还原，快速降解泡菜发酵体系中的亚硝酸盐。

3. 贮藏控制

发酵成熟的泡菜原料尽量缩短原料贮藏时间，如确实要贮藏较长时间，应加大用盐量，避免生物胺积累。贮藏期间应该严格控制厌氧条件，防止真菌滋生。

4. 创新发酵方式

采用直投式乳酸菌，人工控制发酵等方式，降低泡菜发酵过程中亚硝胺形成的前体物质。

5. 加工储运控制

未杀菌的泡菜产品尽量采用低温储存技术，减少在货架期胺类及亚硝酸盐的生成，尽量采用密闭隔氧包装防止在储运过程中感染腐败菌。

五、泡菜产膜

“生花”是在泡菜表面形成生物膜，生物膜是微生物黏附在非生物或生物表面，并被自身分泌的胞外多聚物（Extracellular Polymeric Substances，EPS）如蛋白质、糖类、脂类、胞外 DNA 等包裹形成的一种高度组织化、系统化的微生物膜状结构，是微生物在恶劣环境中为适应生存环境而形成的一种与浮游状态相对应的存在形式。即聚集在空气与发酵食品液体交界面的，被细胞自身分泌的胞外大分子物质包裹使得单细胞个体相互黏附在一起的、有组织的细胞群体。生物膜的形成一般与产璞酵母等接触空气有关。泡菜“生花”不仅在家庭制作泡菜的过程中发生，也常在泡菜工厂化生产时引起泡菜腐败，造成经济损失。

（一）泡菜产膜机理

由于在四川泡菜发酵的过程中，没有特定的灭菌处理，因此容易受到腐败或病原菌的污染，影响产品品质。在发酵初期，乳酸菌的生长不占优势，芽孢杆菌就可能在发酵液中大量繁殖，导致发酵产品劣变，随着发酵的进行，虽然受酸度的影响，芽孢杆菌开始受到抑制，但是其死亡的菌体和代谢产物等将有可能促进其他腐败微生物的生长，导致产品的败坏。泡菜一旦产生膜醭后，除了影响产品的品相，更会加速蔬菜腐烂，盐卤变浑浊，轻者影响风味，重者不能食用。泡菜形成膜醭不仅在家庭式作坊中发生，也常在工厂化生产时出现，造成严重的经济损失。目前已有大肠杆菌、金黄色葡萄球菌、李斯特菌等腐败病原菌在泡菜生产或贮藏过程中存活和生长的报道。

1. 形成腐败膜醭的真菌

早期研究发现，泡菜膜醭的形成主要是由毕赤酵母、假丝酵母和部分霉菌等真菌引起。钟小廷等将“生花”泡菜盐水中分离得到的菌株进行 DNA 提取，经 PCR 扩增后，测定其 18S rDNA 碱基序列，并与基因库中基因序列进行同源性比较，4 个菌株均鉴定为毕赤酵母属。饶瑜等研究发现克鲁维毕赤酵母和白地霉能够引起明显的“生花”性状，在泡菜盐卤表面形成膜醭，严重者使其变质。曾骏等在分析四川泡菜中酵母菌的动态变化规律时，发现膜醭毕赤酵母能够引起四川泡菜产生膜醭，影响泡菜风味和品质。敖晓琳等的研究发现，引起泡菜“生花”变质的微生物为满洲毕赤酵母（*Pichia manshurica*）、库德里阿兹威毕赤酵母和热带假丝酵母。张瑜研究发现在泡菜形成膜醭属于假丝酵母属的菌种还有近平滑假丝酵母、光滑假丝酵母（*Candida glabrata*）和粗壮假丝酵母。

2. 形成腐败膜醭的细菌

在近期研究中发现，细菌也能够引起泡菜膜醭的产生。敖晓琳等在“生花”的四川泡菜中发现了芽孢杆菌的存在，并且通过回接实验证实了芽孢杆菌能在泡菜中形成膜醭。同时，王猛等在分析不同盐质量浓度四川泡菜腐败前后微生物时，也发现了芽孢杆菌存在于膜醭中。Trejo 等研究发现，不同的枯草芽孢杆菌菌株在培养基中产生的膜醭存在着差异，同一菌株在相同的培养基，不同温度下培养，产生的膜醭也存在差异。

虽然目前报道的能在泡菜中形成腐败膜醭的细菌较少，但腐败泡菜中常见的巴氏醋酸杆菌、大肠埃希菌、假单胞菌属、奥奈达希瓦菌、费氏弧菌、科氏葡萄球菌科氏亚种、不动杆菌、新洋葱伯克霍尔德菌、空肠曲状杆菌和甘薯茎腐病菌等菌均报道具有形成膜醭的能力。但这些细菌是否参与腐败膜醭的形成还有待进一步研究。

（二）泡菜产膜防控措施

泡菜产膜的控制机理主要是如下两点。

（1）抑制生物膜产生　①调节生物膜主要组成物质如菌丝、多糖、蛋白质、核酸等相关表达基因，导致生物膜形成能力降低；②通过修饰改变表面性质，阻碍浮游细胞的黏附和聚集；③通过抑制酶活性等对相关基因的调控使胞外聚合物物质（EPS）分泌减少；④减少体系中浮游产膜菌的数量从而抑制生物膜形成。

（2）消除生物膜　①减弱生物膜和菌体表面的黏合力，将生物膜上黏附的浮游微生物洗脱下来，并消灭微生物个体；②破坏微生物分泌的胞外基质，即生物膜多糖、蛋白质以及核酸基质，破坏生物膜通道；③抑菌成分黏附于生物或非生物表面，形成一层“保护膜”，占据致病菌的黏附位点，抑制致病微生物的黏附和侵袭，阻止其生长繁殖、形成优势菌群。

目前，针对发酵食品产醭“生花”现象，加工过程的清洁化控制是关键。对于已产醭“生花”的产品，应及时捞取浮膜进行膜过滤，加入抑菌剂（如食品防腐剂山梨酸钾或商业抑菌剂）进行控制，包装前进行灭菌，保障产品的食用品质。但是由于条件的不可控性如耐药菌株的存在、交叉污染的发生、有机物（脂肪、糖类、蛋白质）的干扰、生产条件、pH、温度的影响以及防腐剂对优势发酵菌的抑制效果，使得商业化产品的品质达不到期望的要求。

对于以膜醭毕赤酵母为主的腐败菌引起的发酵食品产醭“生花”，Le 等以黄瓜发酵为模型体系，通过添加一定浓度的大蒜油、大蒜、烯丙醇等抗菌材料作为天然防腐剂替代山梨酸钾，能有效地阻止泡菜“生花”，且对膜醭毕赤酵母、异常汉逊酵母的抑制不受 pH 的影响。Doan 通过添加（E）-3-己烯酸和己酸来取代山梨酸进行实验，得出已二酸和（E）-3-己二酸是 2,4-己二酸的潜在替代品，可用于控制发酵黄瓜中的产膜酵母。Zheng 以阴沟肠杆菌和荧光假单胞菌为优势单抗，将分离出的毒噬菌体组合成指定为噬菌体混合物，可有效抑制不同盐浓度黄瓜汁中阴沟肠杆菌和荧光假单胞菌的生长。此外，该噬菌体混合物结合植物乳杆菌作为生态发酵剂，可以持续控制泡菜发酵前期由阴沟肠杆菌和荧光假单胞菌引起的细菌腐败，减少硝酸盐的产生，为低盐条件下优质泡菜的发酵提供了一种新方法。在黑莓酒发酵和贮藏过程中，通过增加乙醇或二氧化硫浓度可以有效地控制膜醭毕赤酵母的生长。易宇文等选用竹笋、竹叶、竹笋壳、宣木瓜、大蒜 5 种植物，利用水提取法和酒精提取法对各植物进行提取。研究发现：大蒜水提取液在提取 6d、提取液 pH 3.5，提取浓度比 1：11 的提取条件下对毕赤酵母抑制效果较好。敖晓琳等通过牛津杯法、液体培养（产膜、沉淀、液体浑浊度），以及乳酸菌的发酵上清液对腐败菌抑菌率的测定，筛选出具有较强抑制 4 种腐败微生物生长和代谢的乳酸菌 SCP53。

总结起来，对于发酵食品中生物膜的控制方法主要有：①灭菌或添加防腐剂；②天然添加物组合抑制；③筛选出优势菌种对腐败菌进行竞争抑制；④对发酵条件和环境进行控制，即浮膜过滤、超声高压等新技术结合热处理等。

六、泡菜腐败

泡菜生产属于“冷加工”，在泡菜施制时为保证蔬菜中营养物质不流失，泡菜原材料均未经过灭菌处理，因此除蔬菜表面对发酵有益的微生物外，依然滞留大量的能使泡菜变质的腐败微生物，所以当后期发酵过程中的环境条件达到腐败微生物的繁殖要求，就会使其大量滋生，从而导致发酵泡菜的品质劣变。变质的泡菜往往表现在泡菜水表面漂浮有白色或灰色的膜，盐水过酸，汤色浑浊，有时还会产生腐烂的气味等方面。而此时的蔬菜则与正常泡制的在口感、物理性状、内含化合物等都有或多或少的区别。发酵蔬菜的腐败现象，如生花、软化、产臭以及变色等与其中微生物的菌相构成存在密切联系。Medina 等研究发现满洲毕赤酵母、西发依萨酵母（*Issatchenkia occidentalis*）、布氏乳杆菌、类谷糠乳杆菌（*Lactobacillus parrafaraginis*）、梭杆菌属（*Clostridium* sp.），丙酸杆菌属和耐乙醇片球菌等与泡黄瓜的腐败有较大关系。Song 等从腐败的韩国泡菜中检测出膜醭毕赤酵母和 *Kazachstania bulderi*，其中膜醭毕赤酵母会使韩国泡菜出现产膜现象；而 *K. bulderi* 会导致韩国泡菜变软和风味下降。王猛等对家庭自制的四川泡菜腐败前后微生物构成进行研究发现，枯草芽孢杆菌和塔克斯假丝酵母（*Candida tanzawaensis*）是引起泡菜腐败的主要微生物。

（一）泡菜腐败微生物的类型及特性

1. 利用有机酸引起 pH 升高

能代谢有机酸引起泡菜腐败的酵母菌种类很多，但是通过代谢泡菜体系中有机酸（主要是乳酸）来引起腐败的酵母菌种类却很少，目前有报道的能代谢有机酸的酵母菌主要是曼苏里卡毕赤酵母（*Pichia manshurica*）和西方依萨酵母等氧化酵母。在有氧气存在时，曼苏里卡毕赤酵母和西方依萨酵母能够利用乳酸和乙酸，导致发酵体系 pH 的上升和发酵底物的还原，引起泡菜的腐败并为其他腐败微生物的生长创造条件。商业发酵罐中存在的氧气，在发酵过程中或结束后都会为氧化性酵母的腐败创造机会。有研究证实，氧气的存在对氧化性酵母菌引发泡菜腐败变质是起加速作用的。因此，曼苏里卡毕赤酵母和西方依萨酵母的有氧代谢活动已被建议作为监控泡菜腐败发生的关键因素。另外，水分活度、营养物的含量和酸度也是决定泡菜产品是否由酵母的生长繁殖而引起腐败的重要内在参数。

细菌也可通过代谢泡菜盐卤中的有机酸（主要是乳酸），使发酵体系的 pH 升高，为不能利用乳酸或不能在低 pH 条件下生长繁殖的腐败菌创造生长环境，促使泡菜的腐败变质。目前已报道在低 pH 环境下能代谢乳酸的细菌有布氏乳杆菌和拟杆菌属。当发酵体系的 pH 上升后（pH>4.5），能够代谢乳酸的细菌有阴沟肠杆菌、丙酸杆菌和双酶梭菌（*Clostridium bifermentans*）等。

Franco 等发现，除氧化性酵母能够利用乳酸外，乳酸菌也可以利用乳酸，引起盐卤 pH 上升并启动二次发酵即腐败。布氏乳杆菌是异型发酵乳酸菌，能从环境中分离出来，它能够消耗糖并产生乳酸，也能够在厌氧条件下代谢乳酸产生 1,2-丙二醇和醋酸。Franco 等从腐败的发酵黄瓜中分离得到了布氏乳杆菌，并发现它可以在厌氧的条件下利用乳酸和丙酸，引起发酵盐卤 pH 的上升，同时伴随其他腐败菌如曼苏里卡毕赤酵母和西方依萨酵母的生长。也有文献报道拟杆菌属存在于商业腌菜和蔬菜废水中，具有在低 pH 条件下代谢乳酸生成丙酸的能力，引起发酵体系的 pH 上升。

发酵体系的 pH 升高，能为其他在低 pH 条件下不能生长的腐败微生物如肠杆菌、丙酸菌属和梭菌属解除生长抑制。阴沟肠杆菌是最常见的肠杆菌，能造成发酵黄瓜和发酵食用橄榄腐败。在初次发酵阶段，乳酸的产生使发酵体系的 pH 降低，抑制它的生长。但当发酵体系的 pH 上升至 4.5 以上，阴沟肠杆菌能够恢复生长。有文章报道，在发酵体系 pH 为 5.0~6.0 时，阴沟肠杆菌能够以乳酸为碳源代谢产生丙酸，促进泡菜腐败。在食用橄榄发酵中，丙酸菌和梭菌已经被认为是引起发酵食用橄榄腐败的主要腐败微生物。丙酸杆菌在 pH 为 5.0 的厌氧条件下能够代谢乳酸产生丙酸和丁酸，但是在更低 pH 条件下，它很少或者不能够转化乳酸为丙酸。表明它可能是在发酵腐败中后期，即 pH>5.0 时，参与腐败过程。梭菌普遍存在于自然环境中，它具有利用不同碳源产生丁酸的能力。Franco 等研究发现双酶梭菌在 pH 为 5.0 的发酵泡菜中能够利用乳酸产生丁酸引起泡菜腐败，同样，在低于 pH5.0 的条件下，双酶梭菌不能利用乳酸。

2. 产生植物细胞壁降解酶

许多存在于蔬菜中的微生物，如短小芽孢杆菌、醋酸钙不动杆菌（*Acinetobacter calcoaceticus*）、假单胞菌等能产生纤维素酶、木聚糖酶、果胶裂解酶、聚半乳糖醛酸酶、蛋白酶、淀粉酶和脂肪酶等植物细胞壁降解酶（PCWDEs）。张凤等研究发现苏云金芽孢杆菌（*Bacillus thuringiensis*）、皮尔瑞俄类芽孢杆菌（*Paenibacillus peoriae*）、同温层芽孢杆菌（Bacillus *stratosphericus*）、地衣芽孢杆菌、枯草芽孢杆菌、甲基营养型芽孢杆菌、东京芽孢杆菌以及蜡样芽孢杆菌均具有产果胶酶或纤维素酶的能力。其中皮尔瑞俄类芽孢杆菌、同温层芽孢杆菌、东京芽孢杆菌和蜡样芽孢杆菌的产酶能力较强，可能是导致腐败泡菜在贮藏过程中出现软化的主要微生物。这些酶对蔬菜中的纤维素、果胶、淀粉、蛋白质和几丁质有降解作用，导致蔬菜质地变软，引起蔬菜腐败。虽然关于在蔬菜中能产生植物细胞壁降解酶的微生物的报道较多，而泡菜腐败微生物产植物细胞壁降解酶的报道却很少。泡菜自然发酵的特点使得在新鲜蔬菜中的微生物也常存在于泡菜中，例如蔬菜中常见的产植物细胞壁降解酶的腐败微生物假单胞菌，在泡菜中也常分离得到。Francol 和 Breidt 从腐败的发酵黄瓜中分离得到假单胞菌，并发现它能够引起发酵黄瓜腐败。此外，Roy 等研究发现蜡样芽孢杆菌广泛的存在于以植物为原料的发酵食品中，证实了它能够产生多种胞外酶如蛋白酶、脂肪酶和淀粉酶并引起腐败。

3. 产生令人不悦的气味

判断泡菜是否腐败，另一直观的方法是查看泡菜是否产生令人不悦的气味，这是泡菜腐败的典型特征。腐败气味来源于各腐败微生物的代谢产物，但由于泡菜腐败成分的复杂性以及不同泡菜产品腐败气味具有较大差异，泡菜腐败气味的研究报道较少且不够深入，与之相关的腐败微生物则更鲜有研究。敖晓琳等研究发现，芽孢杆菌、曼苏里卡毕赤酵母和库德里阿兹威毕赤酵母能引起泡菜腐败，并产生腐败味。在对重庆涪陵加工企业未加防腐剂、真空包装后 80℃ 杀菌 20min、室温贮藏下败坏的腌制萝卜中微生物的分离，得到 2 株细菌为枯草芽孢杆菌和表皮葡萄球菌，1 株真菌为新缝匠菌（*Neosartorya* sp.），而在泡菜中发现的腐败菌有酵母菌、大肠杆菌、金黄色葡萄球菌、芽孢杆菌、李斯特菌等。陈岑通过实验研究判定假丝酵母、白地霉、木糖葡萄球菌、解淀粉芽孢杆菌为泡菜中的腐败菌，可能导致泡菜出现产膜、异味、亚硝酸盐增加、褐变等不良现象。但现在对泡菜腐败味产生这一现象的研究还局限于表面，其腐败气味的特征、产生机理和产生菌株的研究都很缺乏，因而研究人员应加强此领域的研究。

4. 具有产黏能力

张凤研究发现甲基营养型芽孢杆菌具有产黏性物质的能力，且推测它可能是引起工厂化生产的四川泡菜盐水变黏稠的腐败菌。Sanni 等认为发酵食品中的黏性物质是一种微生物胞外聚合物，这种黏性物质在于溶液中表现出很好的持水性，为微生物生长提供附着点。Nwamaka 等认为，一些微生物在恶劣环境会产生黏性物质，使菌体结合在一起来抵抗外界环境的压力，从而使发酵食品发黏。他们发现地衣芽孢杆菌和枯草芽孢杆菌是导致非洲发酵油豆子腐败的主要微生物，这两株菌通过在油豆子发酵过程中产生解脂酶和产生黏性物质导致其发生腐败。

（二）泡菜腐败的预防与控制

1. 控制泡菜的理化因素

为了预防和控制泡菜的腐败，首先应确认泡菜中的腐败微生物及其腐败机理，其次应阐明影响这些腐败微生物生长代谢的因素。Kim 等研究表明泡菜中微生物的生长与盐浓度、含氧量、温度和 pH 有关。因此，恰当控制这些环境因素能有效地预防与控制泡菜的腐败。首先，在泡菜制作时，添加合适浓度的盐不仅能为乳酸菌提供良好的生长条件，促进发酵，同时能抑制其他腐败微生物的生长。其次，控制泡菜密封等都是为了减少发酵体系中的溶氧量，进而抑制需氧腐败微生物的生长，降低腐败的可能性。Kim 等还发现控制发酵和贮藏温度能更好地预防和控制泡菜的腐败。最后，控制发酵体系的 pH 能有效控制泡菜的腐败。泡菜的二次发酵主要是由于某些微生物能在低 pH 的条件下代谢泡菜中的有机酸，使发酵体系的 pH 升高，为其他腐败微生物创造条件。Doan 等研究表明使用2,4-己二烯酸、乙酸和己烯酸能抑制泡菜中的酵母菌生长，其原因是加入这三种有机酸后，即使乳酸被代谢利用，发酵体系的 pH 仍控制在 3.3～3.5，因而能够有效地预防和控制泡菜的腐败。

2. 使用对腐败微生物有抑制作用的乳酸菌

由于在泡菜的一次发酵和二次发酵前期等过程中，乳酸菌都是优势菌株。因此有很多研究者开始研究乳酸菌对预防和控制泡菜腐败的作用。敖晓琳等筛选出对腐败微生物具有抑制作用的乳酸菌，能够抑制某些腐败菌引起的产膜、变色、使汁液浑浊等腐败现象的发生。采用泡菜直投式菌剂也有利于提高泡菜的品质和食品安全性，熊涛等以植物乳杆菌 NCU116 作为直投式发酵剂，研究自然发酵泡菜与直投式发酵剂发酵泡菜过程中大肠菌群、沙门菌与金黄色葡萄球菌的变化规律。结果表明直投式发酵中植物乳杆菌 NCU116 对泡菜发酵过程中病原菌的生长具有显著的抑制作用。也有文章报道，用乳酸菌制成的发酵剂可有效降低酵母菌在胡萝卜、白菜和甜菜等单一原料泡菜产品中引起的腐败。但是在使用乳酸菌等发酵剂泡菜时，发现有糖的残留，因而发酵剂不能阻止泡菜中酵母的后续生长。因此，预防和控制酵母菌引起的腐败需通过减少酵母菌污染水平来达到。

3. 添加具有抑制效果的天然物质

通过添加某些具有抑菌效果的天然物质也能够在一定的程度上预防和控制

泡菜的腐败。Kim 等对这些添加物抑制能力进行了研究，并报道了添加柑橘等水果和黄檗等药草能够控制泡菜的发酵，进而达到预防和控制泡菜腐败的目的。Choi 从柑橘类水果如橙子、橘子和西柚中提取的植物抗菌剂，对泡菜中的腐败微生物具有一定的抑制作用。Park 研究发现从黄檗、黄芩、柴胡等药草中提取的抗菌活性物质能有效抑制微生物的生长，并通过实验研究发现添加有上述药草的泡菜，酸味比未添加的泡菜更弱。在家庭式泡菜制作时，一般会加入各种天然香辛料（如辣椒、花椒、姜、蒜等），这些香辛料中的天然活性成分都具有抑制腐败生长的能力，能在一定的程度上预防和控制泡菜的腐败。因此，将具有抑菌性的天然物质和其他预防和控制泡菜腐败的方法相结合，不仅能使泡菜产品更加美味可口，还能预防和控制腐败。

4. 控制泡菜的生产工艺

泡菜是用新鲜蔬菜在特制的盐水中，利用微生物进行自然发酵而成。由于开放式的发酵方式，使得发酵过程中容易受到腐败微生物的污染，从而影响产品的质量。张兰威研究发现，在现有的泡菜加工工艺条件下，应着手控制以下几个方面进而达到预防泡菜腐败的目的：①控制原材料的质量，采取相应的措施（如漂洗和紫外照射）尽量减少新鲜蔬菜上腐败菌的附着量；②控制好盐浓度并进行除菌处理，以降低腐败菌污染的机会；③控制发酵菌剂的接种量，进而达到抑制腐败菌的效果，并使发酵蔬菜发酵彻底，减少残糖量；④发酵蔬菜进行包装贮藏时应处于低温条件，使用冷链配送和销售系统，以抑制腐败菌的生长，保持四川泡菜产品良好品质，延长产品货架期。

第六章 泡菜微生物应用研究

第一节 直投式发酵剂

直投式（Directed Vat Set，DVS）发酵剂是指高度浓缩和标准化的冷冻或冷冻干燥菌种发酵剂，可以直接加入热处理的原料中进行发酵，这种发酵剂改进了传统发酵剂在使用过程中的缺点，如中间发酵剂、生产发酵剂、菌种活化的繁殖问题。它的主要优点是：品种多，污染少，活菌含量高，保藏期长，使用方便，其接种量为传统人工型发酵剂 1/1000～1/100 等，且效果十分稳定。直投式功能菌剂已广泛应用于发酵乳制品（如酸乳、干酪等）、果蔬制品等（如制成各种具有保健功能的新型饮料）。直投式发酵剂的使用不仅使产品质量稳定，节约生产成本，还可实现产业大规模生产，应用前景广阔。

21 世纪以来，随着研究的深入，传统泡菜的发酵及微生物演替规律逐渐被认识，高活性菌剂制备技术瓶颈也逐步被突破，作者科研团队在国省市泡菜科技项目（如“优质安全中国泡菜现代产业关键技术研究与集成示范”及国家科技部的“十二·五传统蔬菜工业化生产技术集成与新产品开发”）的持续支持下，采用代谢调控、多层包埋等关键技术，突破了传统泡菜直投式菌剂的制备瓶颈，开发出“双高”（高活性、高稳定性）菌剂新产品，其活菌数$>1\times10^{11}$CFU/g，常温存储 1 年的对数消减率$<1.8\%$。为稳态发酵理论下指导泡菜发酵主导微生物的应用提供了实物支撑，创新引领了传统泡菜企业的现代化发酵加工方式。

一、直投式发酵剂的制备技术

直投式菌剂是食品纯种可控发酵的核心技术，从 20 世纪初开始应用，最早采用自主培养，后续逐步过渡到液体深冻。20 世纪 70 年代，冻干型的发酵剂首次应用，开启了菌剂的高活性时代，促进了直投式菌剂快速推广。

（一）高密度培养技术

高密度培养（High Cell Density Culture，HCDC）是应用一定的培养策略和装置提高菌体细胞群体生长密度的技术。高密度培养可使菌体密度较传统培养方式有显著的提高，达到减少培养体积，缩短生产周期，最终提高目的产物产量的效果。乳酸菌的高密度培养是通过适当手段，解除代谢产物中乳酸及其他有机酸的累积对乳酸菌细胞生长的抑制作用，延长乳酸菌的对数生长期，从而获得较高浓度培养物的培养方法。高密度培养的菌体密度通常>20g/L（每升中干细胞重量），一般为50g/L，高的可达到150g/L以上，一般高密度培养可以使活菌数达到10^{11}~10^{12}CFU/mL或更高。获得高密度菌体培养液是制备浓缩型发酵剂的关键，也是研究直投式发酵剂的重要环节。高密度培养的方式一般分为三种：一是通过优化培养基培养条件来为菌种生长提供最优条件，得到最大菌体量，具体措施主要包括优化传统培养基，设计合理的营养配比，在传统培养基的基础上添加生长因子，得到生长因子的最佳优化组合；二是通过改变菌种的代谢途径，减轻环境对细胞生长的胁迫，使细菌始终处于生长的最佳培养环境，延长生长对数期，提高细胞繁殖活力，获得高密度的细胞；三是控制培养方式，通过排除代谢产物，追加营养物质，调节pH等方法，减少代谢产物对细胞生长的抑制作用，延长细胞对数生长期和稳定期，得到高浓度的培养液。国内外目前常用的有以下几种方法。

1. 缓冲盐法

由于乳酸菌在代谢过程中产生大量乳酸，导致培养液酸度升高，乳酸菌的繁殖受到抑制。根据这一特点，向培养液中加入缓冲盐，有效地调节酸度，使乳酸菌能持续生长，提高增殖效率。

2. 化学中和法

通过向发酵液中添加氢氧化钠等碱性物质，不断中和乳酸菌代谢产生的乳酸，促进乳酸菌大量繁殖。但是乳酸菌与碱液反应生成的乳酸盐达到一定浓度时，也会抑制乳酸菌的繁殖。

3. 膜渗析法

膜渗析法是目前最先进的方法之一，即在盛有大量新鲜培养液的储液器中安放一个用适宜滤膜制成的发酵器，并接种于发酵器中。在发酵过程中，利用膜的选择性使培养液与代谢产物进行交换，即产物渗出，营养液得到不断补充。

4. 超滤法

超滤法是超滤与化学中和法相结合的方法。培养前期化学中和为主，后期进行超滤。在全自动的发酵罐上连接一组真空纤维膜超滤装置，利用它排除一部分乳酸和乳酸盐，并及时补充新鲜营养液，延长对数生长期，提高菌液活菌含量。

（二）真空冷冻干燥技术

真空冷冻干燥技术是冷冻和干燥技术的有机结合，其原理是先将样品冻结到共晶点温度以下，使物料中的水分变成冰，并在真空冷冻干燥机一定的温度和真空度下升华为水蒸气，从而得到干燥制品。真空冷冻过程包含了样品溶剂的升华，真空泵促进样品表层蒸气的蒸发，蒸气被收集器收集，蒸气在收集器中的冷凝等。传统的干燥过程会造成样品表面皱缩，细胞的形态受到破坏，而在真空冷冻干燥中，由于支撑样品组织的冰直接升华为气态，干燥后样品的结构几乎不会受到影响，使该技术具有以下几种优点：①在低温下，微生物、蛋白质一般不会变性或失活，所以适用于疫苗、菌苗、菌种、血液制品等生物活性物质的干燥；②在低温干燥过程中，微生物的生长和酶的作用几乎无法进行，样品仍能较好地保持原有的性状；③物料中的热敏性成分或挥发性成分损失少；④干燥后物料呈海绵状不干缩，复水后能快速恢复到原来的性状；⑤在真空条件下，含氧极少，易被氧化的成分能够得到有效的保护；⑥去除细胞中绝大部分水分，延长冻干制品的保存期。

真空冷冻干燥技术的主要缺点是设备的成本和运转过程费用较高，冻干过程耗时长，产品成本较高。冷冻干燥对细胞的伤害包括冷冻伤害和干燥伤害。其中冷冻伤害与细胞的失水和冰的形成有关，冷冻的速率较低时，细胞内游离水大部分渗透到细胞外冻结，直到细胞内含物形成共融物后才停止，这种冷冻方式称为胞外冻结；当冷冻的速率足够高时，细胞内的游离水来不及外渗就在细胞内冻结了，这种冷冻方式称为胞内冻结。一般认为，细胞的伤害是由胞内冻结造成的。虽然在胞外冻结中，细胞内的水分渗透到细胞外，导致细胞收缩，影响细胞的活性，但细胞结构还与原来的相似，对细胞产生的伤害小于胞内冻结所产生的伤害。干燥伤害与细胞的过度失水有关，干燥时样品表面失水较快，容易使样品局部过干，破坏了生物大分子物质的水分子保护层，这不仅会破坏细胞生物活性物质，而且还会导致脂类或蛋白质的氧化反应，产生自由基，影响细胞活性。

为了减轻冷冻干燥对细胞造成的损伤，需要添加保护剂来提高细胞存活率。保护剂可改变样品的理化状态，减少冷冻干燥对细胞造成的伤害，使样品能够较好地保持原有的生理生化特性和生物活性。保护剂按相对分子质量分为低分子化合物和高分子化合物，一般认为低分子化合物在冷冻过程起直接挥发作用，而高分子化合物则是促进低分子化合物的保护作用，所以常将低分子与高分子保护剂一起使用。保护剂按作用方式分为渗透型和非渗透型，渗透型保护剂属低分子中性物质，不仅存在细胞表面，而且易于穿透细胞渗入细胞内部，对细胞内外都形成保护作用，主要有甘油、二甲基亚砜、丙二醇、乙二醇、吐温 80、氨基酸和缓冲盐等；非渗透型的保护剂属大分子物质，不能穿透细胞，只存在于细胞表面形成保护层，有效阻止冷冻对细胞表面造成的损伤，对细胞内部的保护作用影响不大，主要有海藻糖、蔗糖、脱脂乳、聚乙烯吡咯烷酮（PVP）、麦芽糊精、环状糊精、血清、蛋白质和多肽等。保护剂主要是起到稳定细胞蛋白结构的作用，这与它们本身的化学结构有关系，它们是通过氢键或离子基团与细胞蛋白质结合从而保护菌体，不同保护剂结合能力不同，所形成的网络结构紧密程度就不同，保护效果就不一样。目前国内外报道使用的冷冻保护剂有多元醇、糖类、蛋白类、肽类及氨基酸类等。蒲丽丽等研究了多种冻干保护剂对乳酸菌的保护作用，其中海藻糖的效果最好，并通过电镜观察到冻干菌体附着在保护介质上，一方面减少了菌体暴露于外部的区域，降低了外界环境因素对菌体的影响；另一方面保护剂与菌体细胞壁结合，有助于稳定细胞内部成分，从而提高了冻干存活率。潘艳等实验结果表明，海藻糖、谷氨酸钠、蔗糖、山梨醇和乳糖等保护剂对植物乳杆菌在冷冻干燥和干燥后贮存过程中均有显著的保护作用。杜磊等筛选出适用于乳酸菌的保护剂配方为10%蔗糖、10%脱脂乳浓度和5%谷氨酸钠，采用此保护剂配方，菌体经冷冻处理后，存活率可达到95%，比不添加保护剂的菌体存活率大大提高，且此配方简单易得，完全可以满足生产需要。

直投式乳酸菌剂的生产工艺流程如图6-1所示，泡菜中的微生物经过分离、鉴定、增殖培养、离心收集、干燥等工序成为直投式乳酸菌。

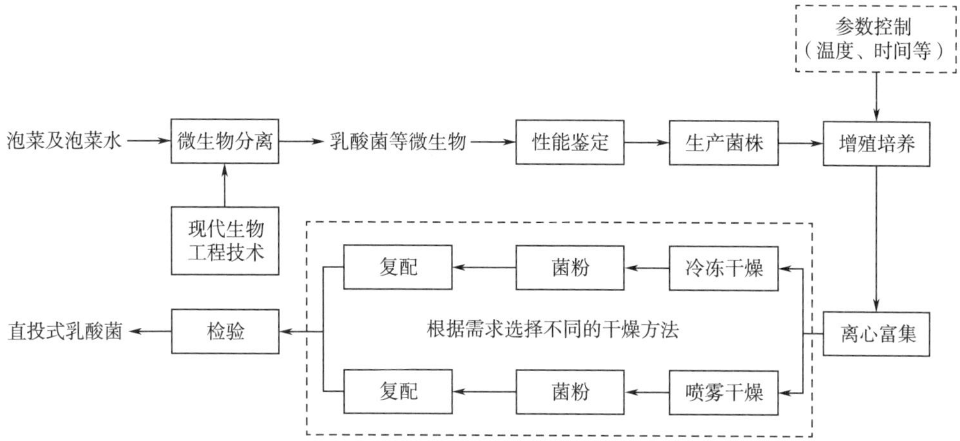

图6-1　直投式乳酸菌剂的生产工艺流程

（三）自控发酵技术

菌剂的生产工艺一般包括接种、菌体培养（发酵）、浓缩、干燥、粉碎等步骤。菌体培养在密封发酵罐进行，发酵罐其实就是一种生物反应器，为细菌的生长和繁殖提供适宜的生长环境（图6-2）。菌剂生产的全自动发酵控制系统可以实时对温度、搅拌速度、pH、DO值、消泡、加酸、加碱、压力、通气量等参数进行测量和自动控制，可以实现菌剂的批量和高效生产。目前市面上的发酵罐主要由罐体、搅拌器、挡板、空气分布器、冷却管（或夹套）、消泡器、人孔、一体式灯视镜主要部件及四大系统（温控系统、供气系统、冷却系统、搅拌系统）组成。罐体采用不锈钢，管内配有自动喷淋清洗源头，能确保生产过程符合 GMP 标准。

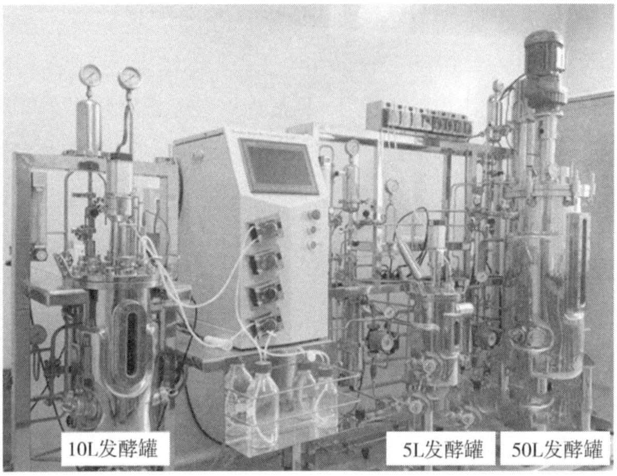

图 6-2　直投式菌剂生产设备

培养基配方、发酵条件（含氧量、温度、pH 等）、培养时间、菌体的应激处理等是影响活菌数的关键因素。选择合适的培养基对于发酵剂的成功开发至关重要，实验室乳酸菌一般采用 MRS 或 M17 培养基，由于配方复杂、营养过剩，并不适用于大规模的工业化生产。目前，乳酸菌发酵剂的工业化生产多采用半合成培养基，即一般采用牛奶和乳清为基础培养基，同时补充碳源、氮源、维生素、矿物质、抗氧化剂、噬菌体抑菌剂和中和剂等；对于氧敏感的菌株、发酵过程中氧接触是致其菌体失活的主要因素。许多方法已被用于降低发酵过程的含氧量，最常用的方法是在真空条件下进行发酵；发酵温度是影响乳酸菌发酵过程中增殖能力的重要因素之一，大多数乳酸菌适合生长的温度为 37～43℃，在生产过程中，乳酸菌接触高温的时间应该尽量避免或缩短，以减少菌种的损失率；控制发酵过程中 pH 可以提高菌体受酸胁迫的影响，一般通过添加中和剂的方法来控制 pH，如孙娟使用 20%的碳酸钠溶液调节发酵过程的 pH，明显提高了发酵剂的活菌数。另外，发酵过程中的 pH 应激处理通常可以提高菌体在干燥过程中的存活率，有研究表明嗜酸乳杆菌经 pH 应激处理后菌体在冻干和冷藏过程中的存活率得到提高。菌体的应激反应是指发酵剂在生产过程中往往要受到各种生长环境的突然变化引起的各种胁迫作用（如酸胁迫、盐胁迫、冷胁迫、热胁迫等），菌体细胞会通过调整代谢路径和基因表达来适应新环境，发生应激反应。对菌体进行应激处理可以提高菌体的酸胁迫、耐热性等能力，减少对菌体的损伤。

二、直投式发酵剂在泡菜中的应用

开发泡菜用直投式发酵剂，是缩短泡菜生产周期，提高产品质量，保障产品安全，实现泡菜工业化生产的前提。作者科研团队从20世纪90年代开始研究采用纯种发酵控制泡菜的发酵，通常情况下采用纯种发酵泡菜发酵速度更快，可以更好地控制泡菜的发酵，继而保证产品质量的稳定性。进入21世纪，将泡菜微生物菌种经过高密度培养、细胞富集、冷冻干燥等步骤后制备成冻干菌剂，方便运输及使用，是传统泡菜现代化标准化生产加工的方向，但由于设备投入较大等因素而导致成本较高，目前我国除少数大型泡菜龙头企业采用微生物纯种发酵泡菜（即直投菌剂）外，还没有大规模的推广应用。采用直投式乳酸菌功能菌剂发酵生产泡菜，能够使乳酸菌在蔬菜上一开始就成为优势菌系，直接进入主导乳酸发酵，从而抑制其他不利于泡菜品质微生物的生长繁殖，确保泡菜产品的品质要求。直投式功能菌剂可以直接添加至泡菜，无需菌种活化和扩培等预处理工作，过程易操作、控制，可有效保证泡菜制品产品质量均一、稳定，实现泡菜标准化、规模化生产。

（一）泡菜菌种选育

泡菜是天然的菌种资源宝库，乳酸菌是其中的主要微生物，筛选适用于泡菜发酵的专用乳酸菌菌种是缩短泡菜发酵周期、稳定产品质量和提高食品安全性的关键。针对泡菜生产的需求进行优良菌种的选育并建立相适应的发酵技术规范，对于促进泡菜行业现代化，提高产品市场竞争力具有重要的意义。目前，泡菜的菌种筛选主要集中在高产乳酸、提升产品风味，以及降解亚硝酸盐、亚硝胺的微生物筛选上。作者科研团队率先从四川泡菜中选育出植物乳杆菌（SICC1.56和SICC1.566）、短乳杆菌（SICC1.58）、戊糖片球菌（SICC1.60）4株优良乳酸菌，具有显著的耐酸、耐盐、产酸高（>0.60%）和风味好的特点，专用于泡菜直投式菌剂的制备。于华等以四川泡菜为研究对象，筛选出一株产酸和降解亚硝酸盐能力强的优势乳酸菌，其对亚硝酸盐的降解率在99%以上。王强等运用显色培养、高效液相色谱（HPLC）法对菌株生物胺产生和降解能力进行筛选，筛选出一株生物胺降解能力较好的植物乳杆菌，其对尸胺、组胺、酪胺的降解率分别为62.42%、74.32%、89.97%。在诱变育种方面，张祥等利用硫酸新霉素成功诱变并筛选得到两株 H^+-ATPase 活性减弱的突变菌 ZUST-1 和 ZUST-2，这两株菌株具有减弱泡菜后酸化的能力，对解决泡菜后酸化的问题具有较好的应用前景。Ge 等用 roseoflavin（一种抑制剂）诱导泡菜源的植物乳杆菌进行自发突变，筛选的 roseoflavin 抗性菌落具有高产维生素 B_2 的能力。

（二）直投式发酵剂在泡菜中的应用

直投式乳酸菌发酵传统泡菜和工业泡菜的生产工艺流程分别如图 6-3 和图 6-4 所示。

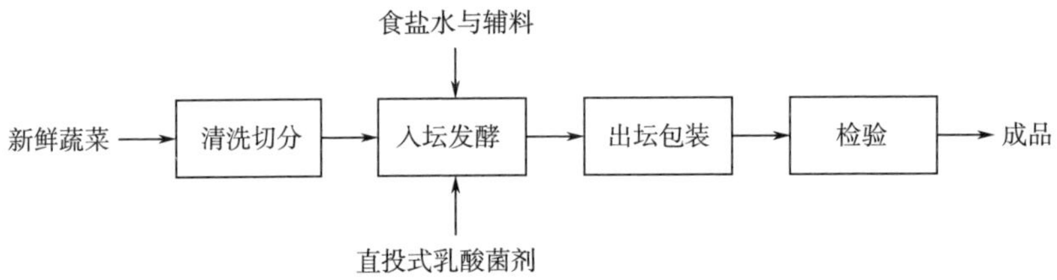

图 6-3　直投式乳酸菌发酵传统泡菜生产工艺流程

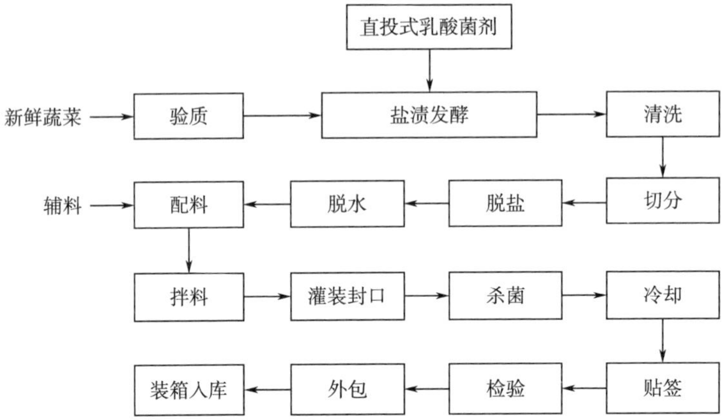

图 6-4　直投式乳酸菌发酵工业泡菜生产工艺流程

发酵温度、发酵时间、盐度、直投式乳酸菌添加量、菜水比等对直投式乳酸菌发酵泡菜的发酵过程和产品品质有至关重要的作用。一般来说，采用直投式乳酸菌发酵泡菜的温度控制在 25～30℃ 为宜，温度太低，发酵速度太慢，制作周期加长；温度太高，泡菜品质受到影响，质地会变软，严重时可能出现异味。直投式乳酸菌发酵泡菜的盐度一般控制在 2%～7%，即低盐条件，在此盐度下，泡菜的品质最佳，且乳酸菌发酵旺盛。直投式乳酸菌剂的添加量根据其活性来确定，一般保证接种后的泡菜中的乳酸菌达到 10^6CFU/mL 为宜；直投式乳酸菌在接种前，可先用 50 倍 1%的葡萄糖溶液溶解，置于 37℃ 条件下培养 30～120min，使乳酸菌活化。直投式乳酸菌的发酵时间和蔬菜的品种、发酵温度、发酵盐度、直投式乳酸菌剂的品质等有密切关系，一般泡菜总酸达到 0.2%～0.3%，pH 在 4.0 左右时，即可终止发酵，整个过程一般持续 24～72h。

在蔬菜低盐发酵阶段采用直投式乳酸菌剂调控发酵，缩短泡菜成熟周期，降低用盐量50%以上，实现了自然发酵向人工调控发酵的转变，解决了传统泡菜发酵不可控的技术瓶颈。

目前直投式菌剂已经应用于部分工业泡菜的生产，相关数据表明，应用直投式菌剂可以减少人力30%~50%，提高生产效率50%以上，大大缩短了泡菜发酵周期，前发酵用盐量由原先的5%~12%降低至3%~7%，大大降低了生产成本，带来经济效益的同时，也避免了原有生产工艺生产高盐废水多、处理成本高和对资源浪费等问题，在保证产品质量的同时，提高了生产效率，美化了环境，保障了食品安全。作者科研团队开发的泡菜直投式菌剂如图6-5所示。

图6-5　泡菜直投式菌剂

第二节　其他发酵食品中的应用

一、在发酵大豆中的应用

泡菜中含有丰富的乳酸菌、酵母菌、芽孢杆菌等，这些也是发酵豆制品（如酱油、豆豉、醋、豆酱等）的重要微生物。一些学者将具有产香功能的酵母应用到酱油和豆瓣发酵过程中，或将高产蛋白酶和淀粉酶的芽孢杆菌应用于豆豉的生产，也有学者将从泡菜中分离的醋酸菌应用于醋的发酵。乳酸菌在传统发酵大豆中具有提升产品风味、拮抗有害杂菌、促进酵母生长的作用。鲁绯利用从泡菜中分离出的乳酸菌接种青方腐乳进行乳酸发酵，结果表明乳酸菌对青方腐乳的成熟和风味均有一定的促进作用，改变了腐乳中游离氨基酸的含量和呈味特点，并促进大豆蛋白质的水解，使腐乳的感官品质得到改善。另外利用产细菌素的食品级乳酸菌抑制发酵豆制品中腐败细菌和病原菌，为传统发酵食品行业开辟了一个解决微生物污染问题的新途径。

二、在乳制品中的应用

乳酸菌在乳制品中主要用于酸乳、干酪等的制作。酸乳制作过程中的常用菌种主要有链球菌、乳杆菌和双歧杆菌。生产常用菌种包括：保加利亚乳杆菌、双歧杆菌、乳脂链球菌、嗜酸乳杆菌和嗜热链球菌等。新鲜的生牛乳中含有乳糖、酪蛋白等物质，经乳酸菌发酵分解后产生的乳酸及B族维生素（维生素B_2、维生素B_6和维生素B_{12}）可提高人体免疫力，长期饮用可满足人体对钙的需求。在生产干酪的过程中，常用菌种有保加利亚乳杆菌和干酪乳杆菌。

三、生产果蔬制品和酿造

近年来，乳酸菌还用于发酵果蔬汁，这类发酵饮料是以各种蔬菜汁为原料，加入乳酸菌发酵制成。这种发酵饮料在延长果蔬储藏时间的同时也提高了其本身的营养价值。除此之外，在葡萄酒酿造过程中，乳酸菌也发挥了重要作用。葡萄酒是由加入酵母的葡萄汁发酵制得的，酒精发酵反应十分复杂，除生成酒精、二氧化碳以及少量高级醇类、甘油、酮醛类等成分外，还生成多种中间产物。其中，明串珠菌等乳酸菌使葡萄酒中的苹果酸脱羧形成乳酸，从而降低葡萄酒的酸度，增加果香和酒香，使其更加醇厚美味。

四、生产肉制品

在现代发酵工艺中，肉类发酵本质上是原料肉在添加调味品后密闭保藏，在微生物作用下发酵。这一过程中所涉及的微生物组成繁杂，但乳酸菌始终保持在较高水平。发酵过程中所产生的乳酸和乙醇使发酵物pH降低，抑制其他杂菌生长，从而延长产品的保藏时间。在这一过程中，蛋白质也会被分解成为多肽和氨基酸，从而有利于人体的消化吸收；另外，乳酸发酵过程还能促进亚硝酸盐的降解，提高发酵肉制品的安全性。在香肠制作的过程中，起主要作用的是乳杆菌以及片球菌。

第三节　功能性食品中的应用

现在市场上大受追捧的乳酸菌咀嚼片、口服液（酵素）、冲剂等，泡菜中筛选优良菌株可以应用到其中。

一、乳酸菌胶囊剂

胶囊剂为乳酸菌活菌制剂最主要的类型。该剂型生产工艺简单，携带服用方便。胶囊壳可掩盖制剂的不良气味，减少乳酸菌受光、热、空气等不良环境的影响，有利于提高乳酸菌活性和稳定性，且有定位释放的作用。如使用肠溶性胶囊时，可避免乳酸菌受到胃酸的影响，顺利到达小肠。目前利用天然或合成高分子材料将物质进行包埋的新兴微胶囊剂更被公认为乳酸活菌最佳剂型，微胶囊中的物质与外界环境相隔离，受环境影响极小，从而保持稳定，只有在适当的条件下，被包埋的物质才可以被释放出来。图 6-6 是作者科研团队开发的活性乳酸菌胶囊，该类型的产品有：复合乳酸菌胶囊（聚克）、丽珠肠乐胶囊（双歧杆菌活菌胶囊）等。

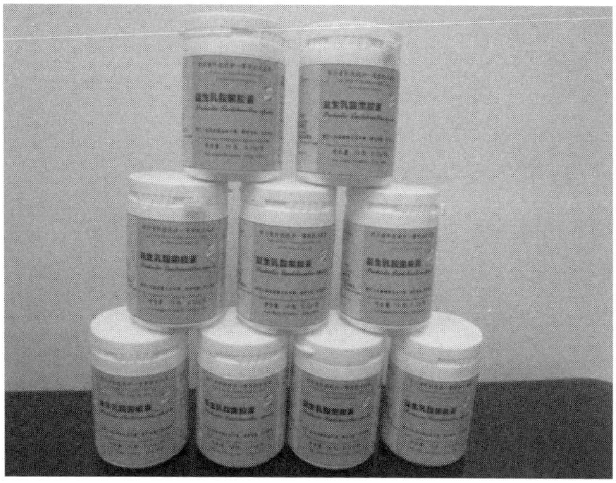

图 6-6　活性乳酸菌胶囊

二、乳酸菌片剂

片剂是乳酸菌制剂常见类型，是将乳酸菌剂加以适当辅料压制而成的片状制剂。片剂有较好的溶出度及生物利用度，剂量准确且质量稳定，经压缩的固体制剂体积较小，与光线、空气、水分、灰尘等接触面积较小，故其物化性状和生理活性等在贮存期间变化较小，必要时还可包衣保护，服用携带方便，且易于机械化生产。但存在婴幼儿不宜吞服，乳酸菌存活率较低，有效期较短等不足。

三、乳酸菌冲剂

冲剂生产工艺简单，无需复杂的设备，且携带和服用方便。冲剂由菌粉、填充剂、稳定剂和调味剂等组成，经充分混合制成颗粒或粉剂。除主料菌粉外，还可根据产品要求，加入一些维生素等营养强化剂和低聚糖等益生因子。按所含菌数有不同规格，每克含菌数从几亿个到几百亿个。该类型的产品有法国儿童合生元、益美高乳酸菌颗粒等，作者科研团队开发出我国首个泡菜益生菌产品（图 6-7）。

图 6-7　泡菜益生菌产品

四、乳酸菌口服液剂（酵素）

乳酸菌口服液是酵素产品中的一种。口服液类剂型的乳酸菌大致分为两类。一类是由食品级原料培养基接入乳酸菌进行发酵，发酵完后直接在无菌条件下灌装得到产品；另一类是先配制溶液，经灭菌冷却后加入乳酸菌粉或菌悬液混合后灌装得到产品。液剂产品活菌数对保存条件要求高、保存期较短，目前已不提倡生产此类型的活菌产品。

五、在饲料中的应用

乳酸菌是一类具有多种生物功能的益生菌，将其添加至动物饲料中具有改善畜禽的生长性能、提高畜禽对蛋白质等营养物质的消化吸收、促进动物健康生长、降低肠道中有害菌的数量、维持畜禽肠道菌群稳态及提高机体免疫能力、预防疫病的发生等作用。我国允许使用的微生物饲料添加剂有 34 种，其中有 22 种是乳酸菌。

六、其他产品

乳酸菌主要代谢产物，诸如酸性代谢产物、胞外多糖、乳酸菌素、γ–氨基丁酸已进行了大量研究，并得到了应用。

（1）乳酸菌对葡萄糖等碳源进行同型发酵和异型发酵时，可产生大量的乳酸、乙酸，还产生少量甲酸、丙酸等其他酸性末端产物，这些酸性代谢产物是乳酸菌抗菌防腐的主要力量。

（2）乳酸菌在生长代谢过程中分泌胞外多糖（EPS），已有较多学者研究其抗肿瘤机制。

（3）乳酸菌代谢过程产生细菌素，是具有生物活性的蛋白质、多肽或前体多肽，这些物质可以杀灭或抑制与之处于相同或相似生活环境的其他微生物，具有固定的抗菌谱，对病原菌和食品腐败菌具有很强的抑制能力。

（4）乳酸菌还可以产生 γ–氨基丁酸，其属强神经抑制性氨基酸，具有镇静、催眠、抗惊厥、降血压的生理作用。

此外，乳酸菌还可以生产甘露醇、肽聚糖等。

附　　录

一、菌种资源库

（一）国内外菌种资源库

1. 中国普通微生物菌种保藏管理中心

中国普通微生物菌种保藏管理中心（China General Microbiological Culture Collection Center，CGMCC）成立于1979年，隶属于中国科学院微生物研究所，是我国最主要的微生物资源保藏和共享利用机构。自1985年起，作为国家知识产权局指定的保藏中心，承担用于专利程序的生物材料的保藏管理工作；经世界知识产权组织批准，于1995年7月，获得布达佩斯条约国际保藏单位的资格。2010年，成为我国首个通过ISO 9001质量管理体系认证的保藏中心。

作为公益性的国家微生物资源保藏机构，CGMCC致力于微生物资源的保护、共享和持续利用，围绕我国生命科学研究、生物技术创新和产业发展等重大需求，探索、发现、收集国内外的微生物资源，妥善长期保存管理；在保证生物安全和保护知识产权的前提下，为工农业生产、卫生健康、环境保护、科研教育提供微生物物种资源、基因资源、信息资源和专业技术服务。CGMCC的工作主要包括：广泛分离、收集、保藏、交换和供应各类微生物菌种；保存用于专利程序的各种可培养生物材料；微生物菌种保藏技术研究；微生物分离、培养技术研究；微生物鉴定和复核技术研究；保藏菌种的资料情报收集和提供及编辑微生物菌种目录。CGMCC目前保存各类微生物资源超过5000种，46000余株，用于专利程序的生物材料7100余株，微生物元基因文库约75万个克隆。

2. 中国工业微生物菌种保藏管理中心

中国工业微生物菌种保藏管理中心（China Center of Industrial Culture Collection，CICC）始建于1953年，隶属于中国食品发酵工业研究院有限公司，国家微生物资源平台核心单位，国际菌种保藏会（WFCC）和中国微生物菌种保藏管理委员会成员之一，负责全国工业微生物资源的收集、保藏、鉴定、质控、评价、供应、进出口、技术开发、科学普及与交流培训，中心现已通过ISO 9001：

2015 质量管理体系、ISO 17025：2005 检测和校准实验室能力认可、ISO 17034：2016 标准样品生产者能力认可以及 CMA 检验检测机构资质认定。

中心保藏各类工业微生物菌种资源 12000 余株，300000 余份备份，主要包括：细菌、酵母菌、霉菌、食用菌、噬菌体和质粒，涉及食品发酵、生物化工、健康产业、产品质控和环境监测等领域，提供标准菌株、生产菌株和益生菌等资源，以及芽孢悬液、霉菌孢子悬液和质控微生物等菌种产品。

中心积累了三十余年微生物鉴定检测经验，构建了系统的微生物多相鉴定技术体系，并获得“国家工商总局（SCIC）经营许可”，为食品、药品、化妆品、饲料、环保等行业企业、科研院所和高等院校提供“产品申报、产品进出口、产品认证认可、质量控制、科研外协”微生物鉴定检测一站式咨询和技术服务，服务项目达 150 余项，出具的报告具有法律效力，检测数据取得国际互认。中心主要研究方向：①食品微生物菌种资源挖掘与评价；②微生物标准质控产品开发；③发酵产品研发及工艺条件优化；④保健食品功能评价。

3. 广东省微生物菌种保藏中心

广东省微生物菌种保藏中心（广东省微生物种质资源库）隶属广东省科学院微生物研究所，是为科研和生产提供微生物菌种资源共享服务的专业技术平台，始建于 1987 年。2005 年 6 月参与的“广东省微生物种质资源库”建设通过验收，并得到了广东省科技厅和广州市科信局授牌。2007 年，经广东省科学技术厅批准，正式挂牌“广东省微生物菌种保藏中心”。中心现有研究人员 45 名，其中高级职称 7 名，中级职称 16 名，博士 15 人。主要从事具有热带亚热带特色的微生物菌种资源分离、收集、鉴定、选育、保藏和应用研究。2009 年 11 月加入世界微生物菌种保藏会（WFCC）。2010 年被原农业部指定成为企业报批产品所需饲料微生物菌种的法定单位。2015 年 12 月，被国家知识产权局授权成为专利生物材料保藏机构，并于 2016 年 1 月加入布达佩斯条约国际条约，成为我国三大专利生物材料保藏机构之一。

目前中心已经建成专利微生物菌种库、普通微生物菌种库和 13 个专业菌种库。现保藏菌种 23000 多株，基本覆盖了环境、工业、农业、分析、食、药用真菌行业各类生产和科研教学用微生物，为生命科学研究和生物产业发展提供了重要的种质资源支撑。中心主持和承担了国家重点研发专项、973 前期预研、863 国家自然科学基金、国际合作项目以及广东省重点领域研发专项等国家及省部级科研项目 60 多项，获得经鉴定为国际先进水平的科技成果 4 项，授权国家发明专利 28 件，发表论文 230 余篇（其中 SCI 收录 99 篇），制定国家标准 4 项，发表新物种及新属等 40 多个，获得广东省科学技术奖一等奖、二等奖等 7 项省部级科技奖励。

4. 西南菌种站

中国工业微生物菌种保藏管理中心西南菌种站，挂靠四川省食品发酵工业研究设计院，正式成立于1979年，是中国工业微生物菌种保藏管理中心八大分站之一，是我国西部地区重要的和最大的工业微生物专业菌种资源库。经过70余年的菌种收集、积累、保藏，目前菌种库藏达5000余株、种类繁多，基本覆盖了食品与发酵行业各类生产和科研用微生物，其中许多具有西部特色和产业优势。四川省科技厅于2009年正式批复同意组建四川省微生物资源平台菌种保藏中心（Sichuan Microbiological Resources Infrastructure & Culture Collection Center，SICC），在财政专项的支持下，中心依托西南菌种站，联合四川省农科院、四川大学、四川抗菌素工业研究所、农业部沼气研究所、四川省中医药科学院等6家单位，牵头搭建形成了以工业、农业、医药、能源、环境5个专业微生物菌种保藏机构为依托的四川省微生物资源共享平台，并开通了四川省微生物资源平台中心门户网站（www.sc-sicc.org.cn），建立了菌种资源数据库和档案管理，菌种实物及信息全部对外开放，实现网上菌种订购、网上技术咨询服务等，实现了社会共享。菌种中心近年来为了扩大菌种资源应用共享力度及范围，针对不同产业应用领域，挖掘不同种类菌种资源的潜在应用价值，依托相应科研项目支撑，提高菌种资源性能水平并研究配备相应工艺参数，到目前为止，建立了“四川泡菜微生物菌种资源子库”“郫县豆瓣微生物菌种资源子库”“酿酒微生物菌种资源子库”“食品企业工业废水处理微生物菌种资源子库”和“功能食品微生物菌种资源子库”。这些具有西部特色和产业优势的菌种资源包括产酸快、降亚硝酸盐能力强的优良泡菜功能菌株；用于郫县豆瓣产蛋白酶及风味物质的米曲霉功能菌株等。菌种中心近年来菌种资源数量和质量大幅度提高，专业化人才队伍逐步稳定，开放共享及服务能力显著提升，支撑服务高校、企业、个人累计上万次，为其提供菌种、技术咨询、技术研发、技术培训等，凸显出微生物资源对科技、产业日益增长的微生物资源需求及自主创新基础能力提升的重要支撑作用。

西南菌种站向全国二十多个省市的数百个企业、科研院所及大专院校提供了数万余株各类微生物菌种及相关信息材料，有力地推动了我国食品发酵及相关应用产业生物技术的发展，创造了显著的社会效益和经济效益，为国家经济建设做出了重要贡献。

5. 美国菌种保藏中心

美国菌种保藏中心，又称美国模式菌种收集中心（American Type Culture Collection，ATCC），是位于马里兰州洛克菲勒的一家私营的非营利性组织。

ATCC成立于1925年，是世界上最大的生物资源中心，由美国14家生化、医学类行业协会组成的理事会负责管理，是一家全球性、非营利性生物标准品资源中心。ATCC向全球发布其获取、鉴定、保存及开发的生物标准品，推动科学研究的验证、应用及进步。

现已成为可信赖的活体微生物、细胞系等获得、保存和发放的国家资源中心。目前，ATCC 有 29000 多种不同品系可靠的动物细胞和微生物培养体，它能满足各科学团体对可信赖品系的需要。仅 1981 年就有 39000 多培养物发放给全世界的科学工作者，并成功地用冷冻和冷冻干燥的方法保存各种细胞品系。ATCC 由各科学组织推选成员组成理事会进行管理。现有工作人员 125 人，参加的科学团体有：美国免疫协会、美国生物化学会、美国细胞生物学会、美国微生物学会、美国动物学会、美国遗传学会、原生动物学会和组织培养协会等 16 个学术组织。在 ATCC 可利用各种材料以及工具和设备进行广泛的研究。主要研究项目有：酶联免疫吸附分析技术（ELISA），真核细胞转录的调控，杂交瘤、淋巴类和髓类以及其他细胞系的建立，人突变细胞系的基因蛋白质，借助计算机进行鉴别分析，培养物的特征鉴别和保存技术的改进，关于化学致癌、致畸和致突变的。

6. 日本技术评价研究所生物资源中心

日本技术评价研究所生物资源中心（NITE Biological Resource Center，NBRC）是由日本经济部、商业部、工业部支持的半政府性质菌种保藏中心。主要从事农业、应用微生物、菌种保藏方法、环境保护、工业微生物、普通微生物、分子生物学等的研究。

该中心保藏有细菌 1446 株，真菌 568 株，酵母 164 株。这些菌种主要来自本国的其他菌种保藏中心。该中心保藏的菌种可出售。

（二）中国泡菜典型微生物菌种资源库

中国泡菜典型微生物菌种资源库（Chinese Paocai Type Culture Collection，CPTCC），隶属于四川东坡中国泡菜产业技术研究院，致力于微生物资源的保护、共享和持续利用，负责全国发酵蔬菜微生物资源的分离、收集、保藏、鉴定、质控、评价、供应、技术开发、科学普及与交流培训等。CPTCC 的主要研究包括：微生物菌种保藏技术研究，微生物分离、培养技术研究，微生物鉴定和复核技术研究，微生物菌株特性研究，菌株基因功能研究等。目前收集微生物菌种资源 11000 余株，主要包括：细菌、酵母菌、霉菌等，涉及发酵蔬菜、酸乳、酱油、纳豆、醋等领域。菌种库的建立是对我国发酵蔬菜基础微生物菌种开展标准化整理和保护，建立统一规范的数据库，提高菌种资源的数字化水平和资源管理的信息化水平，实现我国发酵蔬菜基础微生物菌种资源的高效共享。

（三）微生物菌种资源库管理章程

1. 微生物菌种资源保藏管理规程

本规程规定了微生物菌种资源、保藏的基本原则、要求，菌种资源的收集、整理、保藏、共享的管理流程。菌种保藏管理旨在对微生物菌种资源进行保护。保藏机构应采取妥善可靠的方法保藏菌种，避免菌种死亡、退化、变异或污染；对相应的菌种信息应及时整理并归档保存。菌种保藏管理应符合国家相关法律法规，环境保护要求，不能对周围环境造成污染和危害。菌种保藏机构应为社会提供微生物菌种资源的共享服务。

保藏机构所保藏菌种的生物危害程度应与其实验室生物防护水平相适应，实验室的装备和管理应符合 GB 19489—2019《实验室生物安全通用要求》和《病原微生物实验室生物安全管理条例》的相关规定。保藏机构应具备菌种长期保藏、复核、鉴定、资源信息整理、数据库管理和网络共享的完备设施。保藏机构应制定严格的保藏管理制度和标准化操作规程，并且保藏机构的工作人员应经过专业培训，具备从事菌种保藏、复核、鉴定和管理维护能力。

菌种信息的收集提供者应提供菌株的研究和鉴定材料，据实填写保藏机构的登记表格，由保藏机构签收入档。保藏机构应进一步收集和完善菌株的相关信息。

（1）菌种资源的整理　菌种的纯度检测方法参照《国家自然科技资源平台微生物菌种纯度检测技术规程》。菌种的复核具体方法参照《国家自然科技资源平台微生物菌种资源、复核技术规程》。将复核后的、正式入库保藏的菌株进行编号。菌种资源数据整理按照国家自然科技资源平台制定的微生物菌种资源描述规范对菌株数据进行整理。建立菌株的纸质信息和数字化信息档案并备份。档案应安全存放，注意防潮、防霉、防虫、防火、防磁和防盗。

（2）菌种资源的保藏　菌种保藏应针对保藏菌株确定适宜的保藏方法。同一菌株应选用两种或两种以上方式进行保藏。若只能采用一种保藏方法的菌株或细胞株必须备份并存放于两个以上的保藏设备中。菌种保藏方法参照相应的标准操作规程。菌种的入库和出库应记录入档，实行双人负责制管理。重要菌种应异地保存备份。高致病性病原微生物和专利菌种应由国家指定的保藏机构保藏。菌种保藏设施应确保正常运行，设专人负责管理，定期检修维护。菌种保藏设施应有备用电源，防止断电事故发生，定期检测保藏机构要定期检查菌种保藏效果，有污染或退化迹象时，要及时纯化分离、复壮。每次检查要有详细记录。废弃物处置废弃物的处置参照 GB 19489—2019《实验室生物安全通用要求》的有关规定执行。

（3）菌种资源的共享

①信息共享：保藏机构应编写菌种目录并定期更新出版，目录的编写参照《国家自然科技资源平台微生物菌种目录编写规范》。保藏机构应按照国家自然科技资源共享要求，建立菌种资源信息平台。

②实物共享：微生物资源的共享应严格按照《病原微生物实验室生物安全管理条例》和《中国医学微生物菌种保藏管理办法》等相关规定执行。专利菌种共享按照《中华人民共和国专利法》的相关规定执行。特殊菌种出口需

经有关主管部门批准和许可。资源提供方应登记发放菌株的名称、编号、提供时间、使用方信息。发放菌株的邮寄和包装应符合《国家自然科技资源平台一、二类微生物菌（毒）种包装、运输和开启技术规程》和《国家自然科技资源平台三、四类微生物菌（毒）种包装、运输和开启技术规程》的有关规定。菌株提供者和使用者需签署生物材料转移协议，明确双方的责任、权利与义务。

2. 微生物菌种资源冷冻干燥和低温冷冻保藏技术规程

本规程介绍了微生物菌种冷冻干燥和低温冷冻保藏技术的定义、原理、技术、要求、方法与步骤。本规程适用于普通细菌、酵母菌、霉菌等微生物菌种的保藏。

（1）微生物菌种的冷冻干燥保藏技术规程　冷冻干燥保藏工作流程参见《微生物菌种资源收集、整理、保藏技术规程》中的冷冻干燥保藏工作流程。冷冻干燥管一般采用耐温度骤变，耐压，管壁厚度均一并且为中性玻璃的安瓿管。管的内径为 8mm 左右，长度不小于 100mm。清洗安瓿管时，先用 2% 盐酸浸泡过夜，然后用自来水冲洗 3 次以上，最后用蒸馏水冲洗、浸泡至 pH 中性，然后干燥。标签的准备：保藏菌种的标记方法有很多种，一般分为管外侧标记和管内标记两种。管外侧标记常用以下两种方式：一是采用标签机直接在安瓿管上打印菌种编号、保藏日期，大小为 1cm×3cm 左右。二是将胶布剪成大约 1cm 宽、3~4cm 长的小条，在上面填写菌种编号、保藏日期，贴在安瓿管外。管内标记法：选择滤纸或吸水纸（大小为 1cm×3cm 左右）记录菌种的编号、保藏日期，然后装入安瓿管内。

保护剂用来减少冷冻干燥引起的微生物细胞的损伤。保护剂的选择与配制因所保藏的菌种的不同有所变化。配制保护剂时应注意保护剂材料的搭配、保护剂的浓度及 pH（一般保持中性）。常用的保护剂为脱脂乳。厌氧微生物冷冻干燥所用的保护剂在使用前应在沸水中煮沸 15min 左右，脱气后放入冷水中急冷，以除掉保护剂中的溶解氧。

（2）微生物菌种低温冷冻保藏技术规程　液氮超低温保藏技术宜选用耐温度骤变，耐压，管壁厚度均一并且为中性玻璃的安瓿管，或螺旋口的塑料冻存管。注意玻璃管不能有裂纹。清洗安瓿管时，先用 2% 盐酸浸泡过夜，然后用自来水冲洗 3 次以上，最后用蒸馏水冲洗、浸泡至 pH 中性，然后干燥。塑料冻存管用蒸馏水浸泡、冲洗干净、干燥即可，然后在 121℃ 下高压灭菌 15~20min 或 160℃ 烘箱中干热灭菌，备用。

安瓿管或塑料冻存管的标记一般采用专用非水溶性记号笔，记录菌种编号、保藏日期。保护剂种类要根据微生物类别选择。配制保护剂时，应注意其浓度，一般采用 10%~20% 甘油。微生物的生理状态对液氮保藏的存活率有影响，一般采用对数生长期的中期或后期的培养物。若用安瓿管分装菌液，在分装完毕后应在距管口 5cm 左右用喷射火焰（喷灯、焊枪等）将其熔封，若用冻存管分装的，应立即拧紧螺帽。预冻时，冷冻速度一般控制在每分钟下降 10℃，冻结到-40~-35℃。将安瓿管或塑料冻存管置于液氮罐中保藏。一般气相温度为-150℃，液相温度为-196℃。

二、可用于食品的菌种名单

食品用功能微生物菌种是传统发酵食品行业的战略性资源，根据国际乳品协会（International Dairy Federation，IDF）和欧洲食品和饲料菌种协会（European Food and Feed Cultures Association，EFFCA）对发酵用功能菌种的要求，结合我国、美国及欧盟对食品用微生物菌种的管理要求，食品用功能微生物菌种的认定原则包括：微生物菌种不仅存在于发酵食品工艺流程中，而且在食品生产中发挥有益于发酵的功能作用，且具备描述其功能的文献作为参考支持；微生物菌种应有明确的应用领域，且具备描述其应用领域的文献作为参考支持；微生物菌种应有明确的分类学地位和科学的名称，且具备描述其准确的分类学地位的文献作为参考支持；微生物菌种应有确切的安全使用历史，且具备相关食品的安全食用历史描述文献参考；无致病性和机会性感染风险，无有毒代谢物、毒力因子和抗生素抗性等，没有不良使用记录，且没有变异，没有在国内外被限制或禁止使用；传统发酵食品用菌种包括生产过程中使用的菌种。

我国对可用于食品生产的微生物有严格的规定，原卫生部于 2010 年 4 月专门发布了《可用于食品的菌种名单》（卫办监督发〔2010〕65 号）（附表 1）。此后原卫生部于 2011 年 1 月（卫生部公告 2011 年第 1 号）将乳酸乳球菌乳酸亚种、乳酸乳球菌乳脂亚种和乳酸乳球菌双乙酰亚种列入《可用于食品的菌种名单》；2012 年 5 月，原卫生部公告 2012 年第 8 号将肠膜明串珠菌肠膜亚种列入《可用于食品的菌种名单》。

附表 1　　可用于食品的菌种名单

属	中文名称	拉丁文学名
双歧杆菌属（*Bifldobacteriwn*）	青春双歧杆菌	*Bifidobacterium adolescentis*
	动物双歧杆菌（乳双歧杆菌）	*Bifidobacterium animalis*（*Bifidobacterium lactis*）
	两歧双歧杆菌	*Bifidobacterium bifidum*
	短双歧杆菌	*Bifidobacterium breve*
	婴儿双歧杆菌	*Bifidobacterium infantis*
	长双歧杆菌	*Bifidobacterium longum*

续表

属	中文名称	拉丁文学名
乳杆菌属 (*Lactobacillus*)	嗜酸乳杆菌	*Lactobacillus acidophilus*
	干酪乳杆菌	*Lactobacillus casei*
	卷曲乳杆菌	*Lactobacillus crispatus*
	德氏乳杆菌保加利亚亚种 (保加利亚乳杆菌)	*Lactobacillus delbrueckii* subsp. *Bulgaricus* (*Lactobacillus bulgaricus*)
	德氏乳杆菌乳亚种	*Lactobacillus delbrueckii* subsp. *Lactis*
	发酵乳杆菌	*Lactobacillus fermentium*
	格氏乳杆菌	*Lactobacillus gasseri*
	瑞士乳杆菌	*Lactobacillus helveticus*
	约氏乳杆菌	*Lactobacillus johnsonii*
	副干酪乳杆菌	*Lactobacillus casei*
	植物乳杆菌	*Lactobacillus plantarum*
	罗伊乳杆菌	*Lactobacillus reuteri*
	鼠李糖乳杆菌	*Lactobacillus rhamnosus*
	唾液乳杆菌	*Lactobacillus salivarius*
	清酒乳杆菌	*Lactobacillus sakeii*
链球菌属 (*Streptococcus*)	嗜热链球菌	*Streptococcus thermophilus*
乳球菌属 (*Lactococcus*)	乳酸乳球菌乳酸亚种	*LactococcusLactis* subsp. *Lactis*
	乳酸乳球菌乳脂亚种	*LactococcusLactis* subsp. *Cremoris*
	乳酸乳球菌双乙酰亚种	*LactococcusLactis* subsp. *DiacetyLactis*
丙酸杆菌属 (*Propionibacterium*)	费氏丙酸杆菌谢式亚种	*Propionibacterium freudenreichii* subsp. *Shermanii*
	产丙酸丙酸杆菌	*Propionibacterium acidipropionici*
明串球菌属 (*Leuconostoc*)	肠膜明串珠菌肠膜亚种	*Leuconosto cmesenteroides* subsp. *mesenteroides*
片球菌属 (*Pediococcus*)	马克斯克鲁维酵母	*Kuyveromyces marxianus*
	乳酸片球菌	*Pediococus acidilactici*
	戊糖片球菌	*Pediococus pentosaceus*

续表

属	中文名称	拉丁文学名
葡萄球菌 (*Staphylococcus*)	小牛葡萄球菌	*Staphylococcus vitulinus*
	肉葡萄球菌	*Staphylococcu sxylosus*
	木糖葡萄球菌	*Staphylococcus carnosus*
芽孢杆菌 (*Bacillus*)	凝结芽孢杆菌	*Bacillus coagulans*

注：(1) 传统上用于食品生产加工的菌种允许继续使用。名单以外的、新菌种按照《新资源食品管理办法》执行。

(2) 可用于婴幼儿食品的菌种按现行规定执行，名单另行制定。

附表2、附表3、附表4依次为可用于保健食品的益生菌菌种名单、可用于婴幼儿食品的菌种名单、可用于保健食品的真菌菌种名单。

附表2　　可用于保健食品的益生菌菌种名单

属	中文名称	拉丁文学名
双歧杆菌属 (*Bifidobacterium*)	两歧双歧杆菌	*Bifidobacterium bifidum*
	婴儿双歧杆菌	*Bifidobacteriu minfantis*
	长双歧杆菌	*Bifidobacteriu mLongum*
	短双歧杆菌	*Bifidobacterium breve*
	青春双歧杆菌	*Bifidobacterium adolescentis*
乳杆菌属 (*Lactobacillus*)	保加利亚乳杆菌	*Lactobacillus bulgaricus*
	嗜酸乳杆菌	*Lactobacillus acidophilus*
	干酪乳杆菌干酪亚种	*Lactobacillus casei* subsp. *Casei*
	罗伊乳杆菌	*Lactobacillus reuteri*
	鼠李糖乳杆菌	*Lactobacillus rhamnosus*
链球菌属 (*Streptococcus*)	嗜热链球菌	*Streptococcus thermophilus*

附表3　　可用于婴幼儿食品的菌种名单

序号	中文名称	拉丁文学名
1	嗜酸乳杆菌	*Lactobacillus acidophilus*
2	动物双歧杆菌	*Bifidobacterium animalis*
3	乳双歧杆菌	*Bifidobacteriu mLactis*
4	鼠李糖乳杆菌	*Lactobacillus rhamnosu*

续表

序号	中文名称	拉丁文学名
5	罗伊乳杆菌	*Lactobacillus reuteri*
6	发酵乳杆菌	*Lactobacillus reuteri*

附表 4　　可用于保健食品的真菌菌种名单

序号	中文名称	拉丁文学名
1	酿酒酵母	*Saccharomyces cerevisiae*
2	产朊假丝酵母	*Cadidaatilis*
3	乳酸克鲁维酵母	*Kluyveromyces lactis*
4	卡氏酵母	*Saccharomyces carlsbergensis*
5	蝙蝠蛾拟青霉	*Paecilomyces hepialidchenet* Dai sp. *nov*
6	蝙蝠蛾被毛孢	*Hirsuteuahepialidchenetshen*
7	灵芝	*Ganoderma lucidum*
8	紫芝	*Ganoderma sinensis*
9	松杉灵芝	*Ganoderma tsugae*
10	红曲霉	*Monacus anka*
11	紫红曲霉	*Monacus purpureus*

三、泡菜常见乳杆菌属菌种名称变迁

2020 年 4 月，全球对乳杆菌属的菌种名称进行了重新命名，泡菜中常见的乳杆菌属的菌种名称对照见附表 5。

附表 5　　泡菜常见乳杆菌属菌种名称变迁对照表

序号	旧名称		新名称	
	中文名称	拉丁文学名	中文名称	拉丁文学名
1	消化乳杆菌	*Lactobacillus alimentarius*	消化伴生乳杆菌	*Companilactobacillus alimentarius*
2	面包乳杆菌	*Lactobacillus crustorum*	面包伴生乳杆菌	*Companilactobacillus crustorum*
3	福尔摩沙乳杆菌	*Lactobacillus formosensis*	福尔摩沙伴生乳杆菌	*Companilactobacillus formosensis*
4	栖米糠乳杆菌	*Lactobacillus furfuricola*	栖米糠伴生乳杆菌	*Companilactobacillus furfuricola*
5	福莱乳杆菌	*Lactobacillus futsaii*	福莱伴生乳杆菌	*Companilactobacillus futsaii*
6	黑龙江乳杆菌	*Lactobacillus heilongjiangensis*	黑龙江伴生乳杆菌	*Companilactobacillus heilongjiangensis*

续表

序号	旧名称		新名称	
	中文名称	拉丁文学名	中文名称	拉丁文学名
7	韩国泡菜乳杆菌	*Lactobacillus kimchiensis*	韩国泡菜伴生乳杆菌	*Companilactobacillus kimchiensis*
8	泡菜乳杆菌	*Lactobacillus kimchii*	泡菜伴生乳杆菌	*Companilactobacillus kimchii*
9	类消化乳杆菌	*Lactobacillus paralimentarius*	类消化伴生乳杆菌	*Companilactobacillus paralimentarius*
10	罗西糠乳杆菌	*Lactobacillus rossiae*	罗西糠乳杆菌	*Furfurilactobacillus rossiae*
11	纳盖利乳酸菌	*Lactobacillus nagelii*	内氏液体乳杆菌	*Lacitilactobacillus nagelii*
12	干酪乳杆菌	*Lactobacillus casei*	干酪乳酪杆菌	*Lacticaseibacillus casei*
13	鼠李糖乳杆菌	*Lactobacillus rhamnosus*	鼠李糖乳酪杆菌	*Lacticaseibacillus rhamnosus*
14	戊糖乳杆菌	*Lactobacillus pentosus*	戊糖乳植物杆菌	*Lactiplantibacillus pentosus*
15	发酵鱼乳杆菌	*Lactobacillus plajomi*	发酵鱼乳植物杆菌	*Lactiplantibacillus plajomi*
16	植物乳杆菌	*Lactobacillus plantarum*	植物乳植物杆菌	*Lactiplantibacillus plantarum*
17	香坊乳杆菌	*Lactobacillus xiangfangensis*	香坊乳植物杆菌	*Lactiplantibacillus xiangfangensis*
18	弯曲乳杆菌	*Lactobacillus curvatus*	弯曲广泛乳杆菌	*Latilactobacillus curvatus*
19	清酒乳杆菌	*Lactobacillus sakei*	清酒广泛乳杆菌	*Latilactobacillus sakei*
20	布氏乳杆菌	*Lactobacillus buchneri*	布氏迟缓乳杆菌	*Lentilactobacillus buchneri*
21	谷糠乳杆菌	*Lactobacillus farraginis*	谷糠迟缓乳杆菌	*Lentilactobacillus farraginis*
22	无盐泡菜乳杆菌	*Lactobacillus sunkii*	无盐泡菜迟缓乳杆菌	*Lentilactobacillus sunkii*
23	酸面乳杆菌	*Lactobacillus acidifarinae*	酸面促生乳杆菌	*Levilactobacillus acidifarinae*
24	短乳杆菌	*Lactobacillus brevis*	短促生乳杆菌	*Levilactobacillus brevis*
25	韩国乳杆菌	*Lactobacillus koreensis*	韩国促生乳杆菌	*Levilactobacillus koreensis*
26	那慕尔乳杆菌	*Lactobacillus namurensis*	那慕尔促生乳杆菌	*Levilactobacillus namurensis*
27	老面乳杆菌	*Lactobacillus zymae*	老面促生乳杆菌	*Levilactobacillus zymae*
28	酸鱼乳杆菌	*Lactobacillus acidipiscis*	酸鱼联合乳杆菌	*Ligilactobacillus acidipiscis*
29	唾液乳杆菌	*Lactobacillus salivarius*	唾液联合乳杆菌	*Ligilactobacillus salivarius*
30	发酵乳杆菌	*Lactobacillus fermentum*	发酵黏液乳杆菌	*Limosilactobacillus fermentum*
31	罗伊乳杆菌	*Lactobacillus reuteri*	罗伊黏液乳杆菌	*Limosilactobacillus reuteri*
32	酒乳杆菌	*Lactobacillus vini*	酒液体乳杆菌	*Liquorilactobacillus vini*
33	棒状乳杆菌	*Lactobacillus coryniformis*	棒状腐败乳杆菌	*Loigolactobacillus coryniformis*

参考文献

[1] Hong, S. G. *Candida kunwiensis* sp. nov. a yeast associated with flowers and bumblebees [J]. International Journal of Systematic and Evolutionary Microbiology, 2003, 53 (1): 367-372.

[2] 孟令帅，张颖，邹婷婷，等．辣白菜中乳酸菌的分离鉴定 [J]. 食品科学，2015 (11): 130-133.

[3] 刘长根．我国传统发酵蔬菜微生物多样性比较 [D]. 南昌：南昌大学，2019.

[4] 刘境，孙慧君，李默，等．自然发酵锦州小菜中乳酸菌的分离筛选 [J]. 食品科学，2019，040 (002): 73-78.

[5] 孙慧君，张颖，王洪玉，等．传统发酵锦州小菜中主要微生物多样性分析 [J]. 食品科学，2017，38 (2): 15-19.

[6] 李默，曹凯欣，任广钰，等．自然发酵锦州小菜中优良酵母菌的筛选及鉴定 [J]. 中国食品学报，2021，21 (4): 277-285.

[7] 燕平梅，魏爱丽，李润花，等．PCR-DGGE 法分析酸菜中乳酸菌的多样性 [J]. 中国酿造，2019，38 (4): 28-34.

[8] 张颖，孙慧君，姜静，等．酸菜中细菌群落结构多样性分析 [J]. 食品科技，2017 (1): 34-39.

[9] 陈延．萧山萝卜干直投式发酵剂的研究 [D]. 杭州：浙江大学，2017.

[10] 邹礼根，吴元锋，朱丽敏．萧山萝卜干腌制过程中乳酸菌分离及其特性研究 [J]. 中国食品学报，2007，7 (2): 81-85.

[11] 刘东红．真空包装萧山萝卜干中产气微生物的分离、鉴定与控制 [D]. 杭州：浙江工商大学，2006.

[12] 尚雪娇，王玉荣，杨江，等．应用 Illumina MiSeq 高通量测序技术解析梅干菜中细菌多样性 [J]. 中国酿造，2019，38 (1): 140-144.

[13] 陈晓东．酸笋的宏基因组及其功能基因 [D]. 北京：中国林业科学研究院，2019.

[14] 代道芳．基于宏基因组学技术的传统发酵泡菜中乳酸菌多样性研究 [D]. 南宁：广西大学，2011.

[15] 关倩倩，郑文迪，熊涛，等．我国广西地区酸菜中细菌和真菌菌系结构研究［C］．第十五届益生菌与健康国际研讨会摘要集，2020：165-166.

[16] 谷懿寰，彭倩楠，姜帅铭，等．海南传统发酵蔬菜中微生物多样性分析［J］．中国食品学报，2020，20（3）：282-290.

[17] 赵玲艳．自然发酵辣椒微生物多样性及其宏转录组研究［D］．长沙：湖南农业大学，2017.

[18] 钟燕青．自然发酵辣椒中乳酸菌分离筛选及香气成分分析［D］．长沙：湖南农业大学，2012.

[19] 王丽芳，王修俊，郑君花，等．发酵辣椒中一株乳酸菌的分离鉴定及其生长特性的研究［J］．中国调味品，2014（6）：67-72.

[20] 杨雪，陶兴无，高冰，等．发酵大头菜中乳酸菌的分离鉴定及生产初试［J］．中国酿造，2008（5）：31-33.

[21] 赵慧君，董蕴，刘伟，等．襄阳大头菜酱液中酵母菌多样性分析［J］．中国调味品，2018，43（12）：55-59.

[22] 田亚．贵州米酸汤优势微生物与品质特性的相关性研究［D］．贵阳：贵州大学，2020.

[23] 王琪琪，田界先，潘宗东，等．基于 Illumina MiSeq 分析贵州凯里酸汤独特风味的优势菌群［J］．食品与发酵工业，2020，46（14）：40-47.

[24] 张璇．贵州“红酸汤”半成品中微生物区系的研究［D］．重庆：西南大学，2011.

[25] 王新惠，孙劲松，丁悦，等．基于高通量测序对不同散装宜宾芽菜的细菌群落结构分析［J］．中国调味品，2021，46（14）：40-47.

[26] 尹礼国，庄婷，马治彬，等．宜宾芽菜产酸细菌分离鉴定［J］．中国调味品，2015，40（4）：46-49.

[27] 董玲，蒲彪，敖晓琳，等．四川冬菜中细菌群落组成及多样性［J］．微生物学报，2012，52（4）：519-525.

[28] 汪淼，李张，孙群．PCR-DGGE 分析资中冬尖发酵过程中细菌多样性［J］．食品科学，2017，38（12）：119-124.

[29] 贾国军，韩瑛，万宝通．浆水传统发酵过程中微生物的分离与鉴定［J］．甘肃科技，2018，34（2）：41-45.

[30] 张宗舟，陈志梅，巩晓芳．浆水生产过程中的微生物分析［J］．中国酿造，2009（10）：29-31.

[31] 孟宪刚，周鸽鸽，张丽珂．发酵蔬菜浆水中优势好氧微生物的分离及鉴定［J］．食品工业科技，2010，3：222-224.

[32] 孟宪刚，唐璎．西北酸菜高效复合发酵菌种的筛选［J］．食品科学，2011，32（11）：222-227.

[33] 李雪萍，李建宏，孟宪刚，等．浆水中微生物的分离与鉴定［J］．食品科学，2014（23）：204-209.

[34] 李雪萍，李建宏，孟宪刚，等．西北浆水中兼性厌氧菌的分离与鉴定［J］．食品工业科技，2014，35（12）：213-217.

[35] 张晓辉，杨靖鹏，王少军，等．浆水中细菌多样性分析及乳酸菌的分离鉴定［J］．食品科学，2017，38（4）：70-76.

[36] 张其圣，陈功，申文熹，等．中国泡菜乳酸菌群落结构动态变化研究进展［J］．食品与发酵科技，2016，52（6）：1-8.

[37] 李凤姿，张媛，吴昊，等．盐对发酵蔬菜微生物群体和发酵质量的影响［J］．中国调味品，2018，43（3）：150-154.

[38] Hajmeer M，Ceylan E，Marsden J L，et al. Impact of sodium chloride on Escherichia coli O157：H7 and Staphylococcus aureus analysed using transmission electron microscopy［J］. Food Microbiology，2006，23（5）：446-452.

[39] Bautista-Gallego J，Rantsiou K，Garrido-Fernández A，et al. Salt reduction in vegetable fermentation：reality or desire？［J］. Journal of Food Science，2013，78（8）：R1095-R1100.

[40] 杨晓晖，籍保平，李博，等．泡菜中优良乳酸菌的分离鉴定及其发酵性能的研究［J］．食品科学，2005，26（5）：130-134.

[41] 尹利端，韩北忠，黄晶晶，等．萝卜泡菜发酵过程中食盐对微生物变化的影响［J］．中国酿造，2005（3）：19-21.

[42] Zhang Q，Chen G，Shen W，et al. Microbial safety and sensory quality of instant low-salt Chinese paocai［J］. Food control，2016，59：575-580.

[43] Xiong T，Li J，Liang F，et al. Effects of salt concentration on Chinese sauerkraut fermentation［J］. LWT-Food Science and Technology，2016，69：169-174.

[44] 李军波．盐浓度对传统泡菜和强化发酵泡菜的影响［D］．南昌：南昌大学，2016.

[45] 翁佩芳，陈希，沈锡权，等．榨菜低盐腌制细菌群落多样性的分析［J］．中国农业科学，2012，45（2）：338-345.

[46] Liu Z，Li J，Huang T，et al. Comparison of the bacterial communities in home-made Nanfeng yancai with and without salt［J］. Food Research International，2019，125（Nov.）：108509. 1-108509. 12.

[47] Lee D，Kim S，Cho J，et al. Microbial population dynamics and temperature changes during fermentation of kimjang kimchi［J］. Journal of Microbiology，2008，46（5）：590-593.

[48] Cho J，Lee D，Yang C，et al. Microbial population dynamics of kimchi,

a fermented cabbage product [J]. FEMS Microbiology Letters, 2006, 257 (2): 262-267.

[49] 杨瑞鹏，赵学慧．温度与食盐浓度对乳酸菌区系的影响 [J]．中国调味品，1991(8)：15-17.

[50] Xiao Y, Xiong T, Peng Z, et al. Correlation between microbiota and flavours in fermentation of Chinese Sichuan Paocai [J]. Food Research International, 2018, 114: 123-132.

[51] 汪冬冬，鲍永碧，管锐，等．温度对甘蓝泡菜发酵过程中风味的影响 [J]．食品与发酵工业，2021 (47)：233-240.

[52] 邹礼根，吴元锋，朱丽敏．萧山萝卜干腌制过程中乳酸菌分离及其特性研究 [J]．中国食品学报，2007，7 (2)：81-85.

[53] 刘宗敏，谭兴和，周红丽，等．不同乳酸菌发酵萝卜干挥发性成分分析 [J]．食品科学，2017，38 (24)：144-149.

[54] 田伟，张琦，邓珍珍，等．利用 16S rRNA 分析传统四川发酵泡菜中的细菌多样性 [J]．食品科学，2013，34 (17)：215-218.

[55] 汪冬冬，陈功，李恒，等．湿态和半干态泡菜发酵过程中水分活度对挥发性成分的影响及差异解析 [J]．食品与发酵工业，2019，45 (16)：40-47.

[56] 车芙蓉，马岩松．鲜姜汁在果蔬复合汁饮料中抑菌效果的研究 [J]．软饮料工业，1992 (3)：20-21.

[57] 曾莹．天然防腐剂的筛选及其抗菌性研究 [J]．中国调味品，1992 (9)：10-15.

[58] 宁正祥，赵谋明，邝荣泽．新鲜果蔬保健作用的探讨 [J]．营养学报，1992，14 (3)：260-265.

[59] 张婷，李晓，许航，等．天然复合香辛料对低盐四川泡菜内微生物菌系的影响研究 [J]．中国调味品，2018，43 (8)：17-21.

[60] 郭爱莲，吴重华．几种香辛料防腐作用的初步研究 [J]．食品科学，1995，16 (5)：7-10.

[61] 刘近周，彭恕生，林希蕴，等．大蒜阻断亚硝胺的化学合成 [J]．营养学报，1986，8 (1)：9-13.

[62] 徐清萍，刘杨，胡丽亚，等．十一种香辛料对乳酸菌生长及抑菌性的影响 [J]．中国调味品，2020，45 (6)：58-62.

[63] 王萍，朱祝军．不同采收季节对叶用芥菜类黄酮物质含量和抗氧化活性的影响 [J]．园艺学报，2006，33 (4)：745-750.

[64] Kim J H, Ryu J D, Song Y O. The Effect of Kimchi Intake on Free Radical Production and the Inhibition of Oxidation in Young Adults and the Elderly People [J]. Korean Journal of Community Nutrition, 2002, 31 (1): 117-123.

[65] Kusznierewicz B, Śmiechowska A, Bartoszek A, et al. The effect of heating and fermenting on antioxidant properties of white cabbage [J]. Food Chemistry, 2008, 108 (3): 853-861.

[66] Lin M Y, Yen C L J. Antioxidative ability of lactic acid bacteria [J]. Journal of Agricultural and Food Chemistry, 1999, 47 (4): 1460-1466.

[67] Amanatidou A, Smid E J, Bennik M H, et al. Antioxidative properties of Lactobacillus sake upon exposure to elevated oxygen concentrations [J]. FEMS Microbiology Letters, 2001, 203 (1): 87-94.

[68] 张冬梅, 李苹苹, 赵强, 等. 萝卜泡菜抗氧化活性的研究 [J]. 中国调味品, 2012, 37 (9): 29-32.

[69] 王刚, 田丰伟, 刘小鸣, 等. 2 株具有优良体外抗氧化能力乳酸菌的筛选与鉴定 [J]. 食品工业科技, 2013, 34 (15): 149-153.

[70] 任大勇, 孟思宇, 翁璐超, 等. 高抗氧化活性乳酸菌的筛选 [J]. 食品工程, 2013 (4): 43-45.

[71] 吴祖芳, 洪松虎, 沈锡权, 等. 乳酸菌高抗氧化活性菌株的筛选及鉴定 [J]. 中国食品学报, 2010 (1): 73-78.

[72] 金红星. 魏斯氏菌质粒的初步研究 [C]. 遗传学进步促进粮食安全与人口健康高峰论坛论文集, 2012: 147.

[73] 付莎莉, 陈安均, 蒲彪, 等. 食盐浓度对传统四川泡菜发酵过程中乳酸菌菌相的影响 [J]. 食品与发酵工业, 2013, 39 (8): 102-107.

[74] 商婷婷, 张日俊. 乳酸乳球菌和魏斯氏菌的分离及鉴定 [J]. 饲料工业, 2013: 34 (16): 31-34.

[75] 范志平, 王修俊, 程艳波, 等. 泡菜中优良乳酸菌的筛选鉴定及生长特性的研究 [J]. 中国调味品, 2014, 39 (3): 10-14.

[76] Settanni L, Corsetti A. Application of bacteriocins in vegetable food biopreservation [J]. International Journal of Food Microbiology, 2008, 121 (2): 123-138.

[77] Cho K M, Math R K, Islam S M A, et al. Biodegradation of chlorpyrifos by lactic acid bacteria during kimchi fermentation [J]. Journal of Agricultural and Food Chemistry, 2009, 57 (5): 1882-1889.

[78] Harishankar M, Sasikala C, Ramya M J B. Efficiency of the intestinal bacteria in the degradation of the toxic pesticide, chlorpyrifos [J]. Biotech, 2013 (3): 137-142.

[79] Zhao N, Zhang C, Yang Q, et al. Multiple roles of lactic acid bacteria microflora in the formation of marker flavour compounds in traditional chinese paocai [J]. RSC Advances, 2016, 6 (92): 89671-89678.

[80] 迟涛，方景泉，郑愉润，等. 低温发酵条件下乳酸菌对发酵酸菜体系中有机磷农药降解作用 [J]. 中国乳品工业，2015，43 (9)：15-18.

[81] 于上富，徐敏，丁秀云，等. 一株乳酸菌吸附 Pb^{2+} 的条件优化 [J]. 中国酿造，2016，35 (2)：109-114.

[82] 徐颖，李洁，贺丹丹，等. 两株乳酸菌对铅的吸附作用 [J]. 食品与机械，2018，34 (3)：49-53.

[83] 田丰伟. 缓解氧化应激乳酸菌的筛选，表征和功能评价研究 [D]. 无锡：江南大学，2012.

[84] 于上富，靳妲，丁秀云，等. 10 株乳酸杆菌吸附铅离子及抗氧化能力的比较 [J]. 食品工业科技，2016，37 (24)：254-258.

[85] Kinoshita H，Sohma Y，Ohtake F，et al. Biosorption of heavy metals by lactic acid bacteria and identification of mercury binding protein [J]. Research in Microbiology，2013，164 (7)：701-709.

[86] 李娟，朱祝军，王萍，等. 氮硫对腌制叶用芥菜营养品质的影响 [J]. 核农学报，2006，20 (2)：135-139.

[87] 章献，赵勇，刘源，等. 2 种韩国泡菜挥发性风味物质分析研究 [J]. 食品发酵工业，2009，35 (1)：150-156.

[88] 徐丹萍，蒲彪，刘书亮，等. 不同发酵方式的泡菜挥发性成分分析 [J]. 食品科学，2015，36 (16)：94-100.

[89] 刘春燕，戴明福，夏姣，等. 不同乳酸菌接种发酵泡菜风味的研究 [J]. 食品工业科技，2015，36 (7)：154-158.

[90] Jang G J，Kim D W，Gu E J，et al. GC/MS-based metabolomic analysis of the radish water kimchi，Dongchimi，with different salts [J]. Food Science and Biotechnology，2015，24：1967-1972.

[91] Yao Y，Pan S，Fan G，et al. Evaluation of volatile profile of Sichuan dongcai，a traditional salted vegetable，by SPME-GC-MS and E-nose [J]. LWT-Food Science and Technology，2015，64 (2)：528-535.

[92] Kang J，Lee J，Min S，et al. Changes of volatile compounds，lactic acid bacteria，pH，and headspace gases in kimchi，a traditional Korean fermented vegetable product [J]. Journal of Food Science，2010，68 (3)：849-854.

[93] Choi Y J，Jang M S，Lee M A，et al. Physicochemical changes in kimchi containing skate (Raja kenojei) pretreated with organic acids during fermentation [J]. Food Science and Biotechnology 2016，25 (5)：1369-1377.

[94] Yücel U，üren A J a A. Biogenic amines in Turkish type pickled cabbage：Effects of salt and citric acid concentration [J]. Acta Alimentaria 2008，37 (1)：115-122.